KB013253

새 생명, 행복한 시작

새 생명, 행복한 시작
출생 전후부터 유아기까지의 뇌 발달 및 행동 이해

2014년 2월 20일 초판 인쇄
2014년 2월 25일 초판 발행

지은이 | 노르베르트 허쉬코비츠 · 엘리노어 채프먼 허쉬코비츠
옮긴이 | 조은경 · 이충현
펴낸이 | 이찬규
펴낸곳 | 북코리아
등록번호 | 제03-01240호
주소 | 462-807 경기도 성남시 중원구 사기막골로
45번길 14 A동 1007호
전화 | 02-704-7840
팩스 | 02-704-7848
이메일 | sunhaksa@korea.com
홈페이지 | www.북코리아.kr
ISBN | 978-89-6324-341-2 (03590)

값 15,000원

출생 전후부터 유아기까지의 뇌 발달 및 행동 이해

새 생명,
행복한 시작

노르베르트 허쉬코비츠 · 엘리노어 채프먼 허쉬코비츠 지음
조은경 · 이충현 옮김

북코리아

역자 서문

역자가 이 책을 번역하게 된 계기는 우연히 찾아왔지만 필연적이었던 것 같다. 제2언어 습득 수업을 할 때마다 특히, 뇌 발달 및 기능과 언어의 관련성 부분을 다룰 때 인간의 두뇌 발달에 관심을 가지고 있었는데, 어느날 이 책을 우연히 접하게 되었다. 그냥 훑어볼 생각에 표지와 목차를 보고 서론을 넘기면서 읽어나갔다. 인간의 두뇌 발달과 관련하여 생물학적 및 심리학적 내용을 함께 다루면서 개론과 각론을 포괄적 및 세부적으로 담고 있었다. 조금만 더 읽어볼까 했는데 몇 시간이 흘렀고 계속 읽으면서 문득 이 책은 이 분야 전문가는 물론 일반인 특히, 어린아이를 둔 부모, 예비부부들도 읽으면 정말 많은 도움이 될 것이라는 생각이 들었다. 그리하여 직업상 번역서가 있다면 주위에 좀 더 보탬이 될 수 있지 않을까라는 생각으로 즐겁고 행복한 마음으로 번역을 시작하였다. 그러나 예상보다 훨씬 더 오랜 기간을 소요하면서 번역이야 말로 정말 많은 인내와 끈기가 필요한 작업이라는 것을 다시 한 번 확인하면서 마무리할 수 있었다.

이 책은 노르베르트 허쉬코비츠(Norbert Herschkowitz)와 엘리노어 채프먼 허쉬코비츠(Elinore Chapman Herschkowitz)의 저서 *A Good Start in Life*(2004)의 역서이다. 우리말 제목은 고심 끝에 《새 생명 새 출발: 출생 전후부터 유아기까지의 뇌 발달 및 행동 이해》로 번역하였다. 이 역서는 심리학적인 지식과 생물학적인 지식을 적절하게 혼합하여 새로 태어날 아기의 부모들을 위해 도움을 제공하고자 쉽고 상세하게 그러면서도 간결하게 정리한 역작이다. 이 역서는 2002년 초판 이후 새로 증보 발간된 개정판으로 초판 이후에 출간된 많은 연구들을 포함하였고 신경과학과 교육 그리고 소아학과 육아법에 대하여 지난 34년간 유럽인과 미국인의 대화를 바탕으로 공동 집필된 것이다. 이 책의 두 저자는 과학적 증거를 바탕으로 부모들이 자녀에게 확실한 영향을 미친다고 단언한다. 따라서 부모는 가족 구성원의 한 명으로서 책임과 특권을 가진 같은 구성원인 자녀와 의사소통하는 것이 매우 중요하며 동등한 인격적인 동료처럼 대해야 한다고 제안한다.

현재 부부인 두 저자 중 노르베르트는 인간 뇌에 대한 기초 연구를 하는 심리학, 소아과학, 신경학, 생화학을 포함한 여러 분야에 걸친 팀인 스위스 베른 대학 소아병원 아동발달과 학과장이며, 엘리노어는 신경과학과 아동학에 특별한 관심을 갖고 있는 초등학교 교사이다. 이 두 저자는 조물주가 인간에게 유아를 보호하고 키울 수 있는 본능은 주었으나 보편적인 육아법을 제공해주지는 않았음을 언급하고 있다. 그러므로 부모가 자녀의 개인차와 가족, 또는 사회의 필요와 기대를 고려하여 주변 공동체의 전통적인 관례들을 접목시켜, 어린 자녀의 신경체계 발달 및 주변 환경과의 상호작용 성립에 대한 보편적인 상식을 인지해야 하는 중요성을 강조하고 있다.

특히, 아이의 두뇌에서 일어나는 급격한 발달은 아이의 생후 첫 몇 해가 그 아이의 일생 전부를 결정할 만큼 매우 중요한 시기이며 인간의 두뇌 발달뿐만 아니라 아이의 개성이나 특성을 설명하는 데 도움이 될 새로운 과학적인 증거도 제시하고 있다. 자녀 개개인의 특성을 더 잘 이해하고 그에 따른 개별적인 발달 통로를 찾아갈 수 있도록 실용적인 예도 제시하고 있다. 아이는 초기에 역할 모델인 부모와 주로 접촉하게 되며 이때 아이의 태도와 습관이 형성되고 무의식적으로 많은 학습이 일어나는 특별한 시기이다. 두 저자는 바로 이 시기, 즉 생후 6년 정도까지가 이후 학교생활 및 청소년기에 중요한 영향을 미치기 때문에 부모는 생물학적인 지식과 심리학적인 지식을 터득하여 자녀의 호기심과 상상력을 자극해주고 도전을 경험하게 해주며 성취감을 강화시켜주고 책임감을 형성시켜주어야 함을 강조하고 있다.

이 저서는 네 부분으로 나누어 총 11장으로 구성되어 있으며, 각 장에서 다음과 같은 내용을 다루고 있다. 그리고 각 장의 끝에는 '생각해볼 질문들'이라는 부분이 덧붙여 있는데, 대중을 대상으로 한 여러 강연에서 부모들이나 방청객들이 궁금해하는 질문들을 소개하고 그에 대한 답변은 각 장에서 논의된 자료들과 관련하여 이 분야의 최근 지식에 바탕을 두고 이루어진다.

제1부 준비

아기의 자궁 속 삶과 세상 밖 삶을 준비시키는 임신 기간 동안 진행되는 두뇌와 행동 발달에 대해 설명하고 있다. **1장 자궁 속 생명**에서는 두뇌의 형성, 첫 움직임, 촉각, 엄마 목소리 듣기, 시각의 발달, 태교, 태아기의 자극, 아기에게 영향을 주는 엄마의 스트레스, 개성의 징조, 자궁 밖으로 나갈 준비 등에 관해서 설명하고 있다. **2장 신생아**에서는 뇌간의 중요한 순간, 신생아의 감각, 둘러보기, 새로운 소리들, 혀와 코의 사용, 촉각의 발달, 근육의 움직임, 개인별 신경계, 배울 준비, 사람들에 대한 호기심, 조산아 등을 다루고 있다.

제2부 생후 1년

최근 인간의 두뇌 발달에 대한 지식을 바탕으로 생후 1년 동안 발전해가는 신생아의 능력에 대해 논하고 있다. 3장 시작에서는 줄어드는 울음과 보챔, 잠자기, 첫 병원 방문, 천차만별의 아이들, 기질을 알 수 있는 초기 징후들, 기질과 육아 등에 관해서 설명하고 있다. 4장 탐험에서는 시각의 발달, 소리와 음악, 감각들의 협동, 이리저리 움직임, 기억과 학습, 새로운 파동, 범주화, 기억하기, 관찰로 배우기, 놀이를 통해 배우기, 두려움의 출현, 새로운 도전과 고통 등을 다루고 있다. 5장 위안과 소통에서는 가사 없는 노래, 특별한 미소, 까꿍, 신호 읽기, 소리에서 말까지, 옹알이, 옹알이부터 첫 단어 등에 대하여 다루고 있다.

제3부 생후 2년

생후 2년 즈음에 나타나는 아이의 특성 및 두뇌 발달 등에 관해 논하고 있다. 6장 발견에서는 돌아다니기, 수저 사용, 언어 폭발, 뇌 속의 특별한 언어영역, 듣기와 단어 사용하기, 놀이, 사물 분류하기, 인과관계, 집중하기 등에 관해서 설명하고 있다. 7장 나와 너에서는 자신, 타인의 생각과 느낌, 옳고 그름에 대해 눈뜨기, 두뇌 반구 간의 연결, 걸음마 단계의 아이들과 기질, 기본 감정들의 창, 뇌파검사 사용하기 등을 다루고 있다.

제4부 생후 3년에서 6년

생후 3년에서 6년까지의 기간 동안 아이의 두뇌 발달 및 특징 등에 관해 논하고 있다. 8장 자신감에서는 운동성과 민첩성, 낙서에서 쓰기까지, 두뇌 속의 왼손잡이와 오른손잡이, 뉴런 지도, 뇌의 행정기능, 계획하고 계획 수정하기, 호기심, 전략, 유연성, 전전두엽피질의 역할 및 발달, 어린 시절에 대한 기억, 상상력, 답 찾기, 피질 영역 간의 소통, 동기 등에 관해 상세히 설명하고 있다. 9장 함께 살기에서는 집단에 속하기, 말하기와 듣기, 편견 극복, 공정함, 통제, 좌절 극복, 충동과 비행 행동, 공격성 제어, 자신감 발달, 두뇌의 협동하는 좌우반구 등에 관해 다루고 있다. 10장 인성의 형성에서는 감정이나 신경계의 즉각적인 반응과 관련 있는 인성의 일부인 기질, 기질과 신경전달물질, 감정과 느낌, 기질과 건강, 다중지능, 유전적 특질과 활동 등에 관해서 설명하고 있다. 11장 부모를 위한 열 가지 지침에서는 두뇌 발달에 대한 경험과 지식을 사용하여 부모들과 아이를 돌보는 사람들에게 지침이 될 만한 열 가지를 제시하고 있다.

이와 같이 이 번역서는 단순히 부모들에게 수유하는 법, 목욕시키는 법, 놀아주는 법 등에 대한 진부한 안내서가 아니라는 점에서 자녀를 둔 부모들뿐만 아니라 결혼을 준비하는 예비 부부, 아동학 및 교육학을 전공하는 대학생, 대학원생, 또는 유아원 교사들에게도 어린 아이들의 기질과 특성을 이해하기 위한 유용한 지침서의 역할을 할 것으로 믿는다.

끝으로 이 번역서의 출판을 가능하게 해주신 북코리아의 이찬규 사장님과 편집 및 교정의 일을 맡아준 여러 편집진에게 감사의 말씀을 드린다.

2013년 9월

역자 대표 이충현

책 머리에

뇌에 대한 이해, 특히 생후 10년에 걸쳐 일어나는 생물학적 변화의 이해에 대한 괄목할 만한 발전이 있었기 때문에 우리는 지난 200년간 인간 심리발달의 해석을 지배해온 존 로크의 18세기 식 은유를 바로잡게 되었다. 지난 세기 중반 내가 대학원생이었을 때 심리현상에 관심을 가진 학자들은 유아의 두려움, 언어, 수치심, 추리력 등과 같은 발달의 보편적 이정표들이 우연한 보상이나 처벌의 산물이라고 믿었다. 믿기 어렵겠지만 매우 극단적인 자폐 증상도 무관심한 엄마나 거부형 엄마로 인한 것으로 해석되었다. 이러한 추측이 놀랄 일은 아니다. 오히려 놀라운 것은 우리 세대가 이런 주장이 충분히 일리가 있다고 여겼다는 것이다. 한 지식인 집단이 이성적 뒷받침이 가능한 어떤 전제를 타당하다고 확신하게 되고 그것이 정치적 이념과 일치하면 그 전제가 실증적으로 틀린 것으로 판명날 수 있는데도 독단적인 옹호에 사로잡히기 쉽다. 코페르니쿠스 이전 몇몇 아주 똑똑한 사람들이 태양이 지구를 돈다거나, 마법으로 누군가를 아프게 할 수 있다거나, 차가운 벽난로 안의 재는 원래부터 탄 통나무 속에 포함되어 있었던 것이라고 확신했다는 것을 기억하라.

수많은 과학자들의 노고와 독창력 덕분에 우리는 수마트라 정글의 유아건 파리의 현대적인 아파트에 사는 유아건 상관없이, 6개월 정도 지난 모든 유아가 낯선 사람이 접근할 때 우는 이유가 이 시기에 감각 연합령 및 측두엽 구조가 전전두엽과 연결되는 등 뇌 발달을 지배하는 생물학적 시간표 때문이라는 것을 알게 되었다. 이 밖에 다른 수많은 현상들도 역시 뇌 발달과 관련되어 있다.

또한, 신경과학자들의 발견 덕분에 임상학자들과 연구자들은 뇌 화학 분야에 있어 개인차의 영향을 인정하게 되었고 에너지 정도나 주의력, 특히 새로운 사건이 일어날 때의 두려움과 수줍음에 있어 나타나는 유아의 개인차를 연구하게 되었다.

이러한 견해들은 비교적 최근 것이기 때문에, 부모가 자녀를 이해하는 데 도움을 주기 위해 쓰인 책이나 논문에는 아직 구체화되지 않았다. 이제 이런 책들이 출판되어야 할 시기다. 엘리노어와 노르베르트 허쉬코비츠는 올해 태어날 수백만 명의 아기 부모들을 위해 도움을 제공하고자 노력해왔다. 이 책은 더할 나위 없이 훌륭한 심리학적 지식과 생물학적 지식을 잘 혼합하여 난해하지 않고 쉽게, 현학적이지 않고 상세하게, 그러면서도 가볍지 않고 간결하게 쓰였다.

이 책은 다음과 같은 면에서도 혁신적이다. 이 책의 두 저자는 인지와 감정을 자율적 과정이 아닌 더 큰 전체의 부분이라 여기고 있다. 또한 다른 유사한 책들이 채택한 단순한 결정론을 경계하고 있다. 이들은 조물주가 가장 선호하는 대답은 '예'나 '아니오'가 아닌 '아마도'라는 것을 이해하고 있다. 언어, 새로운 것에 대한 반응, 자아인식, 인성에 대한 저자의 논의들은 아주 독창적이고, 내가 아는 한 그 어떤 부모를 위한 책도 이렇게 섬세하게 기질에 대한 개념을 다룬 것이 없다. 부모들은 아이의 지적 역량을 단순한 일반적 지적 능력이 아닌 다중적인 능력으로 보는 것이 더 많은 결실을 맺는 방법이라는 것을 인정하게 될 것이다.

중요한 것은, 이 책의 저자가 수유하는 법, 목욕시키는 법, 놀아주는 법에 대해 부모들에게 가르치고 싶은 유혹을 현명하게 피한다는 것이다. 이들은 아이를 키우는 것이 수플레를 만드는 것과는 다르다는 것을 알고 있다. 어린아이는 힘이 왕성하며, 쉽게 깨지는 도자기 시계가 아니다. 부모는 아이들이 두 돌이 지나면서부터 자신의 경험을 상징적으로 해석하기 시작한다는 것을 인지한다. 이것이 더욱 중요하다. 카메라에 기록된 것 같은 사건이 아닌 상징적으로 해석된 이 경험들은 아이의 미래의 심리학적 프로파일을 결정하는 데 가장 중요한 것이 된다. 부모에게 심하게 벌을 받고 자란 대부분의 청교도 아이들은 전문가의 도움을 심각하게 필요로 하지 않고 성장했다. 왜냐하면 청교도 아이들에게 부모의 체벌은 바른 인성을 길러주기 위한 좋은 의도로 해석되었기 때문이다. 두 저자는 어떤 하나의 정치적 이념에 찬성하거나 반대하는 것을 피하고 있지만, 이들은 한 가지 중요한 입장을 취하고 있다. 그것은 바로 이론을 합리적인 것으로 간주한다는 것이다. 이들은 부모가 가족 구성원의 한 명이자 특권과 책임 모두를 가진 팀의 구성원인 자녀와 의사소통하는 것이 아주 중요하다고 믿는다. 중산층 부모들의 삶이 점차 풍족해짐에 따라 대부분의 19세기 아이들이 당연히 했던 집안일들은 이젠 불필요한 일이 되었다. 옷을 빨거나 장작을 팬다는 사실보다는 가족의 복지에 일조한다는 즐거움이 더 중요했다. 자신이 기여하고 있다고 믿는 아이들은 자신이 사랑받고 있다는 사실이나 부모의 눈에 자신이 가치 있는 존재로 평가되고 있다는 사실을 확인하려고 굳이 애쓰지 않는다. 이 책의 두 저자가 부모에게 "자녀를 마치 하루아침에 돈과 영광을 차지하게 하는 순종의 경주용 말처럼 대하는 것이 아니라 동등한 인격적인 동료처럼 대해야 한다"고 한 제안에 큰 박수를 보낸다.

따라서 두 저자는 부모가 자녀에게 확실한 영향을 미친다고 명백히 단언한다. 과학적 증거도 이들의 주장을 뒷받침한다. 전혀 다른 가정에서 각각 성장하는 아이들은 각기 다른 재주와 동기를 갖는다. 다른 육아 시설에 다니더라도 비슷한 가정의 아이들은 아주 유사하다.

끝으로 이 책의 두 저자는 부모가 어린 자녀와 얘기하고 같이 놀아주고 책도 읽어줘야 한다는 사실을 분명하게 언급하면서도, 자녀가 스스로 성취감을 느낄 수 있도록 배려하는 것 역시 중요하다는 것을 강조하고 있다. 마치 한 연극을 책임지고 있는 훌륭한 연출가처럼 똑똑한 부모는 자녀를 어떤 방향으로 인도하기는 하지만 정말 마지막 순간에는 자신의 자녀에게 충분한 자유를 제공함으로써 그 아이가 스스로 이루어낸 성취감을 맛볼 수 있도록 하는 것이다.

이 책은 부모들이 궁금해하는 수많은 질문에 대한 해답을 제공할 것이고, 그런 과정에서 자녀에 대한 사랑이 더욱 깊어질 것이며, 그들만의 개성이 담긴 앞으로의 삶에 긍정적인 도움을 줄 것이다.

제롬 케이건
하버드 대학교 심리학 연구교수

감사의 말

이 책을 쓰는 동안 우리에게 많은 영감과 아낌없는 격려를 주신 많은 분들께 깊은 감사의 뜻을 전하고자 한다. 먼저 우리 부모님이신 히렐과 엘라 허쉬코비츠 그리고 존과 클라라 채프먼께 감사함을 전하는 것으로 시작하겠다. 우리는 이분들에게 유전자뿐만 아니라 어린아이의 삶에 부모가 얼마나 중요한 역할을 하는지에 대한 확신을 갖게 해주신 은혜에도 감사할 따름이다. 또한 우리 아이들인 다니엘과 제시카 허쉬코비츠에게도 감사하는 마음을 전하고자 한다. 그들의 성장을 지켜볼 수 있는 경험을 하게 된 것, 그리고 자신의 세상을 발견해가는 동안 우리들에게 기쁨을 준 손자 렌 데이비드 가이 객스에게도 감사한다.

데이나 재단의 데이비드와 힐리 마호니 부부는 우리가 이 일을 처음으로 시작할 수 있도록 용기를 주었다. 그들의 열정과 데이나 재단의 바바라 질과 바바라 베스트의 열정, 그리고 데이나 재단이 두뇌 프로그램을 위해 운영하는 데이나 얼라이언스는 우리가 계속 일을 할 수 있게 한 원동력이다. 빌 사피레의 지속적인 도움에도 감사한다. 데이나 출판사의 제인 네빈스는 처음 책을 만들기 시작할 때부터 지금까지 우리에게 믿음직스러운 안내자이면서 편집자였다. 그동안 원고를 읽고 조언을 아끼지 않았던 작가이면서 엄마이기도 하고 할머니이기도 한 루이스 디마리스트 튜닌과 수잔 아라바니스와 작가이면서 새롭게 엄마가 된 엘리자벳 래슬리에게도 감사의 뜻을 전하고자 한다. 마지막 원고를 세심하게 함께 편집해준 조셉 헨리 출판사의 편집이사인 스티븐 모트너 씨께도 감사드린다. 데이나 출판사의 출판부장 랜디 탤리는 그림을 도왔고 의학 삽화가인 태트린 본은 책 전체의 삽화를 준비해주었다.

이 책이 완성되기 위해 여러 분야의 지식인들이 함께 하게 되었는데, 그중 몇몇 분들은 최근에 출판된 자료들을 우리에게 제공해주기도 하고, 특정한 문제에 답을 주기도 하였으며, 통찰력을 우리에게 나눠주면서 다방면으로 특별한 도움을 주었다. 그분들을 소개하자면, 칼 질레스와 캐트린 애먼츠, 뒤셀도르프의 두뇌 연구소, 예일 대학의 패트리샤 골드만-라키치, 파스코 라키치, 베를린의 여성 병원 대학의 헤닝 슈나이더, 베른 대학의 의대학장이면서 신생아학자인 에밀리오 보시, 켄터키의 루이스빌 대학의 데니스 몰페스, 프랑스 파리 파스퇴르 연구소의 장 피에르 샹그, 스탠포드 대학의 윌리엄 데이먼, UCLA 두뇌 연구소의 조아킨 퍼스터, 하버드 의과대학 신생물학과의 칼라 샤츠, 존스 홉킨스 대학의 잔빌 크라이거 정신 · 두뇌 연구소의 가이 맥칸, 제네바 대학 소아과의 페트라 휴피, 제네바 대학 심리학과 마르셀 젠트너, 일본 오사카 대학 발달의학과 신타로 오카다, 일본 토쿄 지케이 의과대학 소아과의 요시카추 에토이다.

제롬 케이건, 낸시 스니드먼, 에릭 피터슨, 스티브 모스트, 수 우드워드, 마크 맥매니스, 하버드 소아 연구소의 도린 아커스, 하버드 의대 소아 신경과의 조셉 볼프에게도 특별히 감사를 드린다. 카운트웨이 의학 도서관, 베른 대학 병원 도서관, 베른 대학 심리학 도서관 직원 여러분의 친절하고 유능한 도움에 매우 감사한다. 그리고 이 책을 준비할 수 있도록 해준 독자들의 수많은 조언과 제안에 대해서도 감사의 마음을 전한다.

CONTENTS

제1부 준비

제3부 생후 2년

제4부 생후 3년에서 6년까지

10. 인성의 형성 266

11. 부모를 위한 열 가지 지침 292

서 론

'아기의 두뇌를 발달시키세요!' 보스턴의 매사추세츠 가에 있는 타워레코드 가게에서 많은 양의 CD를 평소처럼 훑어보는데 표지 한 장이 눈에 들어왔다. '음악의 힘'이 두뇌를 발달시킬 수 있다는 문구와 함께 쾌활하고 똘망똘망한 유아들의 이미지가 내 발걸음을 계산대로 이끌었다. 이전에도 비슷한 충동에 사로잡혀 가판대에 있는 1999년 9월 13일자 《타임》지를 집어 들었던 적이 있었다. 《타임》지 겉표지에는 커다란 활자로, "IQ 유전자?"라는 질문이 인쇄되어 있었다. 이 기사는 우리가 사람들을 보다 똑똑하게 만들기 위해 유전적 조작을 할 수 있다는 내용의 글이었을까?

우리 모두는 우리 아이들을 위해 최선을 다하길 원한다. 그리고 우리는 급속도로 변하는 세상 속에서 수많은 양의 새로운 정보를 다루는 능력, 우리 주위를 둘러싼 문제에 대한 창의적인 해결책을 찾는 능력, 감정을 조절하며 타인과 어울릴 수 있는 능력이 중요하다는 것을 경험을 통해 알 수 있다. 이 모든 것에 있어 뇌의 중추적인 역할에 대해 알기 때문에 우리는 뇌 연구 분야의 최신 소식에 아주 수용적이다.

지금은 정보의 시대다. 하지만 또한 혼란과 불확실성의 시대이기도 하다. 뉴스 속보들은 무엇은 해야 하고 무엇은 하지 말아야 하는지에 대한 모순적인 전언들로 가득하다. 이에 따라, 부모는 어떤 것을 선택해야 할지 막막한 상황에서 가장 접근성이 높은 소식에 의존한다.

한 걸음 물러나 인간 뇌가 어떻게 발달하는지에 대해 과학이 말해주는 것을 듣는다면, 자녀의 인지적 · 정서적 · 사회적 성장을 위해 적절한 균형을 찾을 수 있을 것이다. 당신이 결정적인 순간을 놓쳤을 수도 있는 아이의 발달단계에 있어 생물학적으로 정해진 시기가 있는지 궁금했을 수도 있다. IQ 유전자와 같은 것이 있는지 스스로에게 물었을지도 모른다. 또는, 아이들이 제각기 다르다는 것에 놀라면서 왜 그럴까 궁금했을 것이다. 사회학자, 심리학자, 소아과 의사, 신경과학자들 역시 같은 질문을 한다. 이 책을 통해, 우리는 이들의 연구 결과를 정리하여 자신만의 지식과 경험에 덧붙일 수 있는 기회를 마련하고자 한다. 이 책을 개정판으로 다시 쓰게 된 덕분에, 초판이 나온 이후에 출간된 연구들을 포함할 수 있었다.

여러 번 심사숙고하여 새로운 발견을 모두 받아들이고 싶은 우리의 열망을 조율하였다. 모든 연구 보고들이 즉각적인 실제적 결과를 담고 있진 않다. 두 사건이 동시에 일어났다고 해서 반드시 한 사건이 나머지 사건의 원인이 되는 것은 아니다. 뇌는 수많은 하위조직들이 함께 작동하는 광대한 통신망이다. 예를 들어, 어떤 하나의 조직도 혼자서 기억이나 집중을 담당하지 않는다. 동물 실험이 기본적인 신경 처리와 행동에 대한 가치 있는 통찰력을 제공해주긴 하지만, 여전히 이 결과물들은 종종 인간에게 다시 확인되어야만 한다. 이제 강력한 최첨단 기술의 등장으로, 인간의 구조와 기능을 연결하는 직접적인 연구가 시작되고 있다. 현재 우리는 매우 흥미진진한 시점의 문턱에 와 있는 것이다.

이 책은 신경과학과 교육, 그리고 소아학과 육아법에 대하여 지난 34년간 이중언어인 미국인과 유럽인의 대화를 바탕으로 공동 집필한 것이다. 집필의 편의를 위해서 내가 서론 부분을 맡기로 결정했기에 우리의 이름을 3인칭 관찰자로 지칭할 필요가 없을 것이다. 다음 장은 노르베르트가 이어가긴 하겠지만 실제로는 공동 작업을 하고 있다.

노르베르트와 나는 처음 만났을 때 스탠포드 트레시더 유니언의 나무 아래서 차를 마시며 서로가 아동 발달에 관심이 있다는 것을 알게 되었다. 이 책을 위해 쓴 첫 페이지는 1967년으로 거슬러 올라가긴 하지만, 이 책이 모양을 갖추기까지 많은 세월이 흘렀다. 이 시기 동안, 노르베르트는 스위스 베른 대학 소아 병원 아동발달과 학과장이었다. 아동발달과는 인간 뇌에 대한 기초 연구를 하는 심리학, 소아과학, 신경학, 생화학을 포함한 여러 분야에 걸친 팀이었다. 그동안 우리는 두 명의 이중언어 사용자인 아이들을 키웠고, 나는 예비 초등학교 선생님들을 위해 영어를 가르쳤다. 나는 어린아이들이 말을 이해하고 사용하는 법을 얼마나 쉽게 배우는지, 한 언어에서 다른 언어로 얼마나 쉽게 옮겨 가는지에 놀랐다. 그래서 왜 어떤 어린아이들은 외국어의 기본적인 특징들을 배우는 것조차 힘들어하는지에 대해서 자주 어리둥절했다. 가족을 방문하거나 미국의 동료들과 함께 일하기 위해 미국에 매년 머물면서 유럽에 살다 보니 육아나 교육에 대한 태도의 차이를 깨달을 수 있었다. 하지만 그러한 차이보다 더 중요한 것은 아이의 미래에 대한 모든 부모의 바람과 두려움은 비슷하다는 것이다.

엄마이면서 동시에 교사인 나는 신경과학과 아동학에 특별한 관심을 갖고 노르베르트의 작업을 함께 했다. 우리가 함께 과학 잡지 기사를 작성하고, 여러 회의에 참석하며 대중들을 대상으로 강연 준비를 함께 하는 동안 나는 뇌 연구에 대해 어떤 일들이 일어나고 있는지를 알게 되었고, 또 그러한 연구가 아동 발달에 얼마만큼 연관성이 있는지를 깨닫기 시작했다. 과학 분야에 문외한인 나로서는 기초 연구를 이해하는 것이 결코 쉬운 일은 아니었다. 사실 과학자 역시, 뉴런보다는 소설에 더 흥미를 갖고 있는 나 같은 문외한과 의사소통을 하기 위해 적절한 언어를 찾아내는 것도 쉽지 않은 일이었을 것이다.

이 책을 본격적으로 준비하게 된 두 가지 사건이 있었다. 약 7년 전 노르베르트는 하버드 심리학과의 제롬 케이건, 뒤셀도르프 뇌 연구소의 칼 질레와 함께 유아의 뇌와 행동 발달에 대해 연구하기 시작했다. 이 연구가 우리 부부에게 아동 심리학과 뇌 생물학 분야에 대한 새로운 차원을 열어주었다. 우리는 이 경험을 계기로 형성된 따스한 인간관계에 대해 대단히 감사하게 생각한다.

두 번째 기념비적인 사건은 우리가 뉴욕 데이나 재단의 데이비드와 힐리 마호니 부부를 만났던 날이다. 과학자들과 일반 사람들 간의 소통을 모색하고자 한 그들의 열정이 전달되어 우리는 지금이 바로 책에 대한 우리의 생각을 실행에 옮길 시기라고 확신하게 되었다.

조물주는 인간에게 유아를 보호하고 키울 본능은 주었지만 보편적인 육아법을 제공해주지는 않았다. 그러므로 부모는 아이의 개인차와 가족, 나아가 더 넓은 사회의 필요와 기대를 고려해서 주변 공동체에서 이어 내려오는 관례들을 접목시켜야 한다. 어린 자녀의 신경 체계가 어떻게 발달되고 그것이 주변 환경과 어떻게 상호작용하는지에 대한 보편적인 상식은 귀중한 안내 지침이 된다.

뇌는 우리가 생각하고 느끼고 행동하는 모든 부분에 있어서 활동적인 역할을 한다. 뇌는 우리의 감각 기관으로부터 오는 다양한 신호를 해석하고 그것들과의 상호작용을 형성하며 기억이나 학습 또는 움직임 등에 대한 기초를 담당하는 기관이다. 동시에 우리 인간의 감정을 담당하는 곳이기도 하다. 고대 그리스의 히포크라테스는 인간의 슬픔, 고통, 불안, 눈물, 즐거움, 명랑함, 웃음, 환희 등을 느낄 수 있는 곳이 바로 다름 아닌 우리의 뇌라는 사실을 확인시켰다. 우리가 목표를 달성하기 위해 전략을 세우는 데 필요한 희망이나 열망이 그 뇌 안에서 일어나는 것이다.

혈압, 호흡작용, 감염에 대한 반응, 호르몬 분비 등과 같은 중요한 기능을 조절하는 중심부가 바로 뇌에 자리 잡고 있기 때문에 뇌는 우리의 총체적인 건강과 관련이 있고 매 상황마다 어떻게 대처해야 하는지와도 밀접한 관련이 있다. 감정이나 스트레스 체계의 민감성에 대한 새로운 연구는 뇌와 신체 연결에 있어서 개개인의 성격이 얼마나 중요한지를 보여주고 있다.

아이의 뇌에서 일어나는 급격한 발달에 관한 연구들을 통해 아이의 생후 첫 몇 해가 그 아이의 일생 전부를 결정할 만큼 매우 중요한 시기라는 것을 알게 되었다. 그러나 존 브루어가 《생후 첫 3년의 신화》라는 책에서 지적했듯이, 자연적으로 모든 인간에게 주어지는 자극 내에서 저절로 생기는 발달과 문화적인 환경이나 특정한 경험에 따른 발달을 구분하는 것은 결정적 시기와 관련하여 도움이 될 것이다.

조물주는 보편적인 유전적 청사진과 일반 시간표에 따라 아기가 자궁 밖으로 나와 마주하게 될 세상의 여러 상황에 대처할 수 있도록 다양한 개인차를 고려하여 인간의 뇌를 만들었다. 우리는 아기에게 보거나 듣는 걸 가르칠 필요가 없다. 아기는 스스로 알아서 앉고 서고 걷는다. 아기들은 주변에서 하는 말을 주워듣는다. 아기의 감각 기관과 신경 체계가 정상인 경우 주변에서 일어나는 자극은 모든 체계를 발달시킬 만큼 충분하다. 바로 이때 결정적인 시기를 놓칠 수 있는 것이다. 예를 들어, 아기가 앞으로 사물을 면밀히 볼 수 있는 능력은 아기의 첫 2년 동안에 정상적인 시각 경험을 어떻게 하느냐에 달려있다. 그러므로 시각 손상은 일찍 바로잡아야만 한다.

다른 능력들도 역시 예를 통해서 배우든 아니면 직접적인 교육을 통해서 배우든 간에 구체적인 경험에 달려 있다. 이쯤에서 인간의 뇌는 '사회적 뇌'라는 사실을 강조할 필요가 있겠다. 뇌의 전체 활동 중에서

50%는 다른 사람들과 간접적으로 또는 직접적으로 관련된 사회적 활동을 담당한다. 인간의 모든 문화는 감정을 표현하고 그 사회 안의 다른 구성원들과 어울리도록 규범을 만들어낸다. 더구나 각 사회는 나름대로 요구사항이 다르다. 인쇄기가 발명되기 전에는 긴 문장을 기억해서 다시 말해주는 것이 매우 중요한 기능이었다. 그 이후 읽고 쓰기가 그 기능을 대신했다. 오늘날에는 컴퓨터를 사용하고 엄청난 양의 정보를 잘 다루는 것이 굉장히 중요하게 되었다.

이렇게 문화에 의존하는 기능 덕분에 현대의 두뇌 과학이 희소식을 전해준다. 기능 습득은 생물학적 차원에서 '결정적인' 시기에 달려 있는 것이 아니다. 만약 어떤 특정한 나이까지만 배울 수밖에 없다고 한다면 뇌는 나중에 절대적으로 필요한 연결을 할 수 없게 될 것이다. 그런데도 우리는 학습이 가장 효과적으로 일어날 수 있는 시기를 말할 수는 있다. 즉 새로운 기능들을 습득하기에 실제로 훨씬 더 쉬운 시기를 말이다. 예를 들면 성인일 때보다 12세 이전에 제2언어를 배우게 되면 노력이 훨씬 덜 든다.

아이의 첫 몇 해가 나머지 인생에 영향을 미치긴 하지만 반드시 일생을 결정하는 것은 아니다. 아이가 성장함에 따라 집이나 가족 이외의 더 많은 주변의 영향을 흡수할 수 있도록 그의 주변 환경도 계속 다양해진다. 동시에 아이만이 갖고 있는 유전적 형질과 특징, 개인적인 경험을 독특하게 결합시킴으로써 주변 환경에서 제공되는 수많은 기회를 자신이 선택할 것이다. 또한 다른 역할 모델들을 선택해서 새로운 우상이나 이상형을 추구해갈 것이다. 아이의 인성과 두뇌 모두 한평생에 걸쳐 발달할 것이다.

그러나 각 발달 단계마다 아이가 다음 단계로 변하게 될 때는 일종의 충격을 받게 된다. 아이는 초기에 역할 모델인 당신과 주로 접촉하게 되는데 이때 아이의 태도와 습관이 형성되고, 방대한 양의 무의식적 학습이 일어나기 때문에 특별한 시기다. 이 시기가 이후 학교생활에 영향을 미치는 것이다. 놀이터나 교실에서 긍정적인 경험을 하게 되면 앞으로의 학습과 사회적 경쟁 발달에 보너스가 된다. 이러한 기능들이 순차적으로 앞으로의 청소년기에 영향을 미치게 될 것이다.

당신이 할 일은 무궁무진하다. 아이들의 호기심과 상상력을 자극할 수 있고, 실패나 장애물을 이겨내고 문제를 해결하거나 목표에 도달할 수 있는 전략을 유도해낼 수 있다. 이러한 문제들이 단지 대처할 수 없는 '스트레스'가 아니라 기꺼이 맞이하는 '도전'으로서 경험하게 해줄 수 있는 것이다. 자녀의 언어 능력 발달을 독려하여 자신의 세계와 다른 사람들의 세계가 함께 의사소통하여 더 많은 것들을 배울 수 있도록 북돋아 줄 수 있을 것이다. 자녀들의 활동이 영향력이나 중요성을 갖게 된다는 것을 스스로 깨닫도록 도와줄 수 있다. 성취감을 강화시켜주고 책임감을 형성하게 해줄 수 있다. 다른 사람들의 감정이나 필요에 대한 공감을 길러주고 가족이나 사회 조직에 대한 관심을 갖게 하여 자신의 한계를 넓혀나갈 수 있도록 해준다. 어른들은 아이에게 '나'만 존재하는 것이 아닌 '우리'의 한 부분이라는 것을 느끼게 하여 자부심을 길러줄 수 있다.

이 책은 아기의 자궁 속 삶과 아기의 세상 밖 삶을 준비시키는 임신기간 동안 진행되는 뇌와 행동 발달에 대해 간단히 설명하면서 시작된다. 그 다음으로 이어지는 세 장에서는 최근 인간의 두뇌 발달에 대한 지식을 바탕으로 연령에 따라 발전해가는 아이의 능력에 대해 논의하겠다.

인간의 뇌 발달, 일반적으로 비슷한 시기에 모든 아이들에게 일어나는 과정에 대한 정보만 제공하는 것이 아니라 아이의 개성이나 특성을 설명하는 데 도움이 될 새로운 과학적인 증거도 밝힐 것이다. 여러분 자녀의 특성을 어떻게 하면 더 잘 이해하고 그들의 개별적인 발달 통로를 따라갈 수 있는지에 관한 실용적인 예도 제시할 것이다. 그러나 이 책에서 제공되는 자료가 여러분 자녀의 신체적 · 정신적 · 감정적 사회 발달의 모든 소아과의 평가나 판단을 대신하는 것은 아니다.

왜냐하면 우리 머릿속에는 노르베르트와 그의 동료들이 여러 해에 걸쳐 연구하고 실험한 다양한 아이들로 꽉 차 있기 때문에, 그 아이들 모두를 각각의 개성 없이 모든 상황에 한 가지로 딱 들어맞는다고 생각할 수는 없기 때문이다. 그래서 우리 주변에서 흔히 볼 수 있는 기어 다니고 아장아장 걷고 뛸 수 있는 세상 아이들과 유사한 허구의 아이를 주인공으로 만들어내기로 했다. 젊은 부모인 앨런과 데보라, 그들의 자녀인 에밀리와 앤드루에 대한 이야기와 에밀리의 놀이친구들에 대한 소개는 다양한 성장 발달 시간표와 아이들의 관찰에서 볼 수 있는 광범위한 개인적인 특성을 보여줄 것이다.

아이를 돌보는 모든 사람들을 이 책에서는 '부모'란 단어로 사용할 것이다. 그 이유는 대부분의 부모가 그들 자녀의 복지에 대해서 가장 깊은 관심과 가장 큰 동기부여를 갖고 있다고 믿기 때문이다. 그렇지만 이 세상 곳곳에 존재하고 있는 매우 다양한 가족 구조와 그 가족들이 새로운 조건에 꾸준히 적응해나가고 있다는 사실을 간과하지는 않는다. 이 '조각보 가족'은 현대의 발명품은 아니다. 새로운 것은 편모나 편부 가정의 숫자가 늘어나고 어린 자녀를 보살피는 일에 대한 아버지들의 관심과 참여 빈도가 증가한다는 점이다. 아마도 인간이란 종족은 아이들을 기르는 데 있어 조부모의 담당 역할도 기대할 수 있는 유일한 종족일 거란 사실이 무척 흥미롭다. 누가 아이를 보살피느냐보다 아이가 성장하면서 형성해가는 습관이나 태도 또는 개인적인 인간관계가 더 중요한 것이다. 아기들은 양성, 즉 여아 또는 남아로 이루어지기 때문에 모든 아기들의 전형적인 행위를 묘사하기 위해 각 장마다 남아와 여아를 번갈아 가며 사용하겠다.

각 장마다 '생각해 볼 질문들'이라는 부분이 있다. 대중을 대상으로 한 강연에서 부모들이나 방청객들이 던진 질문들을 몇 가지 소개하겠다. 부모의 자극이 두뇌 발달에 영향을 미칠 수 있는가? 조기 교육이 어느 정도 중요한가? 한 가정의 자녀들이 왜 각각 다른 것인가? 이 섹션의 설명은 각 장에서 논의될 자료들과 관련이 있고 이 분야의 최근 지식에 바탕을 두고 있다.

복잡한 통신망인 뇌의 구조를 이해할 수 있도록 이 책의 끝 부분에 성인 뇌의 구조와 각 영역의 이름들을 표시하는 뇌지도를 실었다. 이 책을 읽으면서 익숙하지 않은 용어들이 나올 때마다 그 부분을 참조하고 어휘를 찾아볼 수 있게 했다. 뇌지도 뒤에 잇따라 나오는 네 개의 막대그래프는 아동이 여섯 살이 될 때까지 나타나는 중요한 행동들을 표시한 것이다. 물론 이것은 일반적인 안내서일 뿐 개개인의 폭넓은 범위의 발달 단계를 완벽하게 모두 반영하는 것은 아니라는 점을 강조하고자 한다.

당신의 자녀가 성장하면서 그들이 세상과 어떻게 상호교류를 해나가는지에 대한 지식을 여러분이 갖게 되면, 그 자녀를 하나의 인격체로서 또는 사회의 일원으로서 성장하는 데 자극이 될 만한 따뜻한 환경, 격려를 아끼지 않는 환경, 그리고 도전해볼 만한 환경을 만들어주는 데 도움이 될 것이다. 동시에 그 지식이 당신에게 상호 발견의 기쁨을 줄 것임을 진심으로 소망하는 바이다.

엘리노어 채프먼 허쉬코비츠

제1부 준비

01 자궁 속 생명

"임신테스트 해봤는데 임신이야!"

주위의 예비 부모 친구들이 소중한 아기를 가졌다는 승리감으로 이렇게 임신 소식을 전했을 때 당신은 기뻐하며 경청해주었을 것이다. 그러나 이내 그들의 입장이 된 자신의 모습을 그려본다. 내 아이는 어떨까? 트럼펫을 불어 대고 체스 게임을 같이 하자고 하며 숲으로 캠핑 가자고 하는 개구쟁이 사내아이일까? 아니면 가족 사업을 물려받을 만한 조직력 있는 여자아이일까? 한 가지 분명한 것은, 이 새로운 가족 구성원에게 최상의 출발을 선사하기 위해 당신은 자신이 할 수 있는 최선을 다할 것이라는 것이다.

아기를 가졌다는 것이 꿈인지 생시인지 얼떨떨하기만 한 임신 초기 몇 주 동안에도 아기는 한 명의 실재하는 개별적 존재가 되는 길을 향해 이미 몇 발짝의 큰 걸음을 내디뎠다. 임신 20일 정도가 되면 태아의 심장 근육이 뛰기 시작하고 좀 더 지나면 앞으로 팔과 다리가 될 부분들이 처음으로 나타난다. 아기의 뇌는 필요에 의해 더 일찍 출발선 위에 선다.

이는 9개월밖에 안 되는 짧은 기간 안에 자궁 밖의 삶을 준비해야 하는 앞으로의 대업을 위한 것이다.

뇌는 일을 시작하면서 형성된다

배아의 크기가 8분의 1인치(약 3mm) 정도밖에 안 되는 시기인 2주에서 3주 째쯤 뇌가 형성되기 시작한다. [생물학자와 의사들은 이 새로운 인간을 설명하기 위해 배아(embryo)란 용어를 셋째 달 말까지 사용하고 그 후부터 출산 전까지는 태아(fetus)라는 용어를 사용한다. 하지만 부모들은 당연히 아기란 말을 선호한다.] 뇌의 세세한 부분들이 채워지기 전, 여느 화가의 스케치처럼 뇌의 구조가 희미하게 윤곽을 드러낸다. 뇌의 형성을 위한 기본 도안과 시기는 유전자에 포함되어 있는 명령에 의해 결정된다. 이에 따라 어떤 조직들은 출산 전에 자신이 맡은 기능에 착수하지만 어떤 조직들은 차차 나중에 합류한다.

임신 첫 달 말경, 앞으로 좌반구와 우반구가 될 부분을 나누는 틈이 나타난다. 명백하게 구분된 이 반구들은 다소 공상적으로 우리의 흥미를 자극하는, 성격과 기질을 둘러싼 "좌뇌 우뇌" 이론들의 기원이다. 이 두 반구는 특정한 기능을 수행하기 위해 점차 특수화될 것이지만 앞으로도 계속 함께 행동하면서 서로를 보완해갈 것이다.

약 7주가 될 때까지 아기의 뇌와 몸은 성별 구분 없이 형성된다. 그러나 유전자에 남성에 맞는 지시 사항들이 포함되면 한 특수 인자가 남성 기관의 형성을 촉진한다. 이러한 성 기관은 테스토스테론이라는 호르몬을 분비하여 뇌 구조의 발달에 영향을 미친다. 테스토스테론이 남녀 뇌를 다르게 만듦으로써 뇌 발달의 시기에 영향을 미치는 것이다.

뇌에서 일어나는 이 급속한 형성 과정을 위해 수많은 신경세포와 신경계의 기본 구성 요소들이 만들어져야 한다. 착상 후 2주에서 7주 사이에 뉴런이라 불리는 1,000억 개 이상의 신경세포가 형성되는데 어림잡아 은하수에 있는 별의 절반 정도가 될 것이다. 이는 때에 따라 분당 50만 개 이상의 뉴런이 형성되기도 한다는 뜻이다. 우리는 우리가 가지고 있는 모든 신경세포들이 태어나기 전에 만들어진다고 생각했었지만 최근 연구에 따르면 새로운 세포들은 성인이 되어서도 여전히 존재하는 줄기세포에서 형성된다.

세포가 형성되는 순간부터 미성숙한 신경세포들은 아기의 뇌 속에 이미 유전적으로 정해진 위치로 이동한다. 이 이동 거리를 쉽게 설명하기 위해 파스코 라키치는 만약 신경세포 하나가 사람 크기라면 미국의 전 인구가 한 해변에서 다른 해변으로 이동하는 것과 같을 것이라고 비유했다. 먼저 도착한 세포들은 가장 가까운 부지를 자기 몫이라고 주장하고 늦게 도착한 세포들은 목적지를 발견하기 위해 새 길을 개척할 것이다. 세포들로 붐비는 긴 행렬에서 거의 모든 뉴런들이 길을 잃지 않는다는 것은 기적이다. 그러나 많은 세포들이 감염 등의 이유 때문에 길을 잃는다면 뇌성 소아마비, 간질, 정신 지체, 자폐증과 같은 발달 장애의 요인이 될 수도 있다.

길을 따라 가면서 뉴런은 각자가 나중에 맡게 될 특수 기능에 맞게 구체적인 모양새를 갖추기 시작한다. 뉴런은 수상돌기라고 불리는 가지를 뻗어 신호를 받아 축삭(신경돌기)을 통해 다른 뉴런이나 근섬유 등에게 더 멀리 신호를 전달한다. 새 학교로 전학 온 학생처럼 뉴런은 목적지에 도착하면 다른 뉴런들과 활발히 접촉하여 시냅스라고 불리는 연결 부위를 형성한다. 한 유명한 스페인계 신경 과학자 라몬 이 카할은 시냅스들을 일컬어 '원형질적인 키스'라고 낭만적으로 표현한 바 있다. 시냅스에서 한 뉴런의 축삭은 옆 뉴런의 수상돌기와 접촉 없이 만난다. 신경전달물질인 화학적 전달자가 그 세포의 메시지를 옆 세포와의 사이에 전달하면 세포의 메시지는 전기 자극으로 바뀌어 보내진다.

임신 7주쯤 되었을 때 이미 신경전달물질을 감지할 수 있다. 신경전달물질은 뇌 조직의 발달을 자극함으로써 뇌 발달 초기에 중요한 역할을 하다가 그 후 실제 '전달자'의 기능을 할 수도 있다. 몇 주가 더 지나면 시냅스 형성은 본격적으로 시작되지만 대부분의 시냅스들은 출생 후 형성된다.

시냅스 형성은 세포에 있어 삶과 죽음의 문제이다. 연결에 실패한 뉴런들은 아포토시스라고 알려진 과정에서 시들어 사라진다. 아포토시스가 개별 뉴런에게는 비극처럼 들리겠지만 이 과정은 뇌 발달을 위해 필수적이며 이 과정을 통해 중대한 연결이 이루어지고 이 연결을 위한 더 많은 자원들을 받아들일 수 있게 된다.

첫 움직임

침대에 가만히 누워 임신 기간의 절반이 끝나간다는 사실을 생각하고 있는 자신의 모습을 상상해보자. 확실하진 않지만 갑자기 배에서 무언가가 자궁벽을 누르듯이 부딪치는 것을 느낀다. 그렇다. 아기가 움직인 것이다. 또 한 번 움직이면 아기의 아빠를 부른다. 만약 아빠가 제때 도착했다면 손으로 그 움직임을 느끼게 될 것이다.

최근까지도 우리는 아기들이 따뜻하고 어두운 자궁 안에서 무엇을 하는지 그저 상상만 할 수 있었다. 하지만 이제는 TV와 같은 선명한 화면은 아니더라도, 현대의 초음파 기술을 통해 아기의 활동을 볼 수 있다. 초음파는 정기검진 시 사용되고 태아에게 해롭지 않다.

초음파 기술 덕분에 이제 우리는 엄마가 태동을 느끼기 훨씬 전부터 아기가 움직이기 시작한다는 것을 알게 되었다. 수정 후 두 달 정도 될 쯤이면 이미 태아의 근육은 움직이기 시작한다. 태아의 근육은 비대칭적으로 반응해서 오른쪽 근육이 왼쪽보다 더 활발히 움직인다.

임신 3개월쯤에 아기는 출생 후를 대비한 연습을 하는 것처럼 움직인다. 한 번에 몸 전체를 움직이거나 비트는 대신에 팔다리를 하나씩 움직이기 시작한다. 이때도 대부분의 태아들은 왼쪽 팔다리보다는 오른쪽을 더 많이 움직인다.

이렇게 하나씩 움직일 수 있는 것은 아기의 척추 신경이 근육에 닿아 연락이 가능할 정도로 충분히 길게 자랐기 때문이다. 척추에 있는 신경은 이제 근육에 신호를 보낼 수 있게 되는데 이로 인해 근육의 수축과 이완이 생기는 것이다.

아기는 팔다리를 움직이는 연습을 할 뿐만 아니라 먹고 마시고 호흡하기 위한 여러 가지 필수 동작을 연습한다. 턱을 움직여 입을 여닫고 혀를 움직여 빨고 삼키는 동작을 하기 시작한다. 하품이나 딸꾹질과 유사한 동작들도 탐지될 수 있다. 몇 주가 더 지나면 태아는 자기의 엄지를 빨 수도 있다. 대부분 오른 손 엄지를 빠는데 이러한 동작들은 아기의 뇌간이 이제 운동 신경에 적극적으로 참여한다는 표시다.

입의 움직임에 관해서 피터 헤퍼와 벨파스트에 있는 퀸스 대학 동료 연구자들은 임신 4~5개월 된 태아에게서 재미있는 성 차이를 관찰했다. 그들은 초음파를 이용해서 4개월 된 태아가 입을 움직이는 횟수는 남아와 여아가 거의 같지만 몇 주가 더 지나면 여아가 남아의 움직임을 훨씬 앞선다는 것을 관찰했다. 이런 근거로 앞으로의 언어적 능력이나 대화하는 습관 등에 대해 장기적인 결론을 내릴 수는 없겠지만, 이 기간에 여아는 뇌 발달에 있어 남아를 앞선다는 것을 알 수 있다.

약 5개월쯤 임산부가 처음 태동을 느낄 때 태동은 전보다 더 조화롭고 고르다. 이는 운동피질에 있는 뉴런의 축삭이 척추에 있는 뉴런과 연락하여 태동을 조정하기 때문이다. 아이가 태어나기 전 운동 신경 발달은 세 단계로 나타난다. 먼저 근육이 자의적으로 움직이는 단계에서 척추의 명령에 따라 팔다리 각각이 움직이는 단계가 되고 이 단계가 지나면 마침내 운동피질에 의해 좀 더 조화롭고 고르게 움직이는 단계에 이른다.

주변을 느끼기: 촉각

자궁 안에서 자라면서 아기의 감각은 이미 자궁 안팎의 정보를 받기에 바쁘다. 자궁 안의 자극은 단지 발달 체계가 요구하는 정도일 뿐이다. 아기의 촉각은 초기에 발달하여 출생 전 많은 연습을 거친다. 태아가 움직일 때, 자궁벽에 부딪히기도 하고 가끔 그 조그만 손으로 얼굴을 닦기도 한다. 수정 후 2~5개월 사이에 촉각 수용기는 피부에서 발달하기 시작한다. 처음 나타나는 곳은 입 주위다. 입 주위에서 촉각은 앞으로도 더 많이 발달하는데 이것이 아기들이 입으로 많은 것을 탐색하는 이유다. 하지만 촉각 수용기가 자동적으로 감각을 기록한다 해도 아직은 상위 센터로 연결이 안 된 상태다.

수정 후 5개월 반에서 7개월 사이에, 촉각 수용기와 촉각을 위해 특수화된 피질의 일부인 체지각피질에 있는 세포들과 연락이 이루어진다.

체지각에서 '체'란 몸을 의미한다. 이른바 체지각피질의 1차 영역에서 초기 처리 과정이 이루어진 후에 촉각 수용기로부터 들어온 정보는 상위 단계의 피질 영역으로 전해지고 이곳에서 그 정보가 함께 모인다. 그러면 아기는 촉각을 등록하여 고통도 느낄 수 있게 된다.

엄마 목소리 들리니?

내과 의사이기도 했던 복음 전도자 누가(Luke)는 태아의 행동에 대한 유용한 지식을 누가 복음 1장 41절을 통해 보여주었다. 그는 "마리아가 엘리자베스에게 인사를 건네자, 엘리자베스의 뱃속에 있는 아기가 뛰어올랐다."고 기록한 바 있다. 이것은 엘리자베스가 임신한 지 6개월 정도 되었을 때였다. 누가의 견해와 달리 의학 전문가들은 20세기 초까지도 여전히 자궁 속 아기는 들을 수 없다고 주장했다. 1925년 베를린 소아과 병원 의사 알브레흐트 파이퍼 박사는 흥미로운 관찰을 했다. 그는 갓 태어난 아기들(가장 어린 아기는 태어난 지 25분 된 아기)에게 장난감 트럼펫을 불어 선율을 조금 들려주었더니 아기들의 몸 동작이 변한다는 것을 알아냈다.

호기심이 생긴 파이퍼 박사는 아기가 자궁 안에 있을 때도 들을 수 있는지 확인하기로 결정하고 먼저 임신 마지막 주에 있는 여성들에게 아기의 움직임을 느낄 수 있도록 조용히 누워 있으라고 부탁했다. 파이퍼 박사는 아기의 엄마가 갑작스러운 소리에 놀라거나 호흡의 변화가 일어나 아기의 행동에 영향을 미칠 가능성을 배제시키고자 했다. 그래서 자동차 경적을 내기 전에 숫자를 세어 경고를 했다. 어떤 아기들은 자궁벽에 쿵 하고 부딪치는 반응을 보였고 어떤 아이들은 잠시 동안 몸을 뒤틀며 꿈틀거렸다.

현대 초음파 기술과 심장 박동수 측정으로 우리는 태아가 약 5개월쯤 소리에 반응하기 시작한다는 것을 확인할 수 있다. 갑작스러운 소리에 놀라기도 하고 눈을 깜빡이기도 하며 움직임을 멈추기도 하고 심장 박동수가 순간적으로 감소하기도 한다. 이 시기쯤에 아이의 달팽이관과 내이가 기능을 하기 시작한다. 또한 이때 청각피질과 연락하기 위해 감각 자극을 수용하는 뇌의 주요 입구인 시상에서 신경 섬유가 자라게 된다.

그렇다면 실제로 태아는 어느 정도까지 들을 수 있을까? 태아는 엄마의 장에서 나는 쉬익쉬익 소리에 둘러싸여 있다. 자궁의 일반적 소리 수준은 약 70dB에 이르는데 이는 진공청소기를 사용할 때 우리가 감지하는 소리 수준과 비슷한 정도다. 엄마의 심장 박동은 진동처럼 느낄 수 있다. 엄마의 목소리는 약 24dB 이상에 달하며, 심장 박동처럼 직접적으로 진동으로 이동한다. 그러므로 임신 마지막 달에 태아는 당연히 들을 수 있는 것이다. 연구에 따르면 출산 한 달 전에는 태아가 음악과 심장 박동, 말하는 소리를 구별할 수 있다고 한다.

임신 6개월 때 우리 부부는 샌프란시스코에서 걷고 있었다. 새해 첫날에 이어서 주변에는 온통 폭죽 소리로 가득했다. 아내는 폭죽 소리가 날 때마다 자궁 안에서 강렬한 태동을 느꼈다. 우리 아들은 자라서 비록 타악기 연주자가 되지는 않았지만 가끔 우리 부부는 아들이 불꽃놀이에 환호하는 것을 보고 태교의 영향이라고 농담하곤 한다.

시각의 발달

자궁 속에서 시각은 거의 없는 상태로 아마 기껏해야 출산 전 마지막 몇 주 동안 희미한 주황색 빛 정도를 볼 수 있을 것이다. 하지만 이러한 어둠 속에서도, 시각계는 아기가 빛의 세계에 대비할 수 있도록 열심히 일을 하고 있다. 뇌가 처음 전체적으로 윤곽을 나타내는 수정 후 한 달 정도면 이미 아기의 눈이 될 작은 볼록한 부분이 나타난다.

하버드 의대 신경생물학과의 학장인 칼라 샤츠(Carla Shatz)는 동물 실험을 통해 시각계의 기본적인 배선 작업은 아기의 눈에 외부에서 자극이 들어오기 전부터 시작된다고 밝혔다. 어둠 속에서 신경절세포라 불리는 망막에 있는 특별한 신경세포들이 짧은 전기 자극을 발산하는데 이는 아마도 유전적 영향 때문일 것이다. 이 자극은 시신경을 따라 망막에서 뇌로 전해진다. 망막 세포의 이러한 자의적인 전기 활동은 배선 작업을 제대로 착수하는 데 상당히 중요한 듯 보인다. 왜냐하면 이 전기 활동이 일어나지 않을 경우 시력은 정상적으로 발달하지 않을 것이기 때문이다.

이러한 인상적인 기초 작업은 어떤 별도의 외부 자극 없이 스스로 발생한다. 하지만 해로운 환경적 조건이 필요한 발달 과정을 방해할 수도 있다. 이로 인해 시각계에 있는 신경세포가 자의적으로 전기 자극을 발산하지 못하게 되는 것이다. 시냅스를 통한 전기 활동의 전달을 방해하는 약물(니코틴, 마약, 마취제 등)은 미세한 연결 패턴을 방해하여 나중에 시각 장애로 이어질 수 있다.

아기가 태어날 쯤 아기의 시각계는 기본적으로 완성되어 있다. 하지만 완전히 완성되기 위해서는 외부로부터 들어오는 몇 년간의 자극이 필요할 것이고 이것을 위해 수많은 자극들이 세상 밖에서 대기하고 있다.

저녁으로 뭘 먹을까?

여러분은 아마 신생아가 모유를 구별하고 아주 매운 음식을 맛보면 가끔 코를 들어 고개를 돌려버린다고 들었을 것이다. 이는 아기가 태어날 때쯤엔 미각계나 후각계가 잘 발달되어 있다는 의미다.

미각과 후각은 화학적 감각이라는 점에서 유사하다. 즉, 미각이나 후각은 태아가 입이나 코를 통해 감지하는 물질을 이루는 화학물질의 분자와 직접적으로 연관되어 있다. 특수한 수용기세포들이 그 화학물질을 전기신호로 바꾸는 것이다. 전기신호는 일련의 중계국들을 통과한 후 피질에 도달하는데 거기서 신호가 등록된다.

수정 후 2~3주 사이쯤 태아의 혀 끝, 입천장, 목구멍 위쪽에서 미뢰가 나타난다. 몇몇의 미뢰들과 그것의 뇌 연결부는 이미 임신 3기쯤(6~8개월)에 기능을 한다. 하지만 미뢰들은 더 많아지고 남은 임신 기간과 출생 후 몇 달 동안에도 지속적으로 발달한다. 아기들의 미각계가 일찍 발달한다는 증거는 24주 만에 태어난 조산아들이 이미 기본적인 감각을 보여준다는 사실을 통해 알 수 있다.

수정 후 약 4~6개월쯤엔 태아의 콧구멍을 막던 마개들이 사라지면서 양수 안에 있는 화학물질이 수용기세포들과 연락할 수 있도록 해준다. 임신 3기 동안 후각을 위한 후각 수용기가 발달한다. 아직은 아기가 당신과 저녁을 먹는 기쁨을 나눌 수는 없지만 마늘과 같은 강한 향들은 경험할 수도 있을 것이다.

태교는?

우리는 태아가 자궁 안에서 자라는 동안 팔다리를 뻗고, 돌기도 하며, 감각을 이용해 부지런히 들어오는 정보를 처리한다는 것을 알고 있다. 하지만 기억도 형성할 수 있을까? 그렇다면 이러한 기억들이 아기의 행동에 영향을 미칠까? 즉, 기억력이 학습의 초기 형태일까? 자동차 경적 실험을 했던 파이퍼 박사는 아기들은 출생 후에 비로소 기억을 형성할 수 있는 능력이 시작된다는 당시 많은 과학자들의 의견에 동의하지 않았다. 그는 태아들이 자동차 경적 소리에 강렬히 반응하는 것을 관찰했다. 하지만 몇 번 더 같은 소리를 들려주자 태아들의 반응은 점차 줄더니 결국 움직이지 않았다. 이로써 들은 소리가 반복적으로 들릴 경우 그것에 더 이상 반응하지 않도록 하나의 흔적을 남긴다고 제시하면서 자극을 기억하는 이러한 능력이 기억력의 초기 형성인지 의문을 가졌다.

그 후 연구들은 파이퍼의 관찰을 확증하고 확장시켜왔다. 파이퍼가 명명한 이 기억 흔적은 지금은 습관화라고 불리는데 습관화는 가장 단순하면서도 본질적인 학습 과정의 하나로 여겨진다. 평생 중요한 역할을 하게 되는 이 습관화는 위협적이지 않은 반복적인 자극에는 좀 더 약하게 반응할 수 있는 능력을 말한다. 아기들은 처음 자동차 경적 소리에 놀랐지만 곧 익숙해졌다. 초음파 기술을 통해 수정 후 23주 정도 된 태아들의 습관화를 볼 수 있다. 습관화는 처음 여아에게서 나타나는데 이는 더 나아가 여아의 신경 체계가 남아보다 일찍 예정된다는 것을 가리킨다.

태아가 얼마나 오랫동안 기억을 유지할 수 있는지를 알아내기 위해서 피터 헤퍼(Peter Heper)는 임신 9개월의 산모들에게 특정한 선율을 크게 연주해주었다. 그리고 태아가 그 소리에 익숙해질 수 있는 기회를 충분히 가질 수 있도록 연주했다. 출생 후 아기들은 뱃속에 있을 때 친숙하게 들었던 선율과 생소한 선율을 들을 때 다르게 행동했다. 그러나 2주 후 익숙한 곡과 익숙하지 않은 곡을 더 이상 구별하지 않았다. 이는 태아들이 기억을 형성할 수 있지만 짧은 기간만 기억한다는 것을 보여준다.

우리는 완성된 신경계 안에 있는 해마라는 조직이 기억 형성에 중요하다는 것을 알고 있다. 그래서 우리는 이 조직이 수정 후 약 5~6개월쯤에 집중적으로 발달된다는 것에 관심을 갖는다. 하지만 몇 달이나 몇 년씩 오래 기억을 저장하기 위해서는 뇌가 아기의 대뇌피질에 그 기억을 전달해야 한다. 이러한 전달은 생후 2주 정도에는 일어나지 않는 것 같다.

기억이 어떻게 형성되고 학습이 어떻게 일어나는가에 대해서 현재까지 알려진 바로는 출생 전 아기들은 지속되는 기억을 형성하는 것 같지 않다는 것이다. 하지만 기억과 학습에 관련된 기본적인 과정들은 출생 시 도움닫기의 기반을 만들기 위해 자궁 안에 있을 동안 진행된다.

태아기의 자극은?

아기가 자궁 안에서 무엇을 하고 있는지에 대해 생각하기도 전에 사람들은 아기의 발달에 영향을 끼치고자 노력했다. 2세기에서 6세기에 걸쳐 쓰인 《탈무드》에도 태아기의 자극 프로그램에 대해 실려 있다.

프랭크 로이드 라이트의 어머니는 임신 중이었을 때 아기에게 좋은 영향을 미치기를 바라는 마음에서 영국의 대성당 그림들을 걸어 놓고 바라보며 많은 시간을 보냈다. 알다시피 프랭크는 건축가가 되었고, 사실

건축가로 활동한 초기에 자신은 그 누구보다 위대한 건축가가 되도록 의도되었다고 밝혔다. 그러나 그의 성공은 출생 후 프랭크의 재능, 성격, 어머니의 격려의 합작품이라 할 수 있다. 만약 한 어머니의 생각만으로 충분한 것이었더라면 그렇게 다양한 육아법이 존재할 필요가 있었을까?

태아기 발달과 관련하여 늘어나는 지식 덕분에 때로 우리는 초기의 자극이 뇌 발달을 촉진시킬 수 있다고 가정하곤 한다. 그러나 음악 등의 자극이 뇌 발달 촉진을 가져온다는 것에 대해 과학적으로 확립된 증거는 없다. 단지 태교를 통해 얻는 것은 임신 중인 산모에 대한 관심 증가와 이로 인해 출산 전후 생활 방식에 긍정적인 영향을 주기 때문인 것 같다. 자궁의 자연적인 환경이 아기의 뇌가 요구하는 모든 자극을 제공한다.

만약 추가적인 자극이 발달을 촉진시킨다면 외부 세계에 좀 더 일찍 노출된 조산아들은 자궁에서 10개월 전부를 보낸 아이들보다 앞설 것이다. 하지만 우리의 연구에 따르면, 조산아들이 외부 세계에 더 일찍 노출되는데도 32주 후에 태어난 조산아들은 전 기간을 채우고 나온 아기들보다 더 빠른 발달을 보이지 않는다. 보스턴과 스위스 제네바의 페트라 휴피 박사는 행동 척도(Behavioral Scales)와 MRI 기술을 사용하여 조산아와 임신 전 기간을 채우고 태어난 아기의 발달을 관찰하고 비교했다. 휴피 박사는 40주를 채우지 못하고 태어나서 40주가 된 조산아들과 40주를 다 채우고 태어난 아기들을 비교했다. 조산아들이 8주 일찍 태어났음에도 불구하고 조산아들의 발달은 지연되었다. 전 기간을 채우고 태어난 아기가 자궁에서 보낸 8주가 확실히 더 유익해 보였다.

출생 전에 주는 자극으로 인해 뇌 발달이 가속화되지는 않지만 부정적인 영향은 아기의 뇌 발달을 해칠 수 있다. 알코올, 니코틴, 약물, 영양 부족은 엑스레이 촬영이나 감염과 마찬가지로 아주 위험한 요소로 알려져 있다.

엄마의 스트레스는 아기에게 영향을 줄까?

만약 당신이 머릿속 생각들을 조용히 정리할 시간을 찾지 못하고, 이 약속 저 약속에 뛰어다니고, 학교 일정이나 마감일 또는 식단계획 등의 균형을 잡으려 발버둥치며 산다면, 이렇게 분주하고 정신없는 생활이 뱃속에 있는 아기의 뇌 발달에 영향을 미치지 않을까 걱정할지도 모른다. 일찍이 기원전 480년 그리스 철학자 앙페도클은 태아의 발달은 엄마의 정신적 상태에 의해 좌우될 수 있다고 말했다. 또한 중국에서도 천 년 전에 산모클리닉을 설립하여 산모들이 안정을 유지할 수 있도록 도왔는데 이는 태아의 정신 건강을 유지시키기 위해 필요하다는 생각에서 출발한 것이었다.

1970년대 초 과학자들은 산모의 심리 상태가 미치는 영향에 대해 체계적으로 접근하기 시작했다. 캐나다의 연구자들은 임신 중 산모의 스트레스 상황과 아기의 발달의 관계를 연구했다. 연구자들은 지속적인 고도의 신체적 긴장, 주로 결혼 생활의 불화로 고통을 겪는 산모의 경우에 그렇지 않은 산모보다 아기가 습진의 위험이 높아졌고 운동 발달 이정표에 도달하는 것도 더 늦었다. 또한 아기들이 더 신경질적이고 안절부절못하며 조용히 진정하는 데에도 어려움을 겪는 경향이 있었다. 이러한 결과를 통해 연구자들은 스트레스에 의한 호르몬계의 변화가 뱃속에 있는 아기에게 영향을 미칠 수 있다고 제시했다. 우리는 이제 임신 중 장기간의 극심한 스트레스는 심각한 결과를 가져온다는 것을 알게 되었다. 태반으로 흐르는 혈액이 감소할 경우 아기의 성장이 제한되어 출생 시 체중이 임신기간에 비해 적게 나가는 저체중아가 될 수 있다.

그렇다면 우리의 일상생활의 일부라고 할 수 있는 정도의 스트레스 상황은 어떨까? 예를 들어 초음속 제트기 소음에 놀란다거나, 세 살

된 자녀가 갑자기 차도로 뛰어간다거나, 주말 내내 작성한 리포트를 보고 상사가 꾸짖는 일 같은 것 말이다. 신경계는 급격히 혈류에 아드레날린을 분비시킴으로써 이러한 갑작스런 상황에 반응한다. 이러한 분비는 자궁으로 흘러들어가는 피의 흐름을 제한할 수 있는데 이는 산모의 흡연 효과와도 유사하다. 태아가 이러한 변화를 감지하면 산모의 분노를 공감하게 된다. 산모의 신경계는 더 많은 아드레날린을 생산해 일시적인 심장 박동과 움직임의 변화를 일으킨다. 그러나 몇 분 후 산모와 태아 모두가 진정되면 둘의 신경계는 평상시의 상태로 돌아간다.

산모가 불안하면 스트레스를 받을 때 나오는 코티솔(cortisol) 호르몬이 더 많이 생산된다. 그 코티솔 호르몬 중 일부는 태아에게 직접 전해지고 아기의 내분비계를 자극하는 태반으로 스며들기도 한다. 특히 임신 후기 동안에 산모의 불안 정도가 높아지면 유년기에 나타나는 일련의 행동 문제들과 관계가 있다. 특히 남자아이들에게 과잉행동이나 산만함이 나타나고 남녀 아이들 모두에게 정서적인 문제가 나타난다.

최근 연구에서, 뷔틀라와 동료 연구자들은 일상생활 속에 일어나는 말다툼과 임신에 관련한 불안에 대해 기록하여 정기적으로 산모들의 타액 속 코티솔 호르몬을 측정했다. 그리고 이 자료를 3개월과 8개월 때 각각 유아에게 실시한 유아 발달 테스트 결과와 유아 기질 설문지와 비교했다. 이 연구결과 연구자들은 산모의 불안이 높을수록 유아의 정신과 운동 신경 발달이 낮다는 것을 발견했다.

또한 이 연구진들은 임신 후기 산모의 코티솔 호르몬 농도와 1주에서 20주 사이에 몇 차례 집에서 촬영된 유아들의 행동 간의 관계를 연구했다. 그 결과 코티솔 호르몬 분비가 높은 엄마의 자녀는 더 많이 소란 피우고 우는 경향이 있었으며 얼굴 표정도 어둡고 엄마들도 더 '다루기 힘든' 아이라고 표현했다. 코티솔 농도가 다른 집단의 유아들 사이의 차이는 어릴수록 더 크게 나타나 1주에서 7주 사이에 가장 컸다.

유아의 뇌는 경험에 의해 꾸준히 형성된다는 것을 깨닫는 것은 중요하다. 이것을 알면 부모는 자식의 필요에 부합하는 육아 기술을 찾아나감으로써 출산 전 스트레스의 영향을 약화시킬 기회를 갖게 될 것이다. 특히 스트레스가 많았던 임신 기간을 거쳐 태어난 아기들은 특별히 차분하고 큰 변화 없는 환경이 필요할 수 있다.

개성의 징조

태아들은 많은 경우 출생 전 초음파 검사에 저마다 다르게 반응한다. 어떤 태아들은 흥분해서 많이 움직이고 어떤 아이들은 눈에 덜 띄게 반응한다. 파이퍼 박사는 이미 자동차 경적 소리로 비슷한 관찰을 했다. 그 이상의 연구는 하지 않았지만 말이다. 태아들 간에 차이가 나타나는 것은 태아의 순간적인 경계심 때문일 수도 있고 아니면 태아의 기질과 관련되어 있을 수도 있다. 이 문제에 대해서는 연구가 진행 중인 상태다.

1999년의 연구는 엄마들의 경험을 확증시켜주었다. 태아들은 자궁 안에 있는 동안에도 개별적인 활동 양식을 보여준다는 것이다. 임신 8개월 때 연구자들은 초음파를 통해 세 가지 다른 경우에 일반적으로 나타나는 태아의 자발적인 움직임의 정도를 측정했다. 각 태아들은 개별적으로 확실히 다른 몸동작을 보였다. 다음으로 연구자들은 이 자료를 생후 2주에서 4주 동안의 아기의 행동과 비교했다. 태어나기 전 더 자주 움직이고 더 힘껏 발길질한 아기들이 생후 한 달 동안 더 활동적이었다. 이러한 관찰 결과로 아기들은 특정한 개별적 특징을 가지고 태어난다는 것을 알 수 있으며, 이는 유전적 요소와 자궁 내 조건에 영향을 받은 것이다.

나갈 준비

임신 40주의 기간은 산모들에겐 긴 것 같지만 태아의 신경계에서 진행해야 하는 모든 집중적인 형성 작업을 위해서는 놀라울 정도로 짧은 기간이다. 아기가 태어날 쯤엔 신경세포의 생산과 이동이 사실상 끝난 상태이며 뇌 구조가 자리 잡고 주요 연결부들이 기능을 한다. 핵심 기능을 담당하는 뇌 조직은 사실상 완전히 발달되는 반면 사고 발달과 같은 고차원적인 기능에 필요한 조직들은 주로 출생 후 발달하여 평생 진행될 것이다.

이렇게 일찍 아기의 뇌가 발달한다는 것은 출생 시 아기의 전체 몸무게는 성인이 되었을 때 몸무게의 5%밖에 안 되지만 뇌의 무게는 이미 성인의 30%나 된다는 설명으로 자주 표현된다. 이 시기 뇌의 중요성에 대한 또 다른 증거는 뇌가 필요로 하는 에너지의 양으로 알 수 있다. 성인의 뇌가 몸 전체의 에너지 공급의 20%만을 사용하는 반면 신생아의 뇌는 거의 몸 전체 에너지의 전부를 소비한다.

호흡과 혈액 순환에 관련된 연결망들은 출생과 동시에 즉시 활동할 준비가 되어 있다. 태아의 감각계는 자신을 기다리는 바깥 세계의 풍부한 자극을 받을 준비가 되어 있는 상태다. 태아는 자궁 밖 새로운 세상을 위해 근육을 수축하고 이완하는 연습을 하면서 몸과 팔다리를 계속 움직여왔다. 태아의 촉각은 엄마의 품에 안길 준비가 되어 있는 것이다.

자궁 속에서 형성된 미약한 기억들을 출생 후의 삶으로 옮겨 놓을 수 있는 아기의 능력 덕분에 아기는 새로운 환경에 보다 쉽게 적응할 것이며, 엄마의 어조와 몸 냄새는 아기가 먹을 것과 안식처를 찾을 수 있도록 도와줄 것이다.

생각해 볼 질문들

자극을 많이 주면 아기의 뇌 발달에 도움이 될까요?

우리는 이제 처음 우리가 생각한 자극보다 훨씬 더 많은 자극을 자궁 안의 생활이 제공한다는 것을 알게 되었습니다. 이러한 자극은 배아와 태아의 발달에 아주 중요합니다. 하지만 더 많은 자극을 주는 것이 좋다는 것에 대해서는 증명된 바가 없습니다. 모차르트의 음악을 듣는 것이 즐겁고 편안하다거나, 나중에 아이에게 읽어줄 책을 읽는 연습을 하기 위해 닥터 수스의 책을 큰 소리로 읽는다거나, 또는 출산 전 프로그램들이 아기의 발달에 더 관심을 가질 수 있도록 도와준다면 이런 종류의 '간접적 자극'이 가장 유용하다고 할 수 있겠습니다.

어떤 물질들이 아기의 뇌 발달에 해로운 것으로 증명되었나요?

어떤 물질들은 아기의 뇌 발달에 해로운 영향을 미친다고 알려져 있습니다. 특히 알코올, 니코틴, 불법적인 약 종류는 전부 피하는 것이 최상책입니다. 모든 약물 치료는 의사의 확인을 받아야 합니다. 엑스레이나 방사능에 많이 노출되면 뇌 성장이 저해될 수 있습니다. 특히 첫 3개월 동안은 지나치게 몸을 뜨겁게 하는 것은 피해야 합니다. 열이 많이 날 때는 의사가 처방하는 약으로만 치료하고 뜨거운 욕조에 들어가는 것이나 사우나는 피해야 합니다. 수두나 풍진 예방 주사는 임신 전에 맞아야 합니다. 톨루엔이나 벤젠 같은 유기 용매는 피하시거나 써야 할 경우는 반드시 환기가 잘 되는 실내에서만 사용하십시오.

현대식 전자 기기들은 위험한가요?

위험 목록의 순서를 매기자면, 다행히도 화상 기기나 전자레인지와 같은 많은 현대식 기기들이 해롭다는 것은 증명되지 않았습니다. 초음파나 자기공명영상법(MRI) 과정은 유아에겐 위험하지 않다고 알려져 있지만 임신 전기(첫 3개월까지)에 있는 산모들은 MRI가 무해하다는 결과가 좀 더 많이 알려지기 전까진 피하는 것이 좋습니다.

언제 주의가 필요한가요?

임신한 여성은 어떤 종류든 약이나 약물 치료 전 반드시 의사나 다른 건강 관리자에게 상담을 해야 합니다. 허브 치료 역시 포함됩니다. 허브 치료는 자연적인 치료가 될 수도 있겠지만 허브 치료에 사용되는 물질의 많은 부분이 불특정한 양의 해로운 성분을 포함하고 있습니다. 모닝커피 없이 지낼 수 없다면 하루에 두 컵이 넘지 않도록 마시는 양을 줄이도록 합니다.

감기는 태아에게 위험 요소가 될 수 있기 때문에 감기철에는 조심해야 합니다. 감기 바이러스와 접촉할 기회를 줄이는 간단하면서도 효과적인 방법은 손을 자주 씻고 손으로 입과 코를 만지지 않는 피하는 것입니다.

1997년에 미국 소아과 학회(American Academy of Pediatrics)에서는 과도한 소음이 태아의 발달에 해로운 영향을 미친다고 경고한 바 있습니다. 이와 관련된 연구들은 소음의 정도와 신생아에게 자주 발생하는 청력 상실, 조산아 출산의 위험 증가, 출생 시 몸무게 감소와의 상관관계를 보여주었습니다.

'과도한 소음'은 어느 정도까지인가요?

일반적으로 시간에 상관없이 80dB 이상에 노출되지 않을 것을 권합니다. 감을 잡을 수 있게 설명하자면 이 소음은 교통 체증이 심할 때의 소음 정도입니다. 잔디 깎는 동력 기계 소음이 약 100dB이고 닫힌 차 안에서 카세트 라디오를 켜 놓고 있으면 약 120dB의 정말 '과도한' 소음이 됩니다. 머리 위로 제트 비행기가 날아갈 때는 140dB까지의 소음이 생길 수 있습니다. 아기의 청각계에 영향을 미치는 일반적인 큰 소음과 함께 근처 공항에서 이륙하거나 착륙하는 비행기의 굉음 같은 갑작스런 소음도 산모에게 스트레스가 될 수 있습니다.

02 신생아

출산 시 아기가 산도를 통과하는 동안 탯줄이 눌려서 엄마의 혈액 공급을 감소시킨다. 아기의 혈액 속 산소량이 낮아지고 이산화탄소 농도는 올라간다. 아기가 태어나면 소량의 산소가 아기가 첫 숨을 쉴 수 있도록 하며, 이로 인해 접혔던 허파가 펴지고 산소가 가득 차게 된다. 새롭게 부푼 허파는 갑자기 내용물을 내보내고 후두의 좁은 통로를 통해 공기가 몰려들어 아기의 극적인 출현을 알리는 첫 울음이 터져 나온다. "응애! 응애! 저 여기 있어요!"

뇌간의 중요한 순간

아기들은 마치 새로운 세상에 빨리 적응하고 싶은 듯이 빛나는 눈과 놀란 표정으로 태어난다. 이것은 뇌간에 의한 것이다. 뇌간에 있는 뉴런들이 큰 소리나 강한 빛 등에 의해 흥분하면 갑자기 신경전달물질의 하나인 노르에피네프린(Norepinephrine)을 분비시켜 유아를 더 경계하게 만든 후 뭔가 조치를 취할 준비를 하게 한다. 아기의 호흡 덕분에 뇌는 자궁에 있을 때보다 다섯 배 많은 양의 산소를 갑자기 얻게 된다.

오늘날 멀티미디어란 단어가 널리 퍼져 있다. 뇌간은 오랫동안 멀티미디어적인 특성이 있었다. 뇌간은 각각의 채널, 즉 '모드'를 통해 들어오는 감각을 수용한다. 눈으로부터 들어온 정보는 시각 모드 안에 있게 되고, 아기가 듣는 것은 청각 모드에, 피부로 들어오는 감각은 체지각 모드에 있게 된다. 아기의 뇌간은 다른 채널, 즉 멀티 모드 과정을 통해 입력된 것을 통합한다.

뇌간은 또한 상호적이다. 갑자기 시끄러운 소음을 듣게 되면 아기는 놀라고 몸 전체 근육들이 일제히 움직인다. 눈앞에서 얼굴 하나가 끄덕끄덕 하면 그 움직임을 따라 머리와 눈을 움직인다. 뇌간은 신호를 받아 자동적으로 적절한 근육을 활동시키는 것이다.

임신과 출산 사이에 수초라는 절연막이 신호들의 속도와 효율성을 상당히 증가시키면서 뇌간에 있는 뉴런의 축삭 주위에 형성되기 시작한다. 이것을 수초화(Myelination)라고 하는데, 이 수초화가 뇌간에서 초기에 일어난다는 사실로 뇌간이 아주 중요한 곳임을 알 수 있다. 출산이 가까울수록 뇌간에서는 더 집중적인 활동이 진행되고, 이는 곧 뇌간에서 더 많은 에너지를 필요로 한다는 것을 의미한다. 특히 뇌세포 활동이 활발해지면 주 연료인 포도당을 더 많이 흡수한다.

이때가 뇌간의 가장 중요한 순간이다. 출산 즈음과 출산 후 서너 달 동안 뇌간은 거의 방해 없이 중요한 지시자의 역할을 한다. 그 후 몇 달 동안은 대뇌피질이 점차 뇌간의 활동을 조정하는 역할을 담당하게 된다.

중요한 순서대로

아기를 얻을 거란 기쁨 뒤엔 세상을 보기까지 아기가 겪을 힘든 여정과 자궁 밖 환경에 아기가 잘 적응할지에 대한 걱정이 자리한다. 출산이 자연스러운 과정이고 대부분의 경우 큰 문제없이 일어나지만 어떤 아기들은 새로운 삶에 적응하는 데 어려움을 겪는다. 의학 발달 덕분에 이제 출산 전에도 심장 활동 같이 중요한 기능들을 확인하여 아기가 새로운 환경에 적응할 수 있도록 도와주는 것이 가능해졌다.

1952년 컬럼비아 대학의 마취전문의 버지니아 아프가(Virginia Apgar)는 아기가 자궁 밖 환경에 얼마나 잘 적응하는지를 빠르게 알아내는 시스템을 발표했다. 응급실 경험을 통해 그녀는 출산 몇 분 내에 문제를 파악하는 것이 아기 뇌의 심각한 손상을 막을 수 있다고 확신했다. 아기의 심박동수, 호흡, 근긴장, 반사 행동, 피부색 등이 출생 후 1분, 5분, 10분에 기록되고 그 결과들은 숫자로 전환되어 함께 더해진다. 그 수치가 7 아래면 의료적 도움이 필요하다는 것을 의미한다. 이러한 신생아 측정 과정이 앞으로의 유아 발달을 예상하기 위해 행해지는 것은 아니다. 이것의 목적은 유아가 위험한 상태여서 즉각적인 의료적 도움이 필요한지를 결정하기 위한 것이다. 아프가의 수치화는 이제 전 세계 분만실에서 사용되고 있고, 최근 연구에 따르면 반세기 전 처음 이것이 도입되었을 때와 마찬가지로 지금도 신생아의 생존을 예견하는 데 있어 큰 가치가 있다. 그런 이유로 그녀를 다정하게 일컬어 '신생아학의 할머니'라고 한다.

지금도 분만실에서 간호사나 의사는 아기의 몸무게, 키, 머리 둘레를 잰다. 신체 측정은 신생아 발달에 관한 일반적인 그림을 제공한다. 아기의 몸무게와 키는 자궁에서 보낸 시간과 비교해서 적당한지 알 필요가 있다. 아기의 몸무게가 기대되는 수치보다 훨씬 적게 나가면 느린 유아기 성장을 나타내는데 이것은 산모의 영양실조, 태반 부족, 감염, 약물 노출 등 많은 이유 때문에 나타날 수 있다. 아기가 너무 작고 가볍지만 머리 둘레는 임신 기간에 맞게 적절하면 유아기의 성장 저하를 초래하는 힘든 조건 속에서도 뇌에게는 여전히 우선권이 주어졌다는 것을 나타낸다. 하지만 머리 둘레가 임신 기간에 비해 너무 작으면 뇌 성장에 영향을 미칠 수 있다.

필자는 의과 대학에서 신생아를 진찰하는 방법을 학생들에게 가르칠 당시 처음으로 아빠가 됐다. 아들이 태어나기 무섭게 서둘러 분만실에서 데리고 나와 근처의 진찰대로 가서 42가지 항목으로 된 필자의 신경학적 검사표를 바탕으로 확인하고 난 후 자랑스럽게 아내가 있는 병실(그 당시는 아기와 엄마가 출산 직후부터 함께할 수 있는 모자동실이 있기 전이었다.)로 올라갔다. 그리고 아내에게 내가 우리 아기를 체크했고 이상이 없다고 기쁘게 소리쳤다. 그러자 아내는 물었다. "눈은 무슨 색이에요?" 결국 나는 다시 아기를 보기 위해 신생아실로 가야 했다.

신생아의 감각

아기는 눈과 귀를 열고 팔을 뻗어 세상과 인사한다. 이 순간을 위해 몇 개월 동안 자궁 안에서 눈, 귀, 그리고 촉각이 발달되어왔다. 이제 이 감각들은 아기가 기다려 온 셀 수 없이 많은 바깥세상의 인상들을 받아들이고 이에 반응할 임무를 즉시 수행할 준비가 되어 있다. 아기들은 모든 감각을 새로운 환경에 익숙해지도록 작동시킨다.

신생아들에게 세상이란 모두 새로운 것이지만 혼돈의 세계는 아니다. 만약 유아가 수많은 시각 정보들로부터 윤곽과 모양을 추출할 수 없거나 말소리와 소음을 구별해낼 수 없었다면 혼란스러웠겠지만 말이다. 그랬다면 세상은 빛의 자극과 음파들로 가득 차게 느껴졌을 것이다. 하지만 그 대신 아기의 뇌는 들어오는 정보를 처리하고 저장하는 고도로 분화된 체계를 가지고 있어서 비록 무엇인지 아직 알지 못하지만 새로운 환경 양식들을 구별할 수 있다. 아기들의 행동을 관찰하기 위해 더 정확한 기법들을 수반한 뇌 발달에 대한 흥미 있는 연구가 아기가 어떻게 새로운 세계에 반응하는지에 대한 우리의 지식을 넓혀주고 있다.

둘러보기

일단 첫 숨을 쉬면 아기는 분만실의 모든 환한 불빛에 눈을 깜빡이고 익숙하지 않은 모든 광경을 놀란 듯 바라본다. 이제 시각은 아기가 새로운 세계에 익숙해질 수 있게 하기 위해 갑자기 중요해진다. 아기의 청각이 자궁 안에서 아주 다양한 소리들에 노출되었고 아기의 촉각은 아기가 자기 몸이나 자궁벽에 닿음으로써 자극을 받은 반면 아기의 시각 체계는 이제까지 상당히 어둠 속에 남겨져 있었다.

신생아는 무슨 일이 일어나고 있는지 알아내고 싶어 하는 것 같다. 마샬 하이스와 동료 연구자들은 어두운 방에 누워 있는 유아를 관찰했다. 완전한 어둠 속에서도 유아의 눈은 마치 흥미 있는 무언가를 찾는 것처럼 이리 저리 움직였다. 빛이 전혀 없었기 때문에 연구자들은 눈의 움직임은 외부 자극보다는 뇌의 직접적인 활동의 결과라고 결론 내렸다.

신생아는 얼굴을 흐릿하게 본다. 아기의 눈은 8~30인치(약 20~76cm) 내에 있는 사물에만 초점을 맞출 수 있다. 이것은 수유 시 엄마의

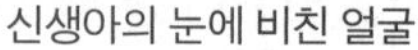

신생아의 눈에 비친 얼굴

6개월 된 아기의 눈에 비친 얼굴

얼굴과 아기의 거리 정도다.

신생아들은 강한 선과 뚜렷한 윤곽에 초점을 맞춘다. 연구에 따르면 신생아들은 삼각형, 사각형, 동그라미, 십자 모양의 윤곽을 구별할 수 있다. 사람의 얼굴에서 눈과 머리 윤곽은 두드러진 특징이다. 아마도 이 이유 때문에 신생아의 부모는 쉽게 미장원에서 머리 모양을 바꾸지 못하는지도 모른다.

새로운 소리들

놀라울 정도로 다양한 소리에 갑자기 둘러싸이게 된 신생아는 외부 세계와 자신을 연결해줄 익숙한 소리들을 골라낼 수 있게 된다. 신생아들은 자신이 듣는 것이 무엇인지 말할 수 없기 때문에 연구자들은 신생아의 행동이나 몸의 기능의 변화를 관찰해야 한다. 최근 한 연구를 통해 연구자들은 신생아가 다른 여성의 음성을 들을 때와 엄마의 목소리를 들을 때 심장 박동수와 호흡에서 어떤 변화가 있는지 측정한 바 있다. 엄마의 목소리를 들었을 때 순간적으로 신생아들의 심장 박동수가 감소했는데, 이는 신생아들이 더 주의 깊게 소리에 집중한다는 것을 의미한다. 이를 통해 아기가 자궁 속에서 들은 소리를 기억해서 자궁 밖에서도 그 소리에 대한 기억을 유지할 수 있다는 것을 알 수 있다.

신생아의 청각이 시각보다 훨씬 더 발달되어 있고 출생 전에 더 많은 훈련을 했지만 신생아의 청각계가 좀 더 예민해지고 새로운 환경의 소리에 적응하는 데는 시간이 필요하다. 출생 후 첫 몇 주 동안은 부모가 방에서 이리 저리 돌아다니고 서로 이야기해도 아랑곳하지 않고 신생아는 곤히 잠을 잔다. 신생아는 너무나 많은 새로운 소리들에 익숙해져야만 하기 때문에 출생 시 아기의 청각은 성인만큼 정확하지 않다. 정확하게 들리지 않는 소리들은 마치 출생 시 보이는 희미한 영상과도 같다. 신생아들은 성인들보다 15~20dB 정도 덜 듣게 되는데 이는 귀마개를 한 효과와 비슷하다.

서던 일리노이 대학의 데니스 몰페스와 빅토리아 몰페스는 신생아의 뇌는 서로 다른 반구에서 처리되는 말과 소리를 이미 구분한다는 것을 알아냈다. 이를 알아내기 위해 이들은 신생아의 두피에 아기가 알지 못할 정도의 거의 전극이 없는 부드러운 캡을 살짝 씌운 후 방이 완전히 고요해졌을 때 아기 뇌의 전기 활동의 기본 수위를 측정했다. 아기가 소리를 들으면 사건관련전위라고 하는 뇌의 전기 활동이 소리 처리를 담당하는 청각피질 일부에 나타난다. 연구자들이 이 전기파를 아기의 기본 전기 활동 수위와 비교했을 때 말소리에 대한 반응은 좌반구에서 더 강하고 일반 소리에 대한 반응은 우반구에서 더 강하다는 것을 발견했다. 이는 뇌의 두 반구가 서로 다른 기능을 위해 전문화되어 있다는 것을 말해준다.

혀와 코의 사용

시각, 청각과 마찬가지로 아기의 미각과 후각은 자궁 밖 세계에서 안내자 역할을 한다. 미각과 후각은 모두 먹을 것을 찾도록 도와주며 아기와 엄마 간의 포근한 유대감을 형성하도록 해준다. 신생아는 특히 엄마의 유두 주위의 냄새에 반응한다. 출생 후 몇 분 내에 이 냄새가 아기의 주의를 끌고 입으로 젖꼭지를 찾도록 유도한다.

아기는 자궁 안에서 경험한 냄새들을 기억하고 있다. 프랑스 과학연구 국립센터의 베느와 샬과 동료 연구자들은 출생 후 3일 된 아기들에게 엄마의 양수가 든 패드와 다른 아기 엄마의 양수가 든 패드를 제시했고 아기들은 확실히 엄마의 양수 냄새를 선호했다.

신생아들은 또한 아주 예민한 미각의 소유자들로, 선호하는 맛을 분명히 구분했다. 특히 단맛을 선호했다. 단맛에 대한 이러한 타고난 선호는 조상들이 열량이 높은 과일과 열매를 찾도록 함으로써 진화하는데 이점으로 작용했을 것이다.

신생아는 맛있는 것을 맛볼 때 얼굴에 만족스러운 표정이 피어나고 입술을 오물거리거나 혀의 끝을 불쑥 내밀지도 모른다. 반면 신생아들이 입맛에 맞지 않는 무엇인가를 먹었을 때는 매우 싫어하며 얼굴을 찌푸리거나 아예 고개를 돌려버린다. 이것은 일종의 의사소통 방식으로 아기가 보여주는 최초의 식탁 대화다. 흥미로운 사실은 좋고 싫음을 표현하는 아기의 표정은 타고난 것으로 어른들 또한 같은 표정을 짓는다는 것이다. 이는 전 세계적으로 보편적이며 좋고 싫음을 나타내는 표정에 필요한 복잡한 일련의 근육 움직임은 주로 기저핵과 뇌간에 의해 통제된다.

좋고 싫음을 나타내는 아기의 표정은 뇌의 전기 활동을 반영한다. 한 연구에서 네이선 폭스와 리처드 데이비슨은 유아의 표정을 관찰하고 동시에 아기가 달거나 신 액체를 맛볼 때 일어나는 아기의 뇌 활동을 측정하기 위해서 뇌파 전위 기록장치를 사용했다. 아기들은 단맛이 나는 용액을 맛봤을 때 좌반구에서 더 많은 활동을 보였다. 그리고 신 레몬주스를 맛봤을 때는 오른쪽에서 더 많은 활동을 보였다. 일반적으로 긍정적인 감각은 좌반구에서 부정적인 감각은 우반구에서 더 많은 활동을 보였다.

비록 신생아들이 냄새와 맛을 구별할 수 있고 적어도 단기간은 그것을 기억할 수 있다 하더라도 이것이 나중에 그 아이가 어떤 특정한 종류의 음식을 선호하는지를 결정짓는 것은 아니다. 임신기간 동안 균형잡힌 식단을 먹고 수유하는 것이 엄마와 아기 모두에게 좋지만 이 두 가지를 모두 했다고 해서 아기가 나중에 시금치나 브로콜리를 좋아하는 것은 아니다.

촉각의 발달

인간 삶의 중요도에 있어 촉각은 산소, 물, 음식보다 조금 낮을 수도 있다. 하지만 아기는 출생 시 우리가 사랑이 가득한 손으로 처음 안았을 때의 촉감을 세상과의 첫 경험으로 마음에 새기게 된다. 아기는 자기 주위에 있는 사람들과의 감정적인 연대감을 바로 이 촉감으로 만들어가는 것이다. 새롭게 아기를 가진 부모는 완벽하게 만들어진 아기의 손과 발의 기적을 느끼기 위해 자동적으로 손을 뻗는다. 그리고 아기의 부드러운 피부의 감촉을 느끼며 감동한다. 부모는 자신의 아기를 팔로 안아 심장 가까이로 데려가 꼭 껴안는다. 그러면 아기는 더 바짝 달라붙어 몸 전체의 긴장을 풀면서 포옹과 피부의 따스함에 응답한다.

아기의 신경계 발달과 자궁 안에서의 촉각에 대한 경험 덕분에 아기의 촉각은 출생 때 이미 잘 만들어져 있다. 촉각에는 두 가지 체계가 있다는 것이 흥미로운데 첫 번째는 포옹, 끌어안기, 애무나 쓰다듬기와 같은 일반적인 촉감이고, 두 번째는 피부에 지엽적으로 가해지는 압력에 반응하는 것이다. 더 많은 일반적인 체계가 일찍 발달하기 때문에 신생아는 어루만지는 등의 촉감에 더 수용적이게 된다. 더 많은 지엽적인 촉감 체계는 자궁 밖 세계를 탐험하는 데 매우 중요하다. 자궁 안에서는 모든 것이 부드럽고 따뜻하지만 이제 아기는 매우 다양한 종류의 질감과 모양을 발견할 수 있다. 이렇게 하기 위해서 아기는 손만이 아니라 입도 사용한다. 입 주위는 일찍이 자궁에서 형성된 특히 많은 수의 촉각 수용기를 가지고 있다. 이는 아기가 엄마의 젖꼭지와 자양분을 발견하는 데 중요한 것이다.

촉각은 또한 아기에게 잠재한 위험을 알리는 일을 담당한다. 아기의 피부에 있는 수용기들은 온도와 압력의 변화를 기억한다. 그리고 만약 이러한 변화들이 일정수준을 넘으면 아기는 통증을 느낀다. 불행하게도 20세기 중반까지도 갓난아기는 고통을 느끼지 못한다고 여겼다. 그래서 만약 신생아가 수술이 필요할 경우, 호흡이 느려지는 위험을 막기 위해 마취제 없이 수술이 행해졌다. 그러나 오늘날 우리는 피부로부터 아기의 대뇌피질의 감각운동 영역까지 통감을 전달하는 신경통로가 이미 수정 후 약 26주에 형성된다는 것을 알고 있다. 이러한 이유로 통증을 줄이는 방법들이 가능한 곳이면 어디에서든 사용되어야만 한다.

촉각이 이렇게 일찍 발달한다는 사실은 신생아가 새로운 환경과 상호작용하는 데 있어 이 감각이 아주 중요하다는 것을 보여준다.

근육의 움직임

놀라울 정도로 이미 모양을 갖춘 아기의 조그마한 손바닥 위에 당신의 손가락을 살포시 놓았을 때 가장 먼저 알 수 있는 것은 아기의 손가락이 즉시 그리고 자동적으로 당신의 손가락을 꽉 쥐고 놓아주지 않는다는 것이다. 이렇게 아기가 자동적으로 움켜쥐는 행동을 손바닥 쥐기 반사라 부른다. 이것은 아기가 출생 시 갖추고 나오는 전체 반사 작용 중 하나다. 그중 몇몇 반사들은 평생 유용한 반면에 소위 신생아 반사라 불리는 다른 반사들은 점차적으로 대뇌피질이 뇌간을 통제하고 근육이 자의적으로 움직임에 따라 생후 1년에 걸쳐 사라질 것이다.

반사라는 것은 우리에게 최상인 것을 자동적으로 하게 하는 아주 효율적인 수단이 될 수 있다. 밝은 빛이 우리를 비추면 우리의 눈꺼풀은 눈을 보호하기 위해서 즉시 내려온다. 눈을 통해 들어온 신호는 사고가 이루어지는 대뇌피질까지 가지 못하고 뇌간까지만 간다. 만약 대뇌피질까지 간다면 우리는 빨리 행동할 수 없을지도 모른다. 뜨거운 난로를 만졌을 때 손을 재빨리 떼는 것과 같은 몇몇 반사 행동들의 신경 경로는 척수를 통과한다.

손바닥 쥐기 반사는 뇌간 회로의 작용이다. 아기 손바닥 피부에 있는 촉각 감지기들은 척수를 거쳐 뇌간으로 전기 메시지를 보낸다. 뇌간은 즉시 척수를 거쳐 손가락 근육에게 손바닥을 쥐라는 신호를 다시 보내고 아기는 이에 따라 반응한다. 촉각이 자동적으로 아기가 주먹을 쥐도록 하는 것이다. 만약 이 반사가 나중에 없어지지 않는다면 유아가 사물을 다룬다거나 주위를 손으로 탐색하는 것이 불가능할지도 모른다.

어떤 반사들은 신생아가 자양분을 찾는 것을 돕는 데 필수적이다. 아기의 입술이 엄마의 따뜻한 가슴에 닿으면 아기는 자동적으로 엄마의 젖꼭지를 찾으려고 부지런히 움직인다. 이것을 뿌리 반사라고 한다. 그 후에 빨기 반사와 삼키기 반사가 이어진다. 이 모든 게 아주 단순하게 들리지만 실제로는 다소 복잡한 협동 과정을 수반한다. 특히, 위와 같은 수유 반사들과 호흡이 동시에 이루어질 때 반사들 간의 협동이 중요하다. 뇌간이 이를 담당하지만 건강한 신생아라 하더라도 협동적인 근육 운동을 위해서는 며칠 간 연습이 필요하다.

조지 버터워스와 브라이언 홉킨스는 유아는 자신의 볼을 다른 사람이 만질 때에도 뿌리 반사를 보이지만 자기의 손가락으로 자기의 입을 만질 때는 놀랍게도 뿌리 반사를 보이지 않는다는 것을 관찰했다. 후에 필리페 로샷은 이를 확증하고 나아가 이러한 아기의 행동은 자신과 타인을 구별할 수 있는 능력의 시작점이라 추측했다.

신생아의 행동은 뇌간에서 보내는 임의적이고 무의식적인 신호에 대한 반사나 결과 그 이상이다. 아기들은 고개를 돌리고 팔과 다리를 흔들기도 한다. 이러한 활동 중 몇 가지는 보이는 것과 달리 규칙이 있는 듯하다. 한 연구에 따르면 출생 직후 아기들은 움직임을 안내하는 시각적 신호들을 사용하기 시작한다. 아기들은 고개를 한쪽으로 돌린 채 누워 있을 때 자신의 팔이 보이도록 고개 돌린 쪽으로 팔을 움직였다. 그리고 팔이 보이자 더 많이 팔을 움직였다.

출생 전에도 아기들은 자주 자신의 손을 입에 댄다. 버터워스와 홉킨스가 이러한 신생아의 전형적인 행동을 연구하기 시작했을 때 처음에는 이러한 행동이 임의적인 것으로 보였다. 그러나 연구자들은 아기들이 손을 입으로 가져갈 때 손이 닿기도 전에 이미 입이 벌려져 있음을 알아챘다. 아기 입의 근육이 준비하라는 신호를 미리 받았음에 틀림없다. 손이 입에 도착할 것이라는 기대는 나중에 의도적인 행동을 수행하기 위한 아기의 능력에 대한 매우 이른 암시이다. 근육의 활동은 대단히 중요하다. 왜냐하면 그것은 우리를 표현하고 우리를 둘러싼 환경에 즉시 행동하는 유일한 수단이기 때문이다. 얼굴 근육을 바꾸고 응시할 것을 지시하며 자세를 유지시켜주는 것이 바로 근육인 것이다. 우리가 말하거나 쓰거나 서 있거나 걸어가거나 무언가를 만들거나 놀면서 우리의 근육은 계속해서 활동 중이다.

개인별 신경계

아기의 신경계가 개별적인 민감도에 맞게 조율된다는 것은 출생 직후 행해지는 절차에 대한 아기의 반응에서 알 수 있다. 출생 후 신생아가 심각한 뇌 장애의 위험이 있는지 확인하기 위해 혈액 샘플을 아기의 발뒤꿈치에서 채취한다. 이때 아기들은 따끔한 피침에 놀라 울기 시작한다.

통증에 반응한다는 것은 신체가 위험에 반응할 준비를 하는 데 필요한 체계의 일부이다. 위협적인 상황이나 심한 통증에 반응할 때 신경전달물질과 호르몬이 혈류로 흘러들어간다. 예를 들면, 신경전달물질인 노르에피네프린은 신체가 행동을 취할 준비 상태로 만든다. 반면, 스트레스 호르몬인 코티솔은 신체의 지구력을 유지시키는 데 중요하다. 이러한 체계의 기본 구성 요소들은 수정 이후 약 18주쯤에 이미 기능하기 시작한다.

뉴저지 의과대학의 마이클 루이스는 혈액 샘플 채취에 대한 유아의 개인별 반응을 비교했다. 유아들은 두 집단으로 나뉘었다. 한 집단은 아주 예민하게 반응하여 바로 크게 울었고 진정되는 데도 시간이 오래 걸렸다. 다른 집단은 그다지 예민하게 반응하지 않고 우는 정도도 약했으며 진정되는 시간도 짧았다. 루이스는 아주 예민하게 반응하는 집단의 아이들이 다소 약한 반응을 보인 집단의 아이들보다 스트레스 호르몬인 코티솔 수치가 더 높다는 것을 발견했다.

태어난 지 며칠 되지 않은 아기들이었기 때문에 타고난 신경계의 설치 차이에 의해 반응이 다르게 나타난 것임을 알 수 있었다. 그러나 루이스와 동료 연구자들은 유아들의 그 당시 상태가 영향을 미칠 수 있다는 가능성도 고려해야 했다. 더 격렬하게 반응했던 아기가 당시 배가 고팠거나 화났을 수도 있고 덜 민감하게 반응한 아이가 너무 졸려서 그랬을 수도 있다. 그래서 연구자들은 뒤꿈치 혈액 샘플 채취 시 아기들의 반응 강도와 두 달 후 정기 접종 때 아기들이 보이는 반응의 강도를 비교하기로 했다. 결과적으로 좀 더 예민하게 반응한 유아들이 접종 때도 더욱 심하게 반응했고 반응이 약했던 유아 대부분이 접종 때도 더 차분했다. 따라서 아기 반응의 강도는 어떤 상태, 즉 순간적인 상황이라기보다는 어떤 특징, 즉 특유한 반응인 것 같았다. 그리고 앞으로 더 다루겠지만 이러한 아기들의 경향이 성장하면서도 지속될 수 있다.

배울 준비

세상 밖으로 나온 순간 아기는 바로 현재 상황에 대한 준비에 들어간다. 아기의 첫 번째 과제 중 하나는 양분을 발견하는 것이다. 처음에는 젖꼭지를 찾아 무는 데 있어서 엄마의 작은 도움이 필요하다. 하지만 몇 번의 시도 후에 대부분의 아기는 빨기와 삼키기의 일과에 익숙해진다. 어떤 아기는 조금 더 많은 연습을 필요로 하기도 한다.

아기는 곧 자신의 행동이 어떤 결과를 가져온다는 것을 배우게 된다. 한 연구에서 세상에 나온 지 3일도 안 된 아기들이 엄마의 목소리를 인식할 수 있을 뿐만 아니라 엄마의 목소리를 듣기 위해서 빠는 패턴을 조절할 수 있음을 보여줬다. 이를 설명하기 위하여 연구자들은 엄마들이 닥터 수스의 책 몇 페이지를 읽는 것을 녹음했다. 그리고 빠는 속도를 측정하기 위해 아기들에게 공갈젖꼭지를 물리고 머리에 이어폰을 씌웠다. 아기들이 기준 속도보다 더 빠르게 빨 때 엄마 목소리를 들려주었고 느리게 빨 때는 다른 여성의 목소리를 들려주었더니 아기는 재빨리 엄마 목소리를 들으려고 더 빨리 빠는 법을 배웠다.

하나의 사건과 다른 사건을 관련시킬 수 있는 능력은 학습의 기본 형태다. 신생아가 이것을 할 수 있는지를 보기 위해서, 연구자들은 아기들이 단것을 맛보았을 때 하는 자연스러운 행동을 사용했다. 단맛을 본 아기는 빠는 동작을 하기 시작한다. 빠는 행동은 부모가 아기의 이마를 쓰다듬었을 때 아기가 자동적으로 하지는 않는 행동이다. 그래서 연구자들은 아기에게 적은 양의 설탕물을 먹이기 전에 이마를 부드럽게 쓰다듬었다. 연구자들은 이마를 쓰다듬자마자 아기들이 빠는 동작을 시작할 때까지 몇 번 반복했다. 아기들은 이마 쓰다듬기와 단맛 간의 연상을 만들어냈다.

한 단계 더 나아가 아기들은 이마를 쓰다듬고 나서 설탕물이 주어지지 않으면 얼굴을 찡그리거나 울면서 항의하는 감정을 표현했다. 아기들의 기대가 명백히 채워지지 않았다는 표시였다. 다음에 무슨 일이 일어날지 예측하도록 해주는 연상 능력이 아기의 신경계 안에 설치되어 있어 학습이 시작된 것이다.

사람들에 대한 호기심

아기가 자궁에 갇혀 있다가 나오면 셰익스피어의 〈템피스트〉(Tempest)에 나오는 미란다처럼 "오, 용감한 사람들로 가득 찬 용감한 신세계로다!"라고 외칠지 모른다. 아기는 아직 파티를 주도하는 분위기 메이커는 아니지만 이미 주위에 있는 사람들과 상호작용을 하고 있다. 아빠가 만질 때 반응하고 엄마의 가슴에 바짝 다가가 붙으며 부모가 말을 할 때 얼굴을 따라 움직이려고 노력하며 쳐다본다.

아기는 사람의 소리에 대해 특별히 친근감을 가지고 있다. 신생아실에서 한 아이가 울기 시작하면 몇몇 다른 아기들도 따라 우는 경향이 있다. 아기들은 실제 사람의 울음소리와 인위적으로 흉내 낸 소리를 구별할 수 있다. 한 연구에서 연구자들은 신생아실에 있는 신생아들에게 실제 아기의 울음소리가 나는 녹음테이프와 컴퓨터를 통해 만들어진 아기의 울음소리를 들려주었고 아기들은 실제 울음소리가 녹음된 테이프 소리를 듣고 더 자주 따라 울었다.

아기는 심지어 자신의 목소리를 인식할 수 있다. 1999년 이탈리아에 있는 파두아 대학의 마르코 돈디, 프란체스카 시미온, 그리고 지오반나 칼트란은 신생아들이 자신의 울음소리 녹음과 다른 아기의 울음소리 녹음의 차이를 감지할 수 있다는 것을 발견했다. 아기들은 다른 아기의 소리를 들었을 때 공갈젖꼭지 빠는 것을 멈추는데 이로써 아기가 그 소리에 더욱 집중한다는 것을 보여준다. 또한 눈을 더 꾹 감고 이마를 찡그리기도 한다. 반면 친숙한 목소리를 들었을 때는 차분하게 계속 빨았는데 이는 친숙한 목소리가 아기를 안심시켰기 때문이다.

사람의 음성과 함께, 얼굴 역시 갓난아기들의 시선을 끌기에 충분하다. 아기들은 다른 시각적인 모양보다 사람 얼굴에 달리 반응한다. 영

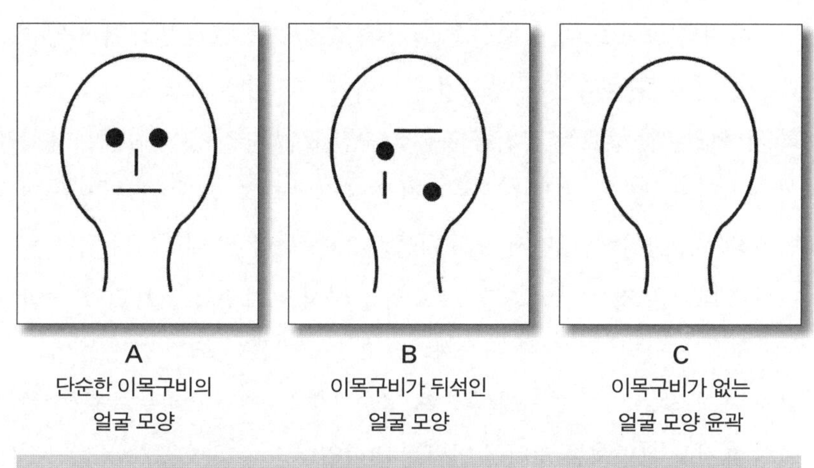

국 런던에 위치한 의학연구회 인지발달팀의 마크 존슨과 동료 연구자들은 신생아들에게 세 개의 그림을 보여주고 반응을 살펴보았다. 신생아들은 이목구비가 잘 짜인 얼굴이 있는 그림 (A)에 머리와 눈을 돌리고 이목구비가 뒤섞인 그림 (B)에는 시선을 덜 주었다. 한편, 얼굴 모양 안이 빈 그림 (C)를 보고는 눈을 훨씬 덜 움직였다. 이 세 그림들을 수평으로 천천히 아기들의 눈앞에 보여줬을 때 신생아들이 이렇게 반응한다는 것은 흥미롭다. 이는 움직임에 대한 인지가 초기에 중요하다는 것을 보여준다. 아기들은 선과 형태의 모양 차이를 알 수 있었을 뿐만 아니라, 또한 그 모양을 해석했다. 아기들은 전체적인 모습에 반응했지만 개별적인 것을 단순히 모아놓은 것에는 반응하지 않았다. 그리고 얼굴을 선호했다.

신생아들은 뒤섞인 이목구비를 가진 얼굴이나 이목구비가 없는 얼굴보다 이목구비가 제대로 짜인 얼굴을 선호한다. 이는 신생아가 잘 짜인 얼굴에 시선을 더 자주 두는 것으로 알 수 있다(M. Johnson et al., 1991).

아기와 놀아줄 때, 부모들은 아기를 보며 입을 크게 벌리거나 입술을 오므려 혀를 움직인다. 부모에게는 이런 자신의 모습을 아기가 골똘히 쳐다보는 것을 보는 것만큼 황홀한 순간도 없을 것이다. 워싱턴 대학의 심리학자 앤드루 멜트조프는 이러한 표정에 대해 신생아들이 어떻게 반응하는지 관찰했다. 먼저, 연구자들은 20초 동안 혀 내밀기나 입을 동그랗게 벌리는 것을 시연한 후 그 표정을 다시 보여주기 전에 20초 동안 무표정을 지었다. 이 실험은 녹화되었고 연구자들이 어떤 표정을 지었는지 보지 않은 다른 연구자에 의해 점수화됐다. 연구 결과는 유아가 성인의 표정을 모방하는 경향이 있다는 것이었다.

멜트조프는 이것을 초기 모방의 형태, 즉 사회적 학습을 용이하게 하는 기제로 여겼다. 그러나 다른 연구자들은 여전히 회의적이다. 그들은 멜트조프와 같은 결과를 또 만들어낼 수 없었다. 즉, 그들은 아기의 반응은 자동적인 것이지 모방은 아니라고 암시한다. 이 문제는 여전히 해결되지 않았다. 하지만 아기 앞에서 표정을 짓고 아기가 어떻게 반응하는지 보는 재미는 부인할 수 없는 사실이다.

조산아

국제적인 정의에 의하면, 임신기 37주 전에 태어난 유아들은 — 모든 정상 출산의 약 5% — 조산아로 간주한다. 하지만 같은 조산아라도 25주에 태어난 신생아들과 37주에 태어난 신생아들은 아주 다르다. 출생 시 아기의 몸무게는 아기가 자궁 안에 있었던 기간을 어느 정도 설명해준다. 그러나 인종이나 부모의 체구와 같은 요인들이 반드시 고려될 필요

출생 시 체중과 예상 임신 기간

출생 체중	예상 임신 기간
2.8~3.8kg (6.2~8.4lbs)	38~40주
1.5~2.5kg (3.3~5.6lbs)	30~34주
1.0~1.5kg (2.2~3.3lbs)	26~29주
1.0kg 미만 (2.2lbs 미만)	25주 이하

가 있다(표 참조).

단순히 출산 예정일 전에 태어난 건강한 신생아들과 기대보다 가벼운 체중인 신생아들을 구별하는 것은 중요하다. 만약 아기의 체중이 출생일에 기대되는 체중에 훨씬 못 미친다면 이는 자궁에서의 느린 성장속도에 의해 조산이 악화되었다는 신호다.

조산아들은 아직 새로운 환경을 맞을 준비가 되어 있지 않다. 체온조절이나 호흡과 같이 핵심적인 기능을 통제하는 뇌간 내 신경세포들은 약 32~34주에 완성된다. 그래서 만약 아기가 이 시기 전에 태어난다면 아기를 따뜻하게 유지시켜야 한다. 또한, 빨기 반사와 삼키기 반사가 아직 호흡과 조율되지 못하기 때문에 체계가 갖춰질 때까지 튜브를 통해서 젖을 먹어야만 할 것이다.

비록 막달에 몇 주를 채우지 못하고 태어났다 하더라도 2kg 이상으로 태어난 아기들은 달을 다 채우고 나온 아기들과 크게 다르게 발달하지는 않는다. 시기에 맞춰 태어난 아기들도 신경계 발달 시기에 있어 다양한 차이를 보여준다. 달을 다 채우고 태어난 아기일지라도 어떤 아기들은 출생 후 생활에 익숙해지기 위해서 약간의 추가적인 도움이 필요한 경우도 있다. 출생 시 체중이 1.2~2kg 사이의 아기들은 5년 내 시력 문제와 시력과 운동 활동을 조율하는 데 있어 문제가 있을 위험이 높다. 아기들은 시각계와 운동계가 집중적으로 발달하는 시기에 태어난다. 1~1.5kg 사이에 태어난 유아들은 약 85%의 생존율을 가지며, 그중 3분의 1은 특별한 문제없이 성장한다. 최근 너무나 작게 태어난 조산아들이 언론의 관심을 받았다. 특히, 그들은 쌍둥이인 경우가 많다. 다행히 0.8kg 이하 유아들의 생존율이 1977년에는 20%였는데 이제는 약 50%로 증가했다. 게다가 그 아기들의 약 30%가 만 3세 때까지 어떠한 발달 장애도 보이지 않았다는 것이다.

이러한 유아들은 세상으로 나갈 준비가 전혀 안 되었기 때문에 현대식 신생아 집중 치료실이라는 아주 특별한 환경을 필요로 한다. 아기들의 모든 중요 체계들도 갑작스럽기는 마찬가지인 것이다. 심장, 폐, 간 그리고 소화기관은 아직 준비가 안 된 상태이다. 그리고 신경계의 설치 작업이 갑자기 방해를 받았다. 임신 2기 말쯤 신경세포 대부분이 형성되어 기본적인 뇌 구조를 만들면서 목적지를 향해 이동한다. 하지만 세포들의 상당수가 본연의 업무를 수행할 준비가 되어 있지 않다. 세포 간의 연결들은 아직 완성되지 않았고 많은 감각 및 운동 기능들도 작동하고 있지 않은 상태이다. 새로운 인상들이 아기의 미숙한 신경계로 쏟아져 들어올지도 모른다. 보스턴에 있는 소아과 병원의 하이델리즈 알즈 교수는, 조산아를 위해서는 그들의 감각 능력 발달에 맞는 자극이 제공되는 조용한 환경을 만들어줘야 한다고 주장한다. 특히 아기들의 개별적인 신경계 발달 단계에 따라 각각의 아기들을 위한 최상의 환경을 만들어주어야 한다는 점을 강조한다.

최근 플로리다 대학의 톰슨과 그의 동료 연구자들은 조산아와 조산아들에게 나타나는 생후 3년 동안의 발달 지연이나 발달 장애의 가능성에 대해서 방대한 양의 연구를 출판했다. 1kg 이하의 체중을 가진 유아의 60% 이상과 1.5kg 이하의 체중을 가진 아이의 거의 반이 만 3세 이전에 발달 지연이라는 진단을 받았다. 연구자들은 이 아기들이 필요하다면 초기에 조치를 받을 수 있도록 검진할 것을 권한다.

조산아들이 달을 다 채우고 태어난 아이들을 따라잡으려면 몇 년 동안의 많은 시간이 필요하다. 조산아들이 하는 것은 뇌의 가소성에 의존하는 것이다. 뇌의 가소성(적응성) 덕분에, 생후의 경험이 생후 발달에 엄청난 영향을 미칠 수 있는 것이다. 아이들의 취학 시기쯤(만 5~6세까지) 관찰될 수 있는 문제점에는 주의력결핍 과잉행동장애의 증상뿐 아니라 언어 및 다른 인지적 발달 지연 문제가 있다. 최근 예일대 의대의 멘트와 동료 연구자들은 출생 시 몸무게가 아주 적게 나간 조산아(0.6~1.25kg)들의 대다수가 시간이 갈수록 언어 시험과 IQ 시험에서 향상을 보였다는 결과를 발표했다. 부모가 모두 있고 고차적인 수준의 교육을 받은 아이가 높은 점수와 상당히 관련이 있었다.

텍사스 대학의 랜드리와 동료 연구자들이 발표한 2003년 연구는, 조산아의 발달 과정에 있어서 부모가 중요하다는 것을 강조한다. 조산아들은 따뜻하고 사랑을 받으며, 일관된 환경에서 자랐을 때 출생 시부터 생후 4년 반 사이에 인지 및 사회적 성장에 있어 더 빠른 성장률을 보였다. 이러한 영향은 만 6~7세 때보다 초기에 훨씬 더 크게 나타났다. 연구자들은 또한 아기들의 학습을 증가시키는 일련의 반응 행동들을 엄마들이 사용하도록 교육받을 수 있는지 시험할 프로그램을 실시했다. 이러한 사회적 학습 환경은 유아가 새로운 사물들을 탐색할 수 있도록 해주었고 유아 스스로 지금 무엇을 하고 있는지 말로 설명할 수 있는 능력을 향상시켰다. 교육받은 집단에 속한 엄마들의 아이들은 그렇지 않는 집단에 속한 엄마들의 아이들보다 인지 및 사회적 능력에서 보다 큰 변화를 보였다. 게다가 이 조산아들은 달을 다 채우고 태어난 통제 집단 속의 유아들보다 상당 부분 이익을 얻은 것 같았다.

생각해 볼 질문들

출생은 충격적인 경험인가요?

출생 시 아기에겐 육체적으로 힘을 다해야 하는 노력과 전혀 다른 환경에 바로 적응할 수 있는 능력이 필요하기 때문에 사람들은 정상적인 출생 과정을 충격적인 사건이라 일컬으며 출생 이후 발달 과정에 중요하다고 주장했습니다. 1929년 프로이트의 제자 중 한 명이었던 오토 랭크는 출생외상이 성인 신경불안의 주된 원인이라는 것에 동의했습니다. 출생은 아기에게 분명한 도전이지만 대자연의 섭리로 아기에게는 뇌와 몸에 이 스트레스를 조절할 수 있는 장치가 있습니다. 아기가 자신의 출생에 관해 무언가 기억한다거나 출생 과정의 경험이 이후의 삶에 직접적이며 지속적인 영향을 미친다는 확실한 증거는 없습니다.

의학적으로 출생의 충격은 또 다른 의미가 있습니다. 즉, 출생외상은 신생아에게 영향을 미치는 산소 부족과 같은 육체적 어려움을 말합니다. 몇 년 전만 해도 분만 시 지금보다 많은 어려움이 있었습니다. 하지만 조산술과 주산기 의학이 상당히 발전했기 때문에 지금은 출생외상이 아주 드물게 일어납니다. 출생은 그야말로 완전히 다른 세계로 옮겨가는 것이므로 아기가 이 갑작스런 변화에 덜 놀라도록 수중분만 같은 분만 방식을 시도하는 것은 어떨까요? 이러한 생각은 비록 인간에게 있어 '자연스런' 방식이라고 부르긴 어렵겠지만 귀가 솔깃한 것은 사실입니다. 산모가 아닌 아기만 놓고 봤을 때, 아직까지 수중분만의 효과가 긍정적이라거나 부정적이라고 한 연구는 없었습니다. 그러나 산모들은 따뜻한 물이 조금 더 편안하다고 느낄 수 있고, 이것이 아주 중요합니다.

'모자동실'에 대해 알고 싶습니다.

현대식 분만실 배치 덕분에 요즘 엄마들은 방 안에서 아기와 함께 있을 수 있습니다. 그래서 엄마들은 아기와 더 친밀해질 기회를 얻게 되고 수유나 수면 리듬에도 익숙해질 수 있습니다. 몇몇 연구에 따르면 산부인과 병동의 모자동실 시설은 엄마와 갓 태어난 아기 모두가 수유에 잘 적응할 수 있게 도와준다고 합니다. 하지만 산후조리 중인 엄마는 쉬고 싶을 때 아기를 신생아실에 편하게 맡겨 놓아야 합니다.

신체 접촉은 얼마나 중요합니까?

어떤 부모들은 신생아와 신체 접촉이 없을 경우 아이들이 컸을 때 부모와 자식 간의 관계에 지속적으로 부정적인 영향을 미치지 않을까 하는 걱정 때문에 출산 직후나 출산 후 며칠 동안 부모와 갓난아기 사이의 신체 접촉에 대한 질문을 가끔 합니다. 하지만 인간에게 있어서는 영향이 없습니다. 친밀하게 보살펴주는 관계는 몇 분의 신체 접촉이나 몇 주 함께 있는다고 해서 형성되는 것은 아닙니다. 몇 년에 걸친 일상 속의 수많은 상호작용을 통해 관계가 형성됩니다. 아이를 입양한 부모들이나 입양된 아이들이 그것을 증명해주듯이 많은 부모들이 다양한 상황 속에서 자녀들과 깊은 유대감을 형성합니다.

조산아들에게는 종종 '캥거루 케어'를 권합니다. 캥거루 케어는 캥거루처럼 부모가 아기를 안고 있는 것처럼 신체 접촉을 하는 것입니다. 캥거루 케어는 부모와 조산아 사이의 접촉을 통해 신경계가 아직 바깥세계에 나갈 준비가 되어 있지 않은 아기에게 도움이 되는 자연스러운 체온을 전해줍니다.

제2부 생후 1년

아기들은 초원에 핀 꽃들처럼 제각기 다르기 때문에 우리 부부는 허구적인 인물들을 등장시켜서 너무나 다양한 이 차이들을 어느 정도나마 설명하기로 했다. 에밀리와 에밀리의 친구들을 통해서 우리는 아주 다양한 개성을 지닌 아이들이 어떻게 발달할 수 있는지를 살짝 엿볼 것이다.

시작하기 전에 먼저 에밀리의 부모를 소개하겠다. 에밀리의 부모인 데보라와 알렌은 한작은 대학가에 사는 젊은 전문직 부부다. 그들의 첫 아이인 에밀리는 순했지만, 두 살 터울인 동생 앤드루는 그렇지 않았고 앤드루의 성격에 대해 예상하지 못했던 부모에겐 쉽지 않은 아이였다.

이 책을 읽으면서 여러분은 에밀리의 친구 애나, 메튜, 소냐, 스티븐, 토니를 만나게 될 것이다. 이 아이들이 에밀리의 생일잔치에 모였을 때, 각자 집단 안에서 어떻게 요령을 터득해가는지, 어떻게 행동이 변하는지 관찰할 수 있을 것이다.

에밀리를 위한 촛불 한 개

에밀리는 엄마 아빠가 하는 대로 큰 숨을 들이마셨다가 커다랗게 볼을 부풀려 생일 케이크 위에 있는 촛불 하나를 후- 불어 끈다. 그러고 나서 두 손으로 커다란 케이크 한 덩이를 떠서 신나게 입 안에 집어넣는다. 그리곤 머리엔 케이크 크림을, 옷깃엔 케이크 부스러기를 묻힌 채 엄마 품에서 도망쳐 바닥으로 기어 내려간다.

에밀리의 부모인 데보라와 알렌은 아기들과 함께 와서 신나는 오후를 보내라며 같은 또래를 키우는 몇몇 이웃들을 초대했다. 아기들은 마치 선명한 색상의 무당벌레들처럼 이따금 서로 힐끗 쳐다보기도 하면서 따로따로 기어 다닌다. 비슷한 또래이기는 하지만 이 아기들은 너무나 다양한 능력들과 각기 다른 개성을 보여준다.

애나는 엄마 곁에 붙어서 낯선 얼굴이 다가올 때 경계하는 시선을 보낸다. 데보라가 다가와 웃으며 다정하게 말을 붙이자, 애나의 숨소리가 커지면서 엄마의 블라우스 뒤로 얼굴을 감추고 이내 울어 버린다.

메튜는 작은 탁자 아래서 발견한 인형을 엄마에게 보여주려고 아장아장 걸어간다. 엄마는 메튜가 이미 한 달 전부터 걸었다는 것을 이웃들에게 말하지 않을 수 없다. 소냐는 집요하게 엄마의 지갑을 달라고 해서 뭐가 들어 있는지 탐구하는 데 열중한다. 스티븐은 엄지손가락을 빨며 이따금씩 소리 나는 장난감 공을 무심코 밀기도 하면서 차분하게 한쪽

구석에 앉아 있다. 말썽꾸러기 토미는 인형을 이것저것 잡아서, 그저 내던지기 위해 재빠르게 긴다.

이 방에서 일어나는 아이들의 수많은 탐험 중 하나가 우리로 하여금 생후 1년밖에 안 된 아이들의 뛰어난 능력에 주의를 기울이게 된다. 기어 다니는 아이들, 색색의 장난감들, 사방에 널린 포장지들, 이러한 만화경 속에서 에밀리는 자신이 가장 좋아하는 곰인형이 소파 위에 내동댕이쳐져 있는 것을 발견한다. 에밀리의 작은 바퀴들(손바닥과 무릎)이 돌기 시작하고 에밀리는 곰인형을 잡기 위한 계획을 짠다.

출발! 에밀리의 손바닥과 무릎이 박자에 맞게 번갈아 움직이고 시선은 자신의 친구인 곰인형에 고정된다. 그 어떤 것도 에밀리를 방해할 수는 없다. 이런! 에밀리는 소파의 높이를 과소평가했다. 에밀리의 팔은 곰의 발을 잡기엔 너무 짧다. 에밀리는 "엄마!" 하고 불러보지만 엄마는 애나 아빠의 커피 시중을 들고 있다. 에밀리는 포기하지 않는다. 에밀리는 부드러운 소파의 끝을 잡아 상체를 세우고 손을 뻗쳐 곰인형을 끌어당긴다. 에밀리는 엄마를 힐끗 건너다보고 승리의 미소를 활짝 띠며 곰인형을 꽉 끌어안는다. 에밀리는 장애물들이 있었는데도 목표에 도달했고 그것이 너무나 기쁘다.

갓난아기들, 아장아장 걷는 아기들, 즐겁게 이야기를 나누는 부모들, 이 모든 손님들에 둘러싸여 에밀리의 엄마는 한숨 돌릴 틈도 없다. 뿐만 아니라 1년 전 작은 포대기 속에 에밀리를 감싸 안고 병원에서 돌아온 후 에밀리가 어떻게 변했는지를 회고하며 이야기할 시간은 더더욱 없다. 생후 1년간 일어나는 이 놀라운 발달을 이해하기 위해서 생후 몇 달간의 적응기를 먼저 살펴본 후 아기가 어떻게 세상을 탐색해나가는지 들여다보겠다.

03
시작

우리 아들이 캘리포니아에서 자정이 되기 바로 전에 태어났을 때, 매사추세츠에 계신 장인어른께 이 기쁜 소식을 전하기 위해 자랑스럽게 전화를 했다. 하지만 장인어른의 첫 질문은 "자네, 이제 어떻게 할 건가?"였다. 나는 좀 당황하여 "친구들과 만나 축하받고……"라는 식으로 중얼거렸다. 그랬더니 장인어른께서는 조용한 뉴잉글랜드식의 태도로 말씀하셨다. "곧바로 집으로 가서 마지막 단잠을 자게. 밤에 한 번도 깨지 않고 잘 수 있는 기회는 이제 없을 테니까. 처음엔 아기가 자네를 깨울 것이고, 그러고 나선 자식이 차를 가지고 어디로 갔는지 걱정이 돼서 잠을 못 이룰 테고, 그게 끝나면 류머티즘 때문에 잠 못 들 걸세." 결국 장인어른 말씀처럼 그렇게 안 좋게 되진 않았지만, 첫 몇 주는 아기나 가족들 모두에게 중요한 적응기였다는 것은 사실이다.

아기에게 젖을 먹이고 나서 못 잔 잠을 조금이라도 보충하려는 순간 아기는 특별한 이유 없이 칭얼대며 울기 시작한다. 신생아는 오랜 비행기 여행을 마치고 목적지에 도착한 여행자와 어느 정도 유사하다. 여행자들은 지루한 비행, 갑작스런 기후의 변화로 인한 불안, 이국적인 세상에 대한 흥분, 생체 리듬의 큰 변동 등을 겪는데, 이 모든 것이 신생아가 겪는 것에 비하면, 정도 면에서 아무것도 아닌 셈이다. 아기가 새로운 환경에 적응하는 데 꽤 시간이 걸리는 것은 당연한 일이다.

줄어드는 울음과 보챔

아주 짧은 시간에 아기의 신경계는 새로운 환경과 신체 안팎으로부터의 모든 새로운 감각들에 적응해야만 한다. 약 첫 세 달 동안 아기의 뇌간은 대뇌피질의 도움 없이 상당 부분 스스로 행동한다. 아기의 신체 내부 및 외부로부터 오는 모든 새로운 신호들이 뇌간에 끊임없이 전달되고 뇌간의 뉴런들은 자동적으로 그 신호들을 보낸다. 그러면 아기는 반사적으로 반응한다. 아기가 반응하는 유일한 방식은 울거나 소란을 피우는 것이다. 아기가 짜증을 내고 불안해 보이는 것은 아기의 잘못이 아니다. 아기에겐 자신의 내부에서 일어나는 불안정함을 표현할 어떤 방법도 없다. 다행히도 그 후 몇 달 동안의 과정을 통해 점차적으로 더 나은 방향으로 상황이 변할 것이다.

약 세 달이 지나면 안도의 한숨을 내쉬게 된다. 이쯤에 이르게 되면, 아기들의 짜증이나 울음은 현저히 줄게 된다. 우는 시간이 하루 평균 3시간에서 1시간으로 줄게 되는데 이는 아기의 대뇌피질이 흥분 신경 메시지를 근육에 전달하는 뇌간 신경을 점점 더 많이 조절하고 있다는 뜻이다. 이제 대뇌피질과 뇌간의 관계가 좀 더 효율적이 되면서 대뇌피질은 무작위로 들어오는 신호들을 차단하는 것이 가능해진다.

자장자장 우리 아기

아기들은 품에 안겨서 부드럽게 흔들리는 것을 좋아한다. 이렇게 해주면, 아기들은 아주 편안해하며 눈꺼풀을 천천히 떴다 감았다 하다가 이내 잠들곤 한다. '무대 뒤'를 잠시 둘러보면 왜 아기들이 이러한 부드러운 동작에 의해 안정을 찾는지 더 많이 알 수 있다. 무대 뒤쪽에는 몸 자세의 균형과 조절을 위해 필수적인 하나의 체계가 조용히 그 임무를 수행하고 있다. 아기 뇌의 발달이 한 편의 영화라면, 전정계는 영화의 마지막에 올라가는 자막 중에서 눈에 띄는 자리를 차지하게 될 것이다.

흔들리는 비행기 안에서 괴로울 때나, 춤추는 무대에서 너무 빨리 회전할 때, 우리는 전정계에 대해서 가장 잘 느낄 수 있다. 전정계는 우리의 머리, 몸, 팔다리의 움직임에 균형감을 유지하도록 도와준다. 전정계의 주요 기관은 내이라고 불리는 조직이다. 전정계는 기본적으로 출생 시 형성되어 있어 임무를 수행한다. 신생아는 엎드린 자세에서 순간적으로 머리를 들어 자유롭게 숨 쉴 수 있도록 옆으로 고개를 돌릴 수 있다. 아기의 자세를 바꾸는 것은 아기의 경계심에 영향을 미친다. 아기를 곧추 세우면 아기는 좀 더 경계하고 주의를 기울이게 된다. 반면 수평으로 몸에 가까이 붙여 안으면 아기는 좀 더 편안해져 졸음이 온다. 자세가 우리의 각성 정도에 미치는 영향은 우리가 TV를 볼 때도 나타난다. TV에서 뭔가 흥미로운 것이 나오면 우리는 똑바로 앉아 주시하지만 누워 있는 상태에서 프로그램이 별로 재미없으면 어느새 잠이 들곤 한다.

수평으로 부드럽게 흔드는 동작이 아기를 잠재우는 데 왜 효과적인지를 신생아의 전정계가 완전히 기능을 한다는 사실로 설명할 수 있을 것이다. 하지만 어떤 아기들은 곧추 세워져 위아래로 부드럽게 흔들리는 것을 더 좋아하기도 한다.

반가운 위안

피곤해서 눈이 감기는 부모들에겐 신생아들이 평균적으로 하루에 16시간 자고 나머지 8시간 정도만 깨어 있다는 사실은 작은 위안이 될지도 모른다. 하지만 안타깝게도 그 16시간의 잠은 24시간에 걸쳐 몇 시간씩 뭉쳐서 나뉘어 있다. 한 번에 세네 시간씩 잠을 잘 수 있는 행운도 자주 있긴 하지만 말이다. 그래서 가끔 아기가 낮과 밤을 착각하는 것처럼 보이기도 한다.

세 달 정도 지나면 상황은 변한다. 이제 아기들은 하루에 8시간 동안 잠을 잘 수 있다. 덕분에 부모들도 밤에 깨지 않고 잘 수 있으니 다행이다. 3개월쯤 되면, 대부분 아기들은 밤에 자고, 5개월쯤이 되면 아기들 모두가 실제로 밤잠을 잔다. 1년 정도 되면 아기의 밤잠은 약 12시간 정도로 증가한다.

길어진 수면 시간과 함께 주기도 점점 일정해진다. 낮과 밤 주기 양식은 라틴어 'circa'(대략)와 'dies'(1일)와의 합성어에서 유래해 '서캐디언 리듬'(circadian rhythm)이라 불린다. 이 24시간 주기 리듬 현상은 지치고 잠 못 이루는 부모들의 영혼에 위안이 된다. 24시간 주기 리듬은 아기가 1개월 되었을 때 나타나지만, 그 후 두 달간 점점 더 뚜렷해진다. 시상하부가 이것에 중요한 역할을 하기 때문이다.

서캐디언 리듬은 기본적으로 빛과 어둠이 번갈아 나타남에 따라 조절된다. 망막이 어둠을 감지하면 시상하부와 뇌의 송과체에 신호를 보낸다. 송과체는 잠에 필요한 중요한 물질인 멜라토닌을 분비하는 곳이다. 햇빛이 드는 몇 시간 동안에는 멜라토닌이 더 적게 분비되고 낮 주기가 시작된다. 시상하부와 송과체가 2~3개월 사이 일어나는 발달에 분명한 촉매제의 역할을 보여준다는 것은 이 서캐디언 리듬의 형성에 중요하다.

서캐디언 리듬이 형성됨에 따라, 아기는 밤잠 시간이 낮잠 시간보다 길어지면서 규칙적인 수면 주기를 보여주기 시작한다. 성인과 마찬가지로 아기가 얼마나 쉽게 잠드는지, 얼마나 많은 수면 시간이 필요한지는 신생아 각각의 신경계에 따라 다르기 때문에 아주 다양한 폭을 보여준다. 어떤 아기들은 해가 지면 쉽게 잠을 자는 반면 어떤 아기들은 야행성이다.

아기의 체온도 서캐디언 리듬에 따라 오르내린다. 서캐디언 리듬이 형성되기 전인 생후 1개월 동안의 아기 체온은 약 36.7도로 일정하게 24시간 유지된다. 그러다가 3개월쯤 되면 아기의 체온은 오후 4시 정도에 높을 때는 약 37.3도까지 올라간다. 그 후 체온은 밤 12시경에 약 36.6도까지 떨어지다가 아침이 가까워질수록 다시 올라간다. 그 다음 달부터는 밤 시간대 체온이 좀 더 오랫동안 일정해지고 약 새벽 5시까지 그 상태가 지속된다. 성인도 아침에 일찍 일어나 상쾌하게 인사하는 사람들이 체온이 일찍 올라가기 시작하는 사람들이다. 반면 체온이 뒤늦게 오르는 사람들은 아침에 침대에서 일어나기 힘들어하는 사람들일 가능성이 높다.

약 3, 4개월쯤 수면 시간만 더욱 일정해지는 것은 아니다. 수면 양상 또한 변한다. 아기들은 숙면과 겉잠, 즉 눈동자를 빠르게 움직이는 렘수면의 주기가 뚜렷해진다. 렘수면의 특징은 더 많은 신체 활동과 말 그대로 빠른 눈의 움직임으로 나타난다. 가끔씩 아기가 잘 때 감긴 눈꺼풀 속에서 재빠르게 움직이는 눈동자를 볼 수 있다. 성인들에게 있어서는 이러한 기간이 대체로 꿈을 꾸는 때이다. 잠을 잘 동안에는 외부의 자극이 뇌로 덜 들어오는 대신 뇌 자체에서 자극이 들어온다. 이는 아기가 태어나기 전 시각계에 전해지는 내부 자극과 흡사한데, 이 내부 자극은 기본적인 연결을 형성하는 데 있어 아주 중요한 역할을 했다.

이렇듯 자극이 뉴런의 성장과 전문화에 있어 유용하게 작용하기 때문에 렘수면은 특히 생후 첫 몇 개월 동안 아기의 뇌 발달에 중요한 역할을 한다. 대부분 갓 태어난 신생아의 수면 시간은 렘수면으로 채워진다. 3개월쯤 렘수면 시간은 전체 수면 시간의 약 3분의 1로 감소하고, 6개월쯤에는 5분의 1가량으로 줄어든다.

렘수면이 줄어드는 동시에 아기가 깨어 있는 시간은 점점 늘고, 보다 더 집중하여 주위 환경의 새로운 인상들을 점점 더 잘 다룰 수 있게 된다. 이제 아기의 뇌는 외부 세계의 풍부한 자극을 받아들이는 것이다.

첫 병원 방문

보통 생후 2주에서 4주 사이에 병원에 방문하게 된다. 소아과 의사들이 신생아를 검진할 때 무엇을 보는지를 아는 것은 초보 부모에겐 안심이 되고 유익한 일이 아닐 수 없다. 의사는 보통 임신과 출산에 대해 묻는 것으로 시작하여 일반적인 가족 환경과 아기의 건강에 대해 묻는다. 의사는 아기의 몸무게를 재고 감각을 확인한다. 눈동자의 움직임, 소리에 대한 반응, 근육의 긴장 및 반사 반응 등을 확인하고 아기의 수면 시간 및 횟수, 젖 먹는 횟수, 엄마가 말하는 아기의 기질 등을 확인한다. 이때 의사는 아기와 엄마를 관찰한다. 이따금 아기는 안절부절못하고 의사가 진단할 때나 엄마가 의사와 이야기하는 동안 울기 시작한다. 이때가 의사에게 있어서는, 아무리 신생아라 할지라도 이러한 상황에서 스스로를 안정시키는 방법을 가지고 있다는 것을 설명할 기회다. 예를 들어 어떤 아기들은 엄지손가락을 빠는데 이렇게 박자에 맞게 빠는 것이 스스로를 진정시켜준다. 아기가 스스로 진정되지 않으면, 엄마는 다양한 전략들을 시도할 수 있다. 예를 들어 아기 귀에 대고 속삭이면서 아기의 주의를 돌릴 수도 있고 아기의 손을 가만히 잡아줄 수도 있다. 가끔 아기의 팔과 다리의 움직임을 줄이기 위해서 담요로 감싸는 것도 도움이 된다. 2장에서 살펴보았듯이 아기의 촉각계는 부드러운 토닥거림에 잘 반응한다. 어렸을 때 소아과 주치의가 나를 안정시킬 때 팔을 부드럽게 토닥거려 주라고 어머니께 말해주었다. 어머니는 그게 가장 효과적인 방법이었다고 말씀하신다. 나도 여전히 그 방법을 즐긴다.

아기 검진 시 이러한 실제 경험은 초보 부모들에겐 추가적인 도움이 된다. 세 집단의 엄마들을 비교한 한 연구가 있다. 첫 번째 집단은 검진 절차의 결과만 듣고, 두 번째 집단은 검진하는 것을 지켜보았고, 세 번째 집단은 실제로 의사가 바라보는 가운데 몇 가지 검진을 본인의 아기에게 직접 해보았다. 이를 통해 엄마들은 아기가 어떻게 반응하는지 직접 보고 느낄 기회를 얻은 것이다. 테스트에 적극적으로 참여한 엄마들이 첫 번째 두 집단의 엄마들보다 아기에 대해 좀 더 민첩하게 반응했을 뿐만 아니라 아기를 돌보고 놀아주는 것도 더 즐기는 경향이 있었다.

아이들은 천차만별!

둘째 아이 앤드루가 태어났을 때 데보라는 첫 아이 에밀리가 태어났을 때의 첫 몇 달이 꿈만 같았다고 회상하곤 한다. 데보라와 알렌 부부는 다른 젊은 부부들의 부러움을 한껏 샀었다. 맑은 눈을 가진 에밀리는 어미 뒤를 잘 따르는 오리처럼 활기찬 아기였다. 집으로 데려온 지 몇 주 되지 않아 에밀리는 밤잠을 잘 잤다. 가끔 에밀리의 외할머니가 에밀리를 돌보러 왔을 때도 에밀리는 할머니가 얼러줄 때나 기저귀를 갈아주실 때도 가만히 있었다. 할머니가 시간이 안 될 때도 이 젊은 초보 부부는 에밀리를 유모차에 태우고 자랑스럽게 외식을 하러 갔다. 아기를 옆에 두면 아기는 조용히 주위를 둘러보거나 잠들곤 했다. 부엌에서 나는 달그락거리는 접시 소리도 형광등 불빛도 에밀리에겐 방해가 되지 않았다. 에밀리는 밝고 편안한 기질과 언제나 준비된 미소를 가졌고 한마디로 천사 아기였다.

하지만 2년 후 앤드루가 태어났을 때 데보라와 알렌 부부는 당황하지 않을 수 없었다. 앤드루는 어린이집에서도 말썽쟁이에다가 소리를 질러대고 마치 온 세상을 밀어낼 듯이 팔과 다리를 공중에 휘젓고 다녔다. 앤드루는 젖 먹을 때도 쉽게 싫증을 내서 한 번도 충분히 먹어본 적이 없어 항상 배고픈 상태였다. 데보라와 알렌의 다크써클은 점점 더 짙어가고 초기의 인내심은 점점 더 한계에 달했다. 앤드루는 외할머니가 데려갈 때도 화를 냈다. 낭만적인 저녁식사도 사라졌다. 앤드루는 가까운 거리라도 밖으로 나가는 것을 싫어했고 작은 소리라도 들리거나 근처에 형광등이라도 켜지면 깨어나 울었다. 시도 때도 없이 울고 보채 대부분 다루기 힘든 상태였다. 돌이켜 보면, 에밀리는 작은 천사이자 광명이었다. 앤드루는 아주 까다로운 호텔 투숙객 같았다. 같은 가족에서 태어났는데 어떻게 두 아이가 이렇게나 다를 수 있을까? 여전히 걱정되는데 앤드루는 항상 이럴까?

기질을 알 수 있는 초기 징후들

모든 아이들은 주위 환경에 제각기 반응한다. 에밀리는 대체로 순하고 낯선 얼굴에도 그다지 긴장하지 않아 항상 새로운 환경에 적응할 준비가 되어 있다. 반면, 앤드루는 자신에게 익숙하지 않은 것은 어떤 것이든 부정적으로 반응한다. 부모들과 마찬가지로 과학자들 역시 오랫동안 이 차이점에 매료되었다. 아기들이 자기에게 닥치는 일이나 주위에서 벌어지는 일에 반응하는 각각의 양식을 과학자들은 기질이라고 부른다. 여기에는 주의집중 면에서 나타나는 차이, 자극에 대한 감정적 · 신체반응적 차이가 포함된다. 예를 들어 외향성이나 내향성과 같은 기질의 몇 가지 특징들은 다소 평생 변하지 않는다. 하지만 그런 것들은 유전적 요인이나 성숙도, 개인적인 경험에 의해 지속적으로 바뀐다.

1950년대 말, 스텔라 체스와 알렉산더 토마스는 기질에 대한 개척적인 연구를 오랜 기간 시행했다. 부모들에게 실시한 설문조사를 통해 유아들의 반응을 아홉 가지 특성으로 결정하고 이 특성들을 세 개의 범주로 나누었다. 이 세 범주는 '무던한 아이', '어려운 아이', '느린 아이'다. 약 40%의 아이들이 '무던한 아이'로 이 아이들은 기꺼이 변화에 적응하며 규칙적인 신체 기능 패턴을 가졌고 대부분 긍정적인 경향의 징후들을 보였다. 반면, 약 10%의 아이들은 '어려운' 아이들로, 새로운 상황에 적응하는 데 어려움을 가지고 있으며 신체 기능 면에서도 덜 규칙적이고 부정적인 반응을 보다 자주 강하게 드러냈다. 세 번째 집단인 '느린' 아이들은 익숙하지 않은 상황이나 변화에 적응하는 데 있어서는 가장 큰 어려움을 보였으나 반응은 '어려운' 아이들보다 약했다. 이러한 연구들은 기질이 생물학적 근거를 가지고 있다는 측면에서 중요했다. 다른 연구자들은 체스와 토마스의 연구를 발전시켜 시행했고 설문조사뿐 아니라 행동 관찰과 새로운 기술력의 도움으로 각각의 기질적 특징들을 연구했다.

직접적인 행동 관찰과 기질의 생물학적 근거에 대한 모색을 결합한 연구의 한 예는 제롬 케이건의 감독하에 실시된 하버드 유아 연구다. 연구자들은 기질의 한 특징에 집중하기로 결정했다. 그 한 가지는 아이들이 새로운 것에 어떻게 반응하는지였다. 연구팀은 연구한 모든 아이들의 행동을 관찰하고 기록하는 데 집중하여 나이에 따른 아이들의 반응을 비교할 수 있었다. 연구자들은 이 실험을 아이들의 나이에 따라 진행했다.

연구에서 4개월 된 아기들은, 위험하진 않지만 그 또래의 아기들을 자주 화나게 할 만한 상황에 직면한다. 예를 들어 아기들은 녹음된 여성의 목소리를 듣거나 얼굴 아주 가까이에서 움직이는 화사한 색깔의 모빌을 보게 된다. 14~20개월 때 연구자들은 낯선 방에 아기들을 두고 반응을 관찰한다. 그 후 세 살이 되면, 연구자들은 아이들이 놀이방에서 처음 보는 아이들과 어떻게 지내는지를 관찰하고, 일곱 살 때는 파티를 준비하여 아이들이 집단 안에서 어떻게 행동하는지를 관찰한다.

그럼 이제 에밀리와 애나가 이 연구에 참여했다고 가정해보자. 4개월 된 에밀리는 아기 의자에 앉아 있고 엄마는 방 한구석에 있다. 연구자들은 녹음된 여성의 목소리를 틀어 놓는다. "정말 착한 아기구나." 에밀리는 조용히 앉아 소리가 어디서 나는지 궁금해하며 둘러본다. 반면, 애나는 낯선 소리가 들릴 때 괴로워하는 징후를 보인다. 의자에서 불편하게 몸을 뒤틀며 등을 둥그렇게 구부리고 벗어나려는 듯 팔다리를 뻗치고 입꼬리는 축 쳐져 울기 시작한다.

다음 실험에서 화려한 모빌이 아기의 얼굴 바로 앞에서 움직인다. 애나는 낯선 소리가 들렸을 때와 마찬가지로 반응하고 에밀리는 가만히 있는다. 이 연구의 20%의 아이들은 애나처럼 화를 냈고 40%의 아이들은 에밀리처럼 침착했다. 하버드 유아 연구팀의 연구자들은 애나와 같이 민감한 반응을 보이는 아이들과 에밀리와 같이 무던한 아이들, 이 두 개의 극단적인 반응에 집중했다. 2장에서 우리는 아기의 발뒤꿈치를 자극한 힐스틱 테스트 과정에 대한 반응과 2개월 되었을 때 예방 접종에 대한 아기들의 반응의 차이를 살펴보았다. 이러한 연구들은 모두 이러한 개별적인 반응의 차이들이 생물학적인 근거를 가지고 있다는 것을 나타낸다. 아이들의 신경계는 모두 같은 방식으로 설치되어 있는 것이 아니다. 애나의 신경계는 에밀리보다 좀 더 예민하고 방해꾼들에 대해 좀 더 강하게 반응한다.

뇌에 있는 아몬드 모양의 작은 조직인 편도체는 새로운 상황에 대한 반응에 중요한 역할을 한다. 애나가 스피커를 통해 낯선 목소리를 들었을 때 애나의 편도체는 뇌의 더 먼 영역에 강한 신호를 보낸다. 신호를 받은 뇌간은 얼굴 근육에게는 괴로움의 표정으로 얼굴을 찌푸리도록, 목 근육에게는 긴장하여 울음을 터뜨리도록 준비 명령을 한다. 애나의 호흡은 빨라진다. 동시에 편도체는 몸과 팔다리가 자동적으로 움직일 수 있도록 해주는 기저핵이라는 곳에 신호를 보낸다. 시상하부 역시 강한 신호를 받아 스트레스 반응을 보내기 시작한다.

유전적 요인들과 자궁 속 조건들에 따라 신경계는 미리 설치된다. 따라서 산모가 지속적으로 극심한 스트레스를 받게 되면 신경계가 사전에 설치되는 데 영향을 받을 수 있다. 다른 아이보다 우리 아기가 더 많이 울거나 움직인다거나, 또는 안정되는 데 더 많은 시간이 걸린다거나 하는 것이 신경계의 개별적인 설치와 관련이 있다는 것을 알면 부모들은 더 인내심 있고 자신감을 더 많이 가질 수 있을 것이다.

그러나 유아에게 나타나는 기질적 특성들은 시간에 따라 변하고,

아이가 겪는 성장 경험에 따라 익숙하지 않은 도전적인 것에 반응하는 방식이 점차적으로 달라질 것이다.

기질과 육아

부모들이 자녀의 기질을 알고, 다른 아기들보다 더 신경질적이거나 더 '어려운' 아기들을 다루는 법을 배운다면, 아이들과의 상호 관계와 아이의 경험을 형성하는 데 중요한 결과를 가져올 것이다. 네덜란드 레이든 대학의 딤프나 반 덴 붐은 다루기 힘든 자녀를 둔 엄마들이 시간이 지날수록 아기를 무시하고 많이 놀아주지 않는 경향을 관찰했다. 그녀는 엄마들이 자신의 아기를 다루는 다른 방법들을 배운다면 아기에 대한 반응을 좀 더 빨리 보게 되고 결과적으로 아기들의 신경질은 줄어든다고 제안했다. 이로 인해, 아기와 엄마의 관계는 개선될 것이고 그리하여 좀 더 즐거운 관계를 형성하게 될 것이다.

그래서 반 덴 붐은 실험 집단에 있는 엄마들에게 자신들의 아기의 몸짓이나 표정에 반응하는 법을 실제로 집에서 지도한 한 연구를 실시했다. 연구자들은 생후 10~15일 된 아기들 중 표준 신생아 행동 평가법 평가에서 가장 높은 불안정 수치를 보여준 신생아들을 선택했다. 이 아기들이 6개월 되었을 때, 연구자들은 집으로 방문하여 엄마들이 아이들과 어떻게 상호 작용하는지를 기록했다. 예를 들어 아기가 웃으며 좋아할 때나 울 때 어떻게 반응하는지 적었다.

연구팀은 그 후 세 달에 걸쳐 몇 회 교육을 통해 엄마들에게 아기들의 신호에 주의를 기울이고 적절히 반응하는 법을 보여주었다. 연구팀은 엄마들에게 아기가 내는 소리들을 반복적으로 따라하도록 하고 아기가 시선을 피할 때는 아무 말 없이 가만히 있도록 지도했다. 또한 엄마들이 아기를 달래는 최상의 방법을 찾을 수 있도록 도왔다. 예를 들어 어떤 아기들은 신체 접촉을 가깝게 하는 것을 좋아했지만 어떤 아기들은 싫어했다.

아기가 9개월이 되었을 때 연구팀은 실험 집단에 있던 이 엄마들과 아무 교육을 받지 않은 엄마 집단을 비교했고, 교육을 받은 엄마들이 아기에게 더 잘 반응하고 자극도 더 주며, 아기들에게 시각적인 주의를 더 불러일으킨다는 것을 발견했다. 또한 실험 집단에 있던 엄마들의 아기가 더 사교적이고, 스스로 더 잘 진정이 됐으며 덜 울었다. 게다가 주위 환경을 탐구하는 데도 더 많은 관심을 보였다.

하버드 유아 연구팀의 도린 아커스는 육아 방식이 새로운 상황에 대한 아이의 두려움에 영향을 미칠 수 있다는 것을 보여주었다. 도린 아커스의 연구에서 4개월 된 유아들은 익숙하지 않은 상황에서 극단적으로 높은 반응을 보이거나 극단적으로 낮은 반응을 보이는 부류로 분류되었다. 이 연구자들은 높은 반응을 보인 유아들이 14개월이 됐을 때 낯선 사람이나 물체, 사건들에 대해 낮은 반응을 보인 아이들보다 더 많이 두려워할 확률이 큰 것을 발견했다.

도린 아커스 팀은 4~14개월 사이의 아이들을 집에서 관찰하여 엄마와 아기 행동 모두를 기록했다. 도린 아커스는 엄마의 육아 방식을 크게 '허용적인 부모'와 '권위 있는 부모' 두 가지로 나누었다. 여기서 권위 있는 부모란 아이에게 절대 복종을 요구하거나 복종시키기 위해 가혹한 벌을 주는 권위적인 부모라는 뜻이 아닌, 아이의 나이와 기질에 맞게 어느 정도 지침을 세워 놓고 지키도록 하는 권위 있는 부모라는 의미로 사용되었다. 반면 허용적인 부모는 아기에 맞추어 아기를 즐겁게 해주려 노력하는 부모를 지칭한다. 권위 있는 엄마들은 아기가 항상 즐거울 수만은 없고 아이들에게 스스로 문제를 해결할 방법을 배울 수 있도록 도와줘야 한다고 생각했다.

연구 1년 초기에는 허용적인 부모들이 아기의 울음이나 짜증에 더 빠르게 반응했다. 그들은 아기들의 욕구는 모두 즉시 충족되어야만 한다고 생각했다. 권위 있는 부모들은 우선 아기에게 스스로 진정할 기회를 주기 위해 기다렸다. 1년 후반에 접어들자 허용적인 부모들은 위험한 것을 멀리하도록 부드럽게 타이르긴 했지만 아이들이 이것저것 탐색하는 것은 막지 않았고, 아기가 맛볼 좌절감을 최소화하려고 노력했다. 권위 있는 부모들은 단호하고 잠재적으로 위험하거나 사회적으로 덜 받아들여지는 행동에 대해 안 된다고 말함으로써 기꺼이 제한을 두었다.

아기들이 14개월 때 연구팀은 광대를 보여주는 등 낯선 상황에 대한 아기들의 반응을 관찰했다. 가능한 한 객관적일 수 있도록 테스트는 4개월 때 아기의 기질이 어떻게 분류되었으며 엄마의 육아 방식은 어떤지에 대해 전혀 모르는 심리학자들에 의해 시행되었다.

연구 결과는 흥미로웠다. 낮은 반응을 보이는 유아들에게는 엄마들의 육아 방식이 거의 혹은 전혀 영향을 미치지 않았고 높은 반응을 보이는 유아들에게는 영향을 미친 것이다. 놀랍게도 4개월 때 높은 반응을 보인 아기로 분류되고 허용적인 엄마를 가진 아기들은 14개월 때 예상을 넘을 정도로 더 많은 화를 냈다. 반면, 높은 반응을 보이고 권위 있는 엄마를 가진 유아들은 예상보다 낮은 두려움을 나타냈다. 이는 권위 있는 부모들이 아기들에게 좌절에 대처하는 연습을 할 기회를 주었기 때문일 수 있다. 또한 엄마의 차분하고 확고한 태도는 엄마의 존재와 지지에 대한 확신으로 인지될 수 있다. 그래서 아기는 익숙하지 않은 상황에서 더 안전함을 느낄지도 모른다. 이 실험들은 아이의 기질을 이해는 것이 중요하며 한 가족 내에서 기질에 따라 편애하지 않고 아이들을 다른 방식으로 다룰 필요가 있다는 것을 보여준다.

아기를 돌보는 '정도(正道)' 같은 것이 있나요?

모든 사람에게 통용되는 하나의 정도는 없습니다. 아기의 생물학적 · 정서적 욕구는 아주 다양한 방식으로 충족될 수 있습니다. 육아는 상당 부분 아이가 태어난 문화의 조건들과 기대에 따라 다릅니다. 어떤 사회에서는 여성들이 일하러 갈 때 아기를 데리고 갑니다. 만약 큰 회사를 경영하거나, 교통정리를 한다거나, 병원 응급실에서 근무한다면 힘들겠지만요. 문화 그리고 그 문화 속에서 사는 개개인들은 밖으로 애정을 표현하는 방식에 있어 상당한 차이를 보입니다. 비록 전 세계적으로 많은 여성들이 아기를 데리고 다니지만 서양 엄마들처럼 그렇게 많이 뽀뽀하고 어르거나 말을 많이 하지는 않습니다. 육아는 시대에 따라 또한 변합니다. 18세기에는 부유한 여성들이 유모를 두는 것은 흔한 일이었습니다. 기저귀가 나오기 전에는 아기가 일찍 대소변을 가리면 가족들에겐 큰 이점이 되기도 했습니다.

부모들은 새로운 가족 구성원을 위해 함께 시간을 내어 토론하고 합의를 해야만 합니다. 상식을 동원하고 어떻게 해야 할지 확신이 서지 않으면 의사나 간호사, 또는 조산사에게 조언을 구하세요.

모유 수유 아니면 분유?

모유 수유는 자연의 공식이며 신생아의 감염을 막아줍니다. 엄마나 아기나 모두에게 연습이 필요하기 때문에 인내심이 필수입니다. 1990년 11월 호《육아》지에서 발레리 프랑켈은 "젖을 먹이는 것이 자연스러울지도 모르지만 반드시 습관이 될 수 있는 것은 아니다."라고 한 바 있습니다. 일정한 습관이 되려면 약 일주일은 걸릴 수 있습니다. 모유 수유가 불가능하다고 해서 젖병으로 분유를 정성스럽게 준비해서 먹이는 것이 뇌 발달에 부정적인 영향을 미칠 것이라는 걱정은 하지 마세요. 젖병 수유의 장점은 아빠들에게도 수유의 즐거움을 느끼게 하고 아기와 친밀감을 공유할 수 있는 시간을 줄 수 있다는 것입니다.

아기가 적정한 몸무게를 갖는 것도 중요합니다. 아기가 보채고 배고파 보이거나 몸무게가 느는 것 같지 않으면 아기의 주치의에게 말씀하세요.

적응기 동안 울고 보채는 아기를 어떻게 다루어야 할까요?

아기의 신경계가 어떻게 발달하는지를 알면 이 어려운 시기를 잘 극복하는데 도움이 될 수 있습니다. 아기들은 제각기 다릅니다. 어떤 아기들은 다른 아기들보다 더 달래주어야 하는데 그렇다고 아이의 버릇이 나빠질까 걱정할 시기는 아닙니다. 어떤 아기들은 부모들이 무엇을 하든 다른 아기들보다 더 많이 웁니다. 일반적으로, 울음은 생후 약 6주까지 증가하다가 2, 3개월에 걸쳐 감소합니다.

아기의 신경계가 일단 새로운 환경에 적응할 시간을 가지게 되면, 자기만의 수면 패턴과 수유 횟수를 갖게 됩니다. 5개월쯤 되면 대부분의 아기들은 밤새 잠을 잡니다. 수유 횟수 또한 더욱 일정해집니다. 아기의 생체 리듬을 이해한다는 것은 아기가 배고플 때나 불안정한 때를 미리 짐작할 수 있다는 의미입니다. 심하게 화내기 전에 젖을 먹이거나, 달래거나, 낮잠을 잘 수 있도록 안정시키는 것이 좋습니다. 만약 분명히 알 수 있는 어떤 패턴 없이 아기의 일정이 불규칙해지면 부모는 수유, 수면, 놀이 시간을 규칙적으로 만들도록 노력하여 아기가 좀 더 일관된 패턴에 따르도록 안내해줘야 합니다.

아기를 알아갈수록 아기의 울음이 배고픔, 피로, 고통, 젖은 기저귀, 배에 찬 가스로 인한 불편함 때문인지 구별할 수 있게 될 것입니다. 만약 이런 이유들을 제외하고 심하게 울며 안아줘도 멈추지 않으면 소아과 주치의에게 찾아가세요.

가끔 아기들은 특별한 이유 없이 울거나 불안해 보입니다. 주로 저녁 시간이 가까울수록 더 자주 그렇습니다. 그 이유는 대부분 아기의 뇌가 아직 아기 내부 기관들이 보내는 신호들을 조절할 준비가 되어있지 않기 때문입니다.

아기의 뇌는 주위에서 오는 수많은 감각들을 지각하는 데 익숙해지려고 부단히 노력하고 있기 때문에 자극이 적을수록 자신이 진정하기가 더 쉽다는 것을 발견하게 될 것입니다. 아기를 꼭 안고 부드럽게 움직이는 것이 큰 음악을 틀거나 눈앞에 장난감을 매달아 놓는 것보다 낫습니다. 절대 아기를 흔들어서는 안 됩니다. 목 근육이 아직 머리를 지탱할 수 있을 정도로 강하지 못하고 뇌가 두개골과 접촉하는 것을 막을 정도로 발달되지 못했기 때문에 뇌에 치명적일 수 있고 심각한 뇌 손상을 가져올 수 있습니다. 지속적인 아기의 울음을 대처하기 어렵겠다는 생각이 들기 시작하면 빨리 도움을 요청하세요.

부모가 울음을 완전히 없애버릴 수는 없지만 규칙적인 시간에 아기를 데리고 나가거나 식사 시간, 수면 시간, 놀이나 산책 시간을 구체적으로 배분하여 일정대로 따른다면 울음의 기간을 줄일 수 있습니다.

부부는?

아기가 태어났다는 기쁨에, 초보 부모들은 부부에게 서로의 관계를 돈독히 하고 새로운 책임감을 위한 힘을 함께 모으기 위한 시간이 필요하다는 것을 쉽게 잊습니다. 이따금씩 아이 없이 외출할 약속을 만드세요. 다행히 잠시 동안 아기를 봐줄 만한 부모님이나 좋은 친구들이 있다면 둘만의 주말 휴가를 계획할 수도 있겠지요. 하루 종일 아이를 돌보는 엄마 아빠들은 적어도 일주일에 한 번씩은 자유로운 아침이나 오후를 가져 휴식을 취해야 합니다.

걸음마 시기에 겁이 없이 심하게 부산스러운 아기는 어떻게 해야 할까요?

도린 아커스의 연구에 따르면 심하게 부산스럽고 움직임이 왕성한 아기에겐 따뜻하고 권위 있는 육아 방법이 특히 도움이 된다고 합니다. 초기 몇 달 동안은 안정되고 규칙적인 일상생활을 만들도록 해주다가 아기의 활동량이 늘어나면 안전을 위해 단호하게 제한할 필요가 있습니다. 예를 들어, 아기가 식탁에 오르려고 할 때 말없이 가로막는 대신 아기를 보면서 단호하게 "안 돼!"라고 말하세요. 그래도 다시 오르려고 하면 다시 한 번 안 된다고 말하고 조용히 부엌의 다른 안전한 곳으로 이동합니다. 정신을 다른 데로 돌리기 위해서 필요하다면 냄비와 나무로 된 숟가락을 주세요.

04
탐험

아기의 감각들은 탐험의 도구로 많은 새로운 신호를 받고 의미를 부여하는 안테나다. 하지만 처음부터 우리의 작은 콜럼버스는 미지의 바다로 배를 몰았고 자신만의 지도를 만드는 일에 재빠르게 착수했다. 아기의 뇌는 생물학적 성숙 과정과 주위 환경에 대한 경험의 상호작용에 의해 지속적으로 형성된다.

1년의 과정 동안, 세상에 대한 아기의 시야는 놀라운 속도로 확장된다. 3, 4개월쯤엔 깨어 있는 총 시간이 하루에 8시간에서 최고 10시간, 12시간까지 이른다. 아기는 점차 한 번에 더 긴 시간 동안 깨어 있게 된다. 수면 시간이 줄어든다는 것은 새로운 인상을 받아들이고 새로운 환경을 경험하는 데 더 많은 시간을 쓴다는 의미다.

물체를 잡아 뒤집고, 엄마의 손이나 아빠의 거친 수염, 부드러운 토끼 인형의 질감을 느낄 수 있다는 것은 이러한 지각이 세상에 대한 아기의 시각 속에 가미된다는 것이다. 앉기, 기기, 서기, 첫걸음 떼기를 통해 확보된 새로운 시야 덕분에 아기는 새로운 인상들을 곁으로 가져올 수 있게 된다. 아기가 시각, 청각, 촉각을 이용하여 제법 정확하게 자신의 근육을 조정할 수 있게 됨에 따라, 이제 전체 운동 활동 중에 반사의 역할은 줄어든다.

자신의 기본 도구 사용에 있어 진일보한 동시에, 점차적으로 창조력이 많아진다. 아기는 그냥 보는 것이 아니라 살펴본다. 그냥 듣는 것이 아니라 귀 기울인다. 이제 갖고 싶은 인형에 주의 집중하여 계획을 세우고 실행에 옮길 수 있게 된 것이다.

새로운 인상들로 가득한 세상

아이에겐 모든 새로운 감각적 인상들이 마치 "주목!"이라고 말하는 것 같다. 생후 첫 몇 달은 감각계 발달이 아주 빠르게 이루어지는 시기로, 이로 인해 보다 상세하고 다양한 색상을 받아들일 수 있고, 소리와 음악을 구분할 수 있으며, 보다 정확하게 질감의 차이도 느낄 수 있다. 이렇게 밀려오는 새로운 감각적 인상들에 의해 뇌간의 특수 부위가 자극받아 더 많은 신경전달물질을 내보내도록 명령한다. 이 신경전달물질은 아기가 좀 더 집중하여 흥미로운 무언가를 찾도록 만든다. 이것은 출생 시 신생아의 신경계가 갑자기 깨어나는 방식과 흡사하다. 이제 아기는 주위의 물체를 더 잘 감지할 수 있고 집중해서 바라볼 수 있으며 그 물체 주위의 방해되는 수많은 인상을 무시할 수 있게 된다. 그래서 2분 이상 가만히 사물을 보는 데 집중하거나 소리를 듣는 데 집중할 수 있게 되는 것이다.

시각의 발달

2개월 된 아기는 아마도 편안한 아기용 바운서에 누워 엄마나 아빠가 저녁식사하는 것을 지켜보는 걸 좋아할 것이다. 이 시기에 아기들은 갑자기 주위에서 일어나는 모든 일에 완전히 사로잡힌다. 뇌의 변화, 특히 시각계의 변화 덕분에 이제 눈을 훨씬 더 잘 사용한다. 생후 2개월 동안 아기의 시야는 한계가 있기 때문에 눈에서 약 30cm 떨어진 사물만을 볼 수 있다. 아기의 눈은 강한 패턴을 따라 움직이는데 이러한 능력은 뇌간 위쪽 중뇌에 위치한 상구가 하는 일이다. 뇌의 상구는 시야에서 물체가 움직이는 것을 감지하는 것과 관련이 되어 있다. 상구는 감각으로부터 정보를 흡수하여 물체를 발견하고 그것을 찾아가는 것을 가능하게 하는 것이다. 처음에, 아기들은 형태와 색을 인지하는 것보다 움직이는 물체를 감지하는 체계가 더 잘 발달되었기 때문에 움직이는 물체에 끌린다.

2, 3개월에 아기는 움직이지 않는 사물에도 많은 관심을 기울이기 시작하는데, 이때가 대뇌피질이 점차 뇌간에 영향을 미치는 시기다.

이제 아기는 대략의 윤곽뿐만 아니라 얼굴 모양의 특징들을 볼 수 있기 때문에 얼굴을 좀 더 잘 알아본다. 이 시기에 망막에 있는 세포인 원추체가 증가하여 발달하기 시작한다. 원추체는 또렷한 시야와 색을 담당하기 때문에 물체를 좀 더 명확히 보는 것을 가능하게 해준다. 이러한 과정은 오랜 시간에 걸쳐 일어난다. 2개월이 되면 아기의 시각적 정확도는 5~6세 아이에 비해 20분의 1정도밖에 안 된다. 첫 2년 동안 시각은 급속도로 발달하다가 그 후 사춘기까지 천천히 발달한다. 더 많은 색깔을 볼 수 있게 됨에 따라 아기는 밝은 색상들에 더욱 끌리게 된다. 그래서 약 3개월쯤 되면 아기는 엄마가 친구로부터 선물로 받은 귀여운 모빌을 가지고 즐거운 시간을 보낼 것이다.

모빌 끈에 매달려 있는 인형들 중 한 개를 보려면 아기는 그것에 집

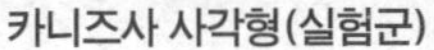

카니즈사 사각형(실험군)　　　불규칙한 패턴(대조군)

카니즈사 사각형 실험: 착시현상을 일으키는 사각형과 착시현상을 일으키지 않는 불규칙한 패턴은 뇌에서 다른 전파를 일으킨다.

중해서 하나의 독립적인 사물로 봐야 한다. 인형은 다른 배경을 제치고 아기의 시야 전체를 사로잡아야 한다. 약 4개월쯤 되면 아기는 주변 환경에서 눈에 띄는 개별 사물을 더욱 잘 볼 수 있게 된다.

처음 3개월 때 아기는 원이나 삼각형 같은 단순한 기하학 형태를 구별할 수 있다. 일상생활 속에서 형태에 대한 경험을 하게 되고, 이를 통해 형태에 대한 하나의 '내부 이미지'가 뇌에 형성된다. 즉 8개월쯤엔 정신적으로 하나의 이미지를 완성할 수 있는 것이다.

쥐 시브라와 그의 동료 연구자들은 유아들에게 '카니즈사 사각형'이라고 하는 한 그림을 보여줬다. 만약 여러분이 이 그림을 본다면 그림에 있는 형태가 사각형으로 보이지만 사실은 착시현상이라는 것을 알게 될 것이다. 실제로 사각형이 그려져 있진 않지만 그 그림을 '볼 수 있도록' 뇌가 형태를 조합하는 것이다. 어른들이 이 그림을 볼 때 고주파 전파(감마파)의 방출이 뇌의 고차 시각 영역에서 관찰될 수 있다. 하지만 같은 구성 요소이지만 불규칙하게 정렬된 대조군 이미지를 볼 때는 어떠한 감마파도 방출되지 않는다.

연구자들은 유아들에게도 이 두 그림을 보여줬다. 6개월 된 아기들에게서는 나타나지 않았지만, 8개월 된 아기들은 어른들과 마찬가지로 실험군을 볼 때 감마파 활동을 보이고, 대조군을 봤을 때는 그렇지 않았다. 시각령에서 감마파가 출현함으로써 알 수 있는 것은 유아 발달에 있어서 중요한 단계가 6~8개월 사이에 뇌에서 일어난다는 것이다. 착시현상으로 사각형을 완성하는 능력에 필요한 두 가지 요소는 생물학적 성숙 과정과 주위에서 형태들을 접할 수 있는 일상생활의 경험이다. 이러한 성숙과 경험의 조합으로 대부분의 뇌 발달이 이루어지는 것이다.

4~7개월쯤 아기는 3차원으로 사물을 인지할 수 있게 된다. 이는 이 시기에 시각령의 연합 영역이 집중적으로 발달하기 때문이다. 이 영역은 두 눈을 통해 들어오는 약간 다른 정보들을 통합함으로써 3차원으로 볼 수 있게 해준다. 앞에서 아기가 태어나기 전 시각계에서 일어나는 결정적 배선 단계에 대해 언급한 적이 있다. 그 시기에 필요한 자극은 뇌로부터 온다. 이제 시상과 시각령의 연결을 완성하기 위해, 뇌는 바깥 세계에서 직접 눈으로 보는 경험을 통해 얻어질 수 있는 자극을 필요로 한다.

이 갑작스러운 시각적 충만의 효과는 놀랍다. 태어나서 8개월까지 시각령의 시냅스 수는 10배나 증가한다. 인생에 있어 이때가 시각령의 시냅스가 가장 많은 시기로 어른 시각령 시냅스의 두 배나 된다. 이 시기를 여름 정원에 꽃들이 만발하게 피는 것에 비유하여 '개화기'라고 한다. 유아기에 있어서 시각이 상당히 중요하다는 것은 시각령의 부피에 관한 다음과 같은 사실을 통해 알 수 있다. 3~4개월쯤 된 아기의 전체 두뇌 크기는 어른 두뇌 크기의 50%지만 시각령의 부피는 아기가 어른이 되었을 때 시각령의 부피와 똑같다.

개화기 단계 동안, 그 어떤 때보다 많은 시냅스들이 형성된다. 아기의 시각 경험은 시냅스 수의 감소를 가져온다. 사용되지 않는 시냅스는 줄어들어 사라지는 반면에, 자주 사용되는 시냅스는 더욱 안정된다. 이 시기를 '가지치기'라고 한다. 약 8개월쯤 되면 시각령의 시냅스의 수는 줄어들기 시작해 열 번째 생일쯤에는 어른 수준에 도달한다. 이러한 전 과정 동안 아기의 시각계는 훨씬 더 자세하고 정확하게 정보를 처리하기 위해서 세밀해지다가 사춘기 직전이 되어서야 성숙된다.

개화기와 가지치기는 일반적인 두뇌 발달의 원리다. 개화기를 통해 상당한 적응성을 갖게 되고 가지치기를 통해 학습과 경험의 강화를 얻게 된다. 생후 초기 몇 달 동안, 아기의 시각계는 평범한 환경 속에서 발달에 필요한 자극을 찾는다.

그러나 만약 그 시기에 적당하게 못 본다면 아기의 시각계는 제대로 발달하지 않을 것이다. 그러므로 백내장 같은 시각 결함은 가능하면 빨리 치료해야 한다. 첫 3개월 동안은 두 눈이 가끔 따로 움직이기도 해 사시처럼 보일 수도 있다. 하지만 6개월 때에는 두 눈이 함께 움직여야만 한다. 만약 아기의 눈이 이때에도 사시처럼 보인다면 전문의에게 반드시 검진을 받아야 하고 치료가 필요할 경우 가능하면 빨리 치료를 시작해야 한다.

소리에서 음악으로

아기가 짜증을 내거나 쉽게 잠들지 못할 때, 아기를 달래려고 자연스럽게 노랫가락을 흥얼거리기 시작하는 경우가 많다. 음악은 우리에게처럼 아기에게도 깊이 영향을 미친다. 작가 로맹 롤랑이 "음악은 영혼을 여는 열쇠"라고 했듯이 전 세계 아기들은 대체로 느리고 정적인 리듬과 단순하고 반복적인 멜로디를 가진 자장가로 위안을 받는다.

아기는 약 2~3개월 때 소리에 대해 높은 관심을 보인다. 스위스제

오르골 소리나 아빠의 '징글벨' 휘파람 소리를 들으려고 귀를 쫑긋 세우고 머리를 돌리기도 한다. 마르셀 젠트너와 제롬 케이건은 4개월 된 유아들이 하모니에 민감하다는 흥미로운 연구 결과를 발표했다. 이 연구자들은 우선 아기들에게 어린 아이들의 목소리로 유쾌하게 화음을 이룬 하모니를 들려주었다. 그러자 아기들은 차분하게 방을 둘러보았고 대체로 소리에 만족하는 것처럼 보였다. 하지만 같은 멜로디를 불협화음으로 들려주자 비평가들의 조롱에 상응하는 유아 수준의 혹평을 보였다. 마치 소리를 듣기가 고통스러운 것처럼 얼굴을 찌푸리고 울기 시작했다. 어른들의 경우를 연구한 연구 결과에 따르면 같은 상황에서 불쾌한 감정 처리와 관련된 뇌의 영역이 활성화되었다.

엄마의 자장가를 음악으로 인식할 수 있도록 아기의 두뇌는 개별적인 음들을 함께 조합한다. 출생 시 아기의 달팽이관과 달팽이관 신경은 사실상 이미 성숙되어 있는 상태다. 이는 아기가 공기의 진동을 전기 신호로 해석하여 뇌간으로 전달할 수 있음을 의미한다. 여러분은 다음과 같은 유명한 문구를 들어 보았을 것이다. "숲에서 나무가 쓰러지는데 그 소리를 듣는 사람이 아무도 없다면, 소리는 존재하는 것인가?" 진동을 전기 자극으로 변형시키는 과정 없이는 어떠한 소리도 존재하지 않을 것이다.

전기 자극은 아기의 뇌간에서 시상과 청각령으로 전해진다. 여러분이 자장가 몇 소절을 부르면 음파들은 음량, 음조, 음위들로 나뉘어 개별적인 감각으로 해석된다. 특수 영역인 청각 연합령이 이를 함께 조합시킬 때에만 익숙한 선율이 되는 것이다.

생후 1년 동안 청각 경로에서는 많은 활동들이 일어난다. 약 3개월쯤 아기의 청각령은 인생의 그 어떤 시기보다도 많은 시냅스를 가진다. 시각령에서와 마찬가지로 시냅스의 수는 점차 줄어들 것이고 남은 수의 시냅스는 더 효율적으로 연결될 것이다. 6~10개월 사이 시상과 청각령을 연결하는 청각방사는 완전히 수초화되는데, 수초화된다는 것은 기능적으로 성숙했음을 의미한다. 하지만 청각경로의 일부는 대략 10세가 되어서야 완성된다. 이 시기 동안 대화, 음악, 주변 소음 등을 통한 엄청난 양의 청각 경험으로 소리를 인식하고 구분하는 능력을 기르는 것이다.

아기들은 청각을 발달시키기 위해 추가적인 자극을 필요로 하지 않는다. 시각과 마찬가지로 청각계는 주변 환경 속 다양한 소리들을 일상적으로 경험함으로써 조율된다. 그래서 그 무엇보다 중요한 것은, 어떠한 청각 결함도 유아가 소리를 경험하는 것을 막거나 왜곡해서는 안 된다는 것이다. 청각 결함을 초기에 빨리 발견하고 치료하면 청각 결함을 보완할 수 있는 좋은 기회를 얻을 수 있다. 그러므로 청각 결함은 생후 1개월 안에 진단하는 것이 좋다. 만약 아기의 청각계가 제대로 기능하지 못한다면 보청기가 상당히 효과적일 수 있다. 아기가 전혀 듣지 못한다면 인공달팽이관 이식이 고려될 수 있다. 인공달팽이관 이식을 받은 아이의 80% 이상이 언어를 말하고 이해하는 것을 배운다.

잘 듣는다는 것은 매우 중요하다. 이는 아기들이 청각을 통해 물리적 세계에 대해 아주 많이 배울 뿐 아니라 타인과 상호작용하고 의사소통하는 것을 배우기 때문이다. 이제 언어 습득을 가능하게 할 기초 발달이 언어 습득의 인지적 · 감정적 · 사회적인 이점과 어우러져 진행된다. 청각계가 제대로 기능하지 못하면 다른 체계들이 청각 기능을 대신 해야만 한다. 아이는 몸짓이나 얼굴표정으로 의사소통하는 것을 배워야만 하는 것이다.

감각들의 협동

유아의 감각계들은 개별적으로 작동할 뿐 아니라 협동함으로써, 세상을 탐색하고 알아가는 기회를 배가시킨다. 출생 시 뇌간은 이미 다중 활동을 조율하는 것에 능숙하지만 대뇌피질의 역할은 이제 시작이다. 개별적인 감각 경로로부터 들어온 정보는 대뇌피질에서 모인다. 향상된 아기의 감각계들은 더욱 효율적으로 연결되어 감정과 기억 저장을 담당하는 영역들과 연합한다.

아기들은 시각 정보와 청각 정보를 결합할 수 있는데 이는 마치 입술의 움직임을 보고 읽어내는 것과 흡사하다. 패트리샤 쿨과 앤드루 멜트조프는 영상을 통해 5개월 된 아기에게 어른이 내는 '이' 소리와 '아' 소리를 연속적으로 보여줬다. 순서대로 소리가 나다가 중간중간 두 소리 순서가 바뀌도록 했는데 아이들의 3분의 2가 소리와 얼굴이 맞을 때 더 오래 시선을 고정시켰다. 마치 어떤 입술 움직임이 그 소리와 맞는지 알고 있다는 듯이 시각과 청각 정보가 결합되었을 때 더 주의를 기울인 것이다.

아기들이 촉각과 시각을 연결시킨다는 연구들도 있다. 유아들의 입은 특별히 잘 발달된 촉각을 가지고 있기 때문에 연구자들은 1개월 된 아기들에게 공갈젖꼭지를 빨도록 주었다. 한 집단에게는 부드럽고 둥근 것을 주었고, 다른 집단에겐 우툴두툴한 것을 주었다. 아기들은 연구자들이 공갈젖꼭지를 빼기 전까지 90초 동안 빨았다. 그러고 나서 처음으로 모양은 같지만 오렌지색 스티로폼으로 만들어진 두 개의 공갈젖꼭지를 모두 보여줬다. 놀랍게도 유아들은 자기들이 빨았던 모양을 더 오래 보았다. 어쨌든 아기들은 공갈젖꼭지의 표면이 매끄러웠는지 우툴두툴했는지 입력을 해놓았음에 틀림없다. 그 입력된 감각을 눈앞에 놓인 모양과 비교하여 질감과 시각적 인상 사이의 일시적인 연상이 형성되었다할 수 있는데, 이는 1개월 된 아기에게 있어서 대단한 성취라고 할 만한 것이다.

나아가 아기의 감각은 운동계와 연결되어 있다. 뇌에 의해 보고 듣고 만진 것에 대한 정보가 함께 모여 근육의 움직임을 이끄는 데 사용된다. 그래서 5개월쯤이면 아기는 방울 소리를 들으면 손을 뻗쳐 잡는다.

아기가 갑니다. 길을 비켜주세요!

매튜는 10개월에 걸음마를 시작해서 자신을 자랑스럽게 여기는 부모를 놀래켰다. 매튜는 용감하게 자신의 손을 아빠의 의자 팔걸이에서 떼고는 방을 가로질러 아장아장 걸었다. 부모님의 환호 소리가 너무 커서 매튜는 이내 균형을 잃고 바닥 위에 다소 어정쩡하게 넘어진 채 어리둥절한 표정으로 고개를 든다. "무엇이 잘못된 것일까?" 그 이유는 어떤 체계들은 여전히 협동하는 연습이 필요하기 때문이다.

출생 직후에 우리는 이미 아기가 자신의 근육을 조절하는 아주 초기의 어렴풋한 능력을 볼 수 있다. 이 근육의 움직임은 단순히 반사 동작뿐 아니라 몇 가지 자의적인 동작들을 포함한다. 하지만 근육을 사용하는 법을 배우는 데는 많은 시간과 연습이 필요하다.

아기가 머리를 들어 움직일 수 있게 되는 시기는 정말 하나의 사건이라 할 수 있다. 이 획기적인 사건의 의미는, 아기가 주위 환경들을 더 많이 받아들이도록 위치를 바꾸기 위해서 근육을 사용할 수 있다는 것이다. 2개월쯤에는 주위를 90도 정도 볼 수 있도록 머리와 목을 움직일 수 있다. 하지만 2~5개월 사이에 시야는 약 180도까지 넓어진다. 이는 아기가 주위를 둘러보고 방에 있는 사람들의 움직임을 따라갈 수 있게 되었다는 의미다.

동시에 아기의 근육은 더욱 강해진다. 즉 운동피질을 척수에 있는 뉴런에 연결하는 축삭들이 더 효율적으로 연결된다. 초기에는 아기의 신경계 내의 대부분의 연결들이 울퉁불퉁한 비포장의 시골 길 같아서, 신호들은 마치 그 길 위를 마차처럼 천천히 지나가는 것과 같다. 그래서 조물주는 고속도로를 포장하기 위한 보다 현명한 방법을 찾았다. 즉 신경세포의 축삭들은 수초층으로 둘러싸여 있다. 이 수초층은 축삭과 축삭 사이를 나누고 신경을 따라 전기 자극을 20배까지 더 빠르게 전달하도록 만든다. 수초 없이 이 속도에 도달하려면 축삭들은 훨씬 더 두꺼워야 하며 척수의 지름은 약 270cm 정도의 나무줄기만큼 커야 할 것이다. 거울 앞에서 당신의 모습을 상상해보자!

운동피질과 뇌간이 갈수록 효율적으로 연결된다는 증거는 생후 5개월 내에 나타났던 몇몇 반사들이 사라진다는 것이다. 매튜가 태어났을 때 자동적으로 아빠의 손가락을 움켜쥐었다. 이는 뇌간에 의해 일어난 반사다. 3~5개월 사이 어느 순간 움켜쥐기 반사가 사라지면서 사물을 좀 더 자유롭게 다루고, 손으로 주위 환경을 탐색할 수 있게 된다. 상상하기 어렵지만 이런 반사단계가 없다면 아기는 사물을 움켜잡고 놓지 않을 것이다. 이러한 반사는 운동피질이 이제 뇌간의 신호를 차단할 수 있기 때문에 억제될 수 있는 것이다.

중요한 것은 운동피질이 근육을 활동시키는 명령을 보낼 뿐만 아니라 근육의 활동을 막거나 억제하는 중요한 책임을 담당한다는 사실이다. 자극과 억제 사이의 균형은 매우 중요하다. 억제되지 않은 자극은 아주 산만한 동작을 초래할 수 있는 반면, 억제가 지나칠 경우는 극심하게 활동이 감소되는 결과를 가져올 수 있다.

3~4개월 사이, 아기의 대뇌피질과 뇌간 사이의 연결은 빠른 수초화의 단계를 겪게 된다. 3장에서 보았듯이, 이 시기는 또한 소란을 피우거나 이유 없이 울음을 터뜨리는 일들이 줄어드는 때이다.

매튜가 4개월 되었을 때, 부모는 매튜의 눈앞에서 밝은 빨간색 딸랑이를 흔들었다. 매튜는 손으로 딸랑이를 잡으려고 열심히 시도했다. 처음에는 어설프게 손을 휘두르다가 금세 팔과 손의 위치를 맞추는 법을 배워 적시에 주먹을 쥐었다. 약 5개월쯤에 매튜는 어느 때 주먹을 움켜쥐어야 하는지 예상하고 더 쉽게 잡을 수 있도록 손가락들의 위치를 조정할 수 있게 된다.

겉으론 단순하게 보이는 아기의 이 손 뻗는 동작은 뇌의 다른 많은 영역들의 협동을 요구한다. 이 모든 영역들이 집중적으로 발달하는 단계에 있는 것이다. 시각령의 도움으로 아기는 딸랑이를 본다. 아기의 운동피질은 이에 맞는 명령을 척수를 따라 근육에 보낸다. 그동안 뇌 뒤쪽에 위치한 소뇌는 항공 관제탑 역할을 한다. 소뇌는 근육, 관절, 전정계로부터 정보를 받아 실제 동작과 의도한 동작을 비교한다. 두 동작 간에 차이가 있을 경우 소뇌는 다시 근육에게 수정된 명령을 내린다. 소뇌는 이렇듯 근육 사용법을 익히는 데 중요하다. 소뇌와 운동피질 사이의 연결은 3~4개월쯤 빠르게 발달한다. 생후 1년 동안 소뇌는 빠른 성장 단계를 거친다.

성공적으로 딸랑이를 꽉 쥐게 되면 아기는 곧바로 딸랑이를 입으로 가져간다. 입을 통한 촉각적 감각을 수용한 경로는 특히 잘 발달되어 있어 물체를 입에 넣어 깨물고 빠는 행동을 통해 새로운 물체를 탐색할 수 있도록 해주는 것이다.

이리저리로

5~7개월이 되면, 아기는 도움 없이 앉을 수 있으며 두 손을 자유롭게 사용한다. 유아의 근육은 더욱 강해지고 소뇌와 전정계는 아기가 인형을 잡으려고 손을 뻗다가 고꾸라지지 않게 한다. 아기들은 주위에 있는 모든 사물들을 손으로 만지작거리다 물고 빠는 데 집중한다. 하지만 이것으론 충분하지 않아 이제 직접 찾아 나선다.

자신의 몸을 운전할 수 있는 능력을 얻는다는 것, 아기에게는 이것이 새 시대의 시작이지만 부모에게는 휴식 시간의 끝이다. 약 4개월쯤에 아기들은 기는 것과 유사한 첫 움직임을 시작하지만 7~10개월이 되어야 비로소 기어서 돌아다니기 시작한다. 그러나 기기는 누구나 거치는 단계는 아니다. 아기마다 기는 모습이 다르기도 하고 어떤 아기들은 아예 기는 단계를 거치지 않는 경우도 있다.

자기 몸을 운전할 수 있다는 것은 단지 한 곳에서 다른 곳으로 이동한다는 것만을 의미하지 않는다. 기는 것이 중요한 이유는, 물리적인 세계에 대한 아기의 인지력이 이제 확장하기 때문이다. 이는 소위 '시각 절벽'을 사용한 연구를 통해 확인할 수 있다. 시각 절벽은 튼튼하고 투명한 아크릴 표면으로 된 탁자로 만들 수 있다. 빨강 체크무늬 천을 전체 아크릴판의 절반 바로 밑에만 식탁보처럼 깔고, 나머지 반쪽 천은 아크릴판으로부터 약 90cm 아래 바닥에 깔아 놓는다. 아기가 투명 아크릴판 위에서 기어 다니면, 반은 체크무늬 천이 바로 밑에 깔려 있는 곳을, 나머지 반은 90cm 떨어진 바닥에 체크무늬 천이 깔려 있는 사실은 투명한 아크릴판 위를 기게 되는 것이다. 그래서 투명 아크릴판을 통해 내려다보는 유아가 아크릴판과 바닥에 깔린 천 사이의 깊은 틈에 대해 절벽과 같은 인상을 갖도록 한다. 5~6개월 된 유아들은 깊은 쪽을 내려다볼 때 관심을 보이지만 깊이에 대한 두려움을 보이지는 않는다. 하지만 9개월 정도 되면 기어 다니는 경험을 한 아기들은 두려움의 신호를 보인다. 정형외과적인 문제로 기어 다니는 것이 늦춰진 아기들은 기어 다닐 수 있는 같은 또래의 아기들보다 이러한 환경에서 무서움을 덜 보인다. 깊이 차이를 느낄 수 있는 능력은 가파른 곳에서 떨어지지 않도록 해주지만 그렇다고 완전히 보장된 것은 아니다.

재미있는 것은 첫돌 된 아기들이 투명한 표면에 놓여 시각 절벽을 알아채면 확인을 위해 엄마의 눈치를 본다는 것이다. 만약 엄마의 표정이 밝다면 대부분의 유아는 절벽을 기어 가로지른다. 하지만 엄마 얼굴에 두려운 표정이 보이면, 기어 건너지 않는 경향이 있다. 이러한 예는 어떻게 유아가 어른으로부터 단서를 얻는지를 다시 한 번 보여준다.

9개월 된 매튜는 자신이 일어선 자세로 상체를 바로 세울 수 있다는 것을 발견했다. 심지어는 아무것도 잡지 않고 몇 초 동안 자유로이 서 있을 수 있었다. 기어 다니는 것보다 가구나 난간을 잡고 상체를 일으켜 세우는 것이 돌아다니는 데 훨씬 더 좋은 방법이 되었다. 이제 매튜는 진정한 첫걸음을 내디뎠다. 닐 암스트롱의 말을 응용하자면, 이것은 인류에게는 작은 걸음이지만 매튜에게는 커다란 도약이 된 것이다.

젊은 의사로서 필자는 어떻게 아기들이 그렇게 빨리 배울 수 있는지에 매료되었다. 그 당시 우리는 아놀드 게젤과 캐서린 아마트루다가 쓴《발달 진단: 정상아와 비정상아 발달》(*Developmental Diagnosis: Normal and Abnormal Child Development*)을 종종 참고했다. 이 책에는 연령 별 발달 능력을 적어 놓은 깔끔한 표가 있다. 그래서 아빠가 되었을 때, 아들의 발달 과정을 책에 따라 지켜보고 싶었다. 신나게 이 책을 가져다 아내에게 보여줬다. 하지만 아들의 발달 단계를 표시하면서 보니 책에 제시된 시간보다 우리 아이가 늦었다. 그러자 아내가 책을 치우라고 했다. 몇 달 후 책을 찾는데 책이 안 보이자, 아내가 어디다 치워버렸을 거라 생각하면서 아내를 의심했다. 20년 후 책상 청소를 하다가 그 책을 발견했을 때 조금 부끄러웠다.

우리는 옆집 아이들과 우리의 아이들을 항상 비교해서는 안 된다는 것을 잘 안다. 그러나 어쩔 수 없이 그렇게 된다. 외래 병동에 온 한 어머니의 경험담에 기초한 스티븐과 매튜의 이야기는 전형적인 예다.

스티븐이 11개월 되었을 때, 스티븐의 엄마는 오후에 새로 사귄 친구와 그 친구의 첫돌 된 아들 매튜를 초대했다. 매튜가 도착했을 때, 스티븐은 아기 놀이울에서 혼자서 조용이 놀고 있었다. 스티븐의 엄마는 매튜가 방으로 쏜살같이 뛰어들어가 스티븐의 놀이울 난간을 두 손으로 잡고 우아하게 위아래로 뛰는 모습을 보고 입을 다물지 못했다. 매튜의 엄마와 이야기를 해보니 매튜는 4개월 때 혼자 앉았고, 10개월 이후부터 혼자 걷기 시작했다는 것이었다. 그 말을 들으니 스티븐이 뒤쳐진 것 같아 걱정되기 시작했다. 설상가상으로 스티븐의 아빠는 책에 나온 체중별 아이의 발달을 스티븐의 발달 상태와 계속 비교하기 시작했다. 스티븐의 엄마는 눈물을 흘렸다.

스티븐이 약 13개월쯤 되었을 때, 걷기를 시작으로 정상적인 발달을 보이자 엄마가 흘렸던 눈물은 전적으로 불필요했던 것으로 밝혀졌다. 아이들마다 앉고, 기고, 걷기 시작하는 시기의 차이는 아주 다양하다. 발달에 관련된 체계들에 대해 생각해보면 이것은 놀라운 일이 아니다. 각 조직은 개별적으로 발달하고, 조직 사이의 연결 역시 개별적으로 발달한다. 최근 조사에 따르면 요즘 추천되고 있는 자세인 등 대고 눕는 자세로 아이들을 재우면 엎어 재운 이전 세대의 아기들보다 더 늦게 앉거나 기기 시작할 수 있다고 한다. 하지만 걷기 시작하는 때는 거의 동일하다.

기억과 학습

4개월 된 아기와 함께할 수 있는 작은 게임을 소개한다. 아기가 유아용 자리에 편히 앉아 있을 때, 아기의 시선을 끌 만한 작은 빨간 공 같은 것을 보여준다. 아기는 아마도 골똘히 그것을 쳐다볼 것이다. 몇 번 더 같은 공을 보여준다. 그러면 아기는 더 이상 공을 쳐다보지 않을 것이다. 이것이 지루하다는 것을 알기 시작한다. 아기에게 공은 더 이상 새롭지 않다. 아기는 그 공에 익숙해진 것이다. 약 10초 후에 그 빨간 공을 보여주고, 동시에 파란색 공 같은 또 다른 비슷한 밝기의 시선을 끌 만한 장난감을 보여준다. 아기는 새로운 장난감을 더 오래 볼 것이다. 두 개의 공을 비교하면서 하나는 먼저 본 것임을 알아차리고 새로운 것을 더 가까이 보고 싶어 하는 것이다.

이것은 인지기억, 즉 아기가 이전에 본 것과 새롭고 다른 것을 구별할 수 있는 능력에 대한 설명이다. 인지기억은 해마 활동에 의존한다. 인간 해마에 있어 가장 큰 성장의 박차는 2~3개월 사이에 가해진다. 해마의 신경세포들이 특정한 기능을 위해 급속도로 특수화되어 가지들을 풍성하게 뻗치는 것이다.

새로운 파동

새로운 것과 익숙한 것을 구별하는 능력은 시각적 인상에만 한정되지 않는다. 아기들은 소리와 맛, 촉각적 인상 또한 구별한다. 뇌파검사 기술을 사용하여 뇌의 전기 활동을 측정함으로써 이를 직접 확인할 수 있다. 기슬레인 데헨느-램버츠는 말하는 소리를 들을 때 나타나는 아기들의 사건관련전위를 기록했다. 2~3개월 된 유아들에게 같은 음절이 반복된

'바-바-바-바-바' 소리를 들려준다. 첫 '바' 소리에 뇌파검사 기계는 말이 처리되는 영역인 측두엽에서 뇌파 활동을 감지했다. 세 번째 '바' 후에는 아기의 관심이 흐트러지면서 뇌파 감지 강도가 줄어들었다. 유아들은 '바' 음절에 익숙해진 것이다.

다음으로 연구자들은 '바-바-바-바-가' 소리를 들려주었다. 새로운 음절에서 아기들의 뇌파는 본래의 강도까지 상승했다. 아기들은 새로운 소리를 들었고, 분명히 '바'와 '가' 소리를 구별할 수 있었다.

연구자들은 나아가 측두엽에서 뇌파가 감지된 바로 후에, 새로운 파동의 전기 활동이 전두엽에 걸쳐 나타난 것을 발견했다. 다른 새로운 감각인상들에 대한 아기의 반응을 비교하여 관찰해본 결과, 비슷한 양식의 전기 활동이 나타남을 알 수 있다. 처음에는 특수 1차 피질 영역에 나타나고 이어 전두엽에서 새로운 파동이 뒤따르는 것이다.

그렇다면 항상 새로운 것에만 관심을 가질까? 처음엔 그럴 수 있지만 나중에는 반드시 그렇지는 않는다. 4개월 된 아기와 놀아줄 때 엄마는 아기에게 상대적으로 비슷한 두 개의 물건을 단순히 구별하는 임무를 준다. 이때 아기는 어떤 것이 새 장난감인지 구별할 만큼 충분한 단기 기억 흔적을 유지할 수 있어서 새로운 장난감을 탐구하고 싶어 한다. 하지만 동시에 물건과의 경험을 통해, 어떤 물건을 선택할지 결정하는 데 있어서는 다른 특성들을 사용한다. 한 물건의 정서적인 가치가 중요해지는 것이다. 그래서 새로운 동물 인형 대신 잠잘 때 옆에 놓아두는 익숙하고 친근한 낡은 토끼 인형에 더 관심을 나타낼지도 모른다.

범주화

아기 뇌에 설치된 흥미로운 특징 중 하나는 정보를 '범주화'할 수 있는 능력이다. 범주화는 학습을 돕는 절차로, 정보를 단위별로 비교할 수 있는 능력이다. 생후 몇 달이 되지 않았을 때도 외적인 모습에 따라 범주화를 시작한다.

한 연구진이 3~4개월 된 아기들에게 개와 고양이 사진을 보여주었다. 처음에는 차례로 일곱 장의 각기 다른 고양이 사진을 보여줬다. 털 색깔도 다르고, 어떤 고양이는 웅크리고 있었고, 어떤 고양이는 서 있는 사진이었다. 몇 개의 사진을 본 후, 아기들은 이내 흥미를 잃고 다음 고양이를 볼 때 시선을 오래 고정시키지 않았다. 하지만 개 사진 한 장을 보자, 개 사진을 새로운 무언가로 인지하면서 갑자기 관심을 보이며 사진을 더 오래 보았다. 개와 고양이를 구별한다는 것은 아기들이 고양이들 사진에서 공통된 특징을 분류해야만 한다는 것을 의미한다. 즉, 대부분 고양이는 개보다 더 둥근 얼굴을 가지고 있고, 개는 고양이보다 더 긴 얼굴을 가지고 있어, 개의 긴 얼굴 모양은 고양이 범주에 맞지 않는다는 것을 알아야 가능한 것이다.

7개월 된 아기들은 두 날개를 펼친 새들 사진과 하나의 비행기 사진을 볼 때, 날개를 가지고 있다는 시각적 유사성에 기초해서 새와 비행기를 하나의 범주로 본다. 하지만 9~11개월 된 아기들은 두 개를 다른 범주로 취급한다. 그때쯤이면 아이들은 비행기 사진이나 실제 하늘을 나는 비행기를 본 적이 있으며 새소리를 들었거나, 새가 모이를 쪼는 것을 본 적이 있다. 유아들은 생김새 이외의 기준으로 사물들을 분류하기 시작한다. 일상생활을 통해 겪는 경험과 사물들은 무엇으로 만들어졌고, 그것들은 무슨 일을 할 수 있는가에 대한 경험이 쌓인 덕분에, 이제 아기들은 생김새와 구조, 기능에 따라 다른 범주를 만들 수 있게 된다. 이렇게 범주화를 사용하는 것은 세상에 대한 '개념' 형성의 시작이다.

눈앞에 없는데도 마음속에?

유명한 스위스인 생물학자이며 아동 심리학의 개척자인 장 피아제는 자녀들과 놀면서 어떻게 아이들이 발달하는지에 대해 많이 배웠다. 한번은 5개월 된 딸에게 작은 장난감을 보여주고 몇 초 동안 놀게 했다. 그러고 나서 그는 서서히 장난감을 치우고 딸의 시야에서 사라지게 했다. 딸은 장난감을 찾지 않았다. 딸아이에게 있어서는 장난감은 '사라진' 것이다. 몇 개월 후에 피아제는 같은 것을 반복했다. 그러나 이제 딸은 쉽게 속지 않았다. 딸아이는 장난감을 찾았다. 피아제는 아이가 이제 사물이 눈앞에 없더라도 계속 존재한다는 것을 알았다고 말했다.

피아제는 또한 7개월 반이 안 된 유아는 자신이 성공적으로 가져다 놓았던 위치에 물건이 없으면 숨겨진 물건을 찾지 못한다는 것을 최초로 관찰했다. 9개월 된 아기가 숨겨진 장난감을 더 잘 찾을 수 있는 중요한 이유는 아기가 작동기억이라고 하는 마술 도구를 발달시켰기 때문이다. 이것이 아기가 장난감을 보지 못하는 동안 그 표상, 즉 장난감의 위치에 대한 그림을 켜둘 수 있게 해주는 것이다.

오늘날 심리학자들은 5개월 된 유아가 이미 사물 영속성이 발달했다고 믿으며 유아들이 보이지 않는 곳에 있는 사물들을 찾는 데 어려움을 겪는 이유를 다른 곳에서 찾을 수 있다고 생각한다. 예를 들면, 아기는 사물을 잡기 위해 팔을 사용할 수 없을지도 모른다. 즉, 계획을 실행에 옮기기 어렵고, 개월 수가 더 된 아기들에 비해 사물의 위치를 마음속에 유지하는 것이 어려울 수도 있다.

유아의 작동기억 발달을 알아보기 위해서 심리학자들은 피아제에 의해 소개된 '숨긴 물건 찾기'라고 하는 간단하고 재미있는 놀이를 사용한다. 집에서도 할 수 있다. 숨겨진 물체에 대한 아기의 기억이 얼마나 향상되었는지 보고 싶다면 몇 주마다 해볼 수 있다. 우선, 아기에게 두 개의 컵을 보여준다. 그러고 나서 아기가 좋아하는 장난감을 두 컵 중 한 컵(A) 아래 숨긴다. 그리고 두 컵을 모두 천으로 덮어 장난감을 볼 수 없게 한다. 1~2초 후에 아기가 장난감을 찾을 수 있도록 팔을 뻗치게 둔다. 그러면 아기들은 보통 장난감을 숨기는 장면을 보았기 때문에 장난감이 있는 컵 쪽으로 손을 뻗친다. 그렇게 몇 번 장난감을 같은 컵(A) 아래 놓고 찾는 놀이를 한다. 그러고 나서 아기가 지켜보는 가운데 이번엔 장난감을 옆에 있는 컵(B)으로 옮겨 놓고 똑같이 천으로 덮는다. 이때 팔을 뻗쳐 쉽게 닿을 수 있는 거리에 장난감이 있으면 아기는 장난감을 찾는다.

하지만 장난감을 찾기 전에 몇 초 동안 기다리게 하면서 주의를 다른 데로 돌리게 하면 대부분의 6개월 된 아기들은 장난감이 없는 컵(A)에 손을 뻗쳐 결국 장난감을 찾지 못한다. 이를 '숨긴 물건 찾기 오류'라고 한다.

장난감의 정확한 위치를 찾아내기 위해서는 물건을 찾기 전 중간 휴지 시간에도 장난감의 위치에 대한 기억이 유지되어야만 한다. 이는 아기가 두 물체를 동시에 보는 인지기억 시험에서는 더 어렵다. 이제 어떤 힌트도 없기 때문에 아기는 장난감의 이미지(표상)와 위치를 기억하기 위한 작동기억의 도움을 필요로 하는 것이다.

아기들은 자라면서 중간에 휴지 시간이 길더라도 숨긴 물건 찾기 놀이에서 숨겨진 장난감의 위치를 기억할 수 있게 된다. 아델 다이아몬드에 따르면 7개월 된 아기들은 중간 휴지 시간 2초, 1년이 되면 10초에서 물건을 제대로 찾을 수 있다. 마사 벨과 네이선 폭스는 기억할 수 있는 시간의 증가는 전두엽의 전기 활동의 변화에 반영된다는 것을 발견했다. 이것은 전두엽이 작동기억에 어떤 역할을 한다는 것을 보여준다.

새끼원숭이의 뇌 기능과 작동기억에 대한 연구 결과들은 유아에 대한 발견을 뒷받침한다. 새끼원숭이가 '숨긴 물건 찾기'와 유사한 놀이를 했을 때, 연령에 따라 기억력의 범위가 증가하고, 전두엽의 전기 활동의 변화를 수반했다. 과학자들은 이 활동이 주로 이마 바로 앞부분, 즉 전전두엽피질에서 일어난다는 것을 발견했다. 전전두엽에 있는 특수 뉴런 집단이 원숭이가 그의 보상물에 손을 뻗기 전에 기다려야만 할 때 매우 활동적이었다. 이러한 뉴런의 분출로 물건 찾기가 지연되는 시간 동안 기억이 유지될 수 있는 것이다.

아델 다이아몬드는 숨긴 물건 찾기 놀이의 아주 중요한 측면을 제기했는데, 실제로 아기들은 장난감이 없는 쪽으로 손을 뻗치기 전에 흘끗 장난감이 있는 쪽을 본다는 것이었다. 아기들은 전에 장난감이 있던 위치에 손을 뻗으려는 충동을 거부할 수가 없는 것 같았다. 하지만 두 달이 지나면 이런 자동적인 충동을 거부할 수 있게 되는데, 이는 아기들이 장난감이라는 목표물에 손을 뻗기 위해서 자신의 행동을 이끌 수 있게 된다는 것을 나타낸다. 이러한 능력은 전전두엽피질, 해마, 운동피질의 협동을 통해 가능하다. 아기는 기억을 형성하고 결정을 내려 근육들에게 해야 할 일을 알려준다.

생후 7개월부터 1년간 전전두엽피질의 발달은 한창 진행 중이다. 이를 알 수 있는 방법 중 하나는 전전두엽피질이 얼마나 많은 에너지를 쓰고 있는지를 측정하는 것이다. 새로운 이미지화 방법들은 뇌의 주 연료인 포도당이 얼마나 많이 뇌의 특정 영역을 차지하고 있는지를 측정할 수 있게 해준다. 전전두엽피질은 이 기간 증가하는 포도당의 양을 소비한다. 거기서 뉴런은 새롭게 많은 연결들을 이루고, 학습에 필요한 신경전달물질인 글루타메이트를 받아들일 더 많은 수용기들을 자라게 한다. 덧붙여 전기신호 전달은 더욱 효율적이게 된다.

기 억

아기들은 자신의 행동과 그에 따른 결과를 연상함으로써 학습한다. 즐거운 결과가 오면 그 행동을 반복할 것이다. 캐롤린 로베-콜리에와 동료 연구자들은 연상하고, 기억하고, 그에 따라 행동하는 아기의 능력 발달에 관해서 연구했다.

아기들은 가끔 재미로 허공에 발차기를 한다. 모빌이 가볍게 흔들리면 미소를 짓는다. 로베-콜리에는 아기의 발에 리본을 묶고 아기 침대 위에 걸려 있는 모빌에 연결했다. 발차기가 빨라지자 모빌이 움직여 아기를 기쁘게 했다. 아기들은 강한 발차기와 모빌의 움직임을 재빨리 연상시켜 더 자주 발차기를 했다.

개월 수가 많은 아기일수록 모빌 장난을 더 오래 기억할 수 있었다. 2개월 된 아기들은 하루만 기억했다. 3개월 된 아기들은 8일까지 기억할 수 있었다. 6개월이 되자 아기들은 14일 동안 기억했다. 기억력이 이렇게 좋아지기 위해서 뇌에서는 도대체 어떤 일이 일어나고 있었던 걸까?

단순히 처음부터 개월 수가 적은 아기들은 개월 수가 더 많은 아기들만큼 기억 형성을 못하기 때문일 수도 있다. 하지만 이 연구에서 세 연령 집단 전체가 이 모빌 장난을 같은 시간 학습했기 때문에 개월 수가 더 많은 아기들과 마찬가지로 개월 수가 적은 아기들도 발차기와 모빌의 움직임 간의 관계를 성립시킬 수 있었다.

그러면 개월 수가 더 적은 아기들의 기억이 단지 칠판에 쓰여 있는 분필 글씨처럼 지워진 것일까? 아니면 단순히 기억을 찾지 못하는 것일까? 이것을 밝히기 위해 연구자들은 세 달 된 아기들 집단을 만들어 모빌을 움직이도록 훈련시켰다. 연구자들은 3개월 된 아기들은 8일이 지나면 모빌 장난을 기억하지 못한다는 것을 관찰했었기 때문에, 아기들이 훈련받은 것을 충분히 잊을 수 있도록 한 달을 기다리게 했다.

그러고 나서 실험 바로 전날 아기들의 절반을 모빌이 설치된 유아용 침대에 눕히고 모빌을 흔들어줬다. 아기들은 쳐다보기만 했다. 다음날 모든 아기들은 모빌이 있는 유아용 침대로 돌아왔다. 전날 모빌의 움직임을 본 아기들만이 침대에 눕자마자 빠른 발차기를 시작했다. 기억은 항상 거기에 있었던 것이다. 단지 기억을 되살려줄 자극이 필요했던 것이다. 이렇게 힌트를 주는 것을 기폭제라고 한다. 기폭제는 기억을 되살리고 지금의 상황과 관련시켜 연상할 수 있도록 해준다. 이것은 일상생활 속에서 우리 모두가 관찰할 수 있는 중요한 것이다. 어머니의 생신을 잊었다가도 꽃집을 지나치다 갑자기 기억나는 것, 바로 그것이다.

관찰로 배우기

사람들의 행동은 아기들에겐 마술적 매력으로 비춰져 아기들이 모방하도록 부추긴다. 몇몇 과학자들에 따르면 신생아들조차 어른의 입 움직임을 흉내 내려고 노력한다. 다른 사람을 모방한다는 것은 새로운 행동을 배우고 언어를 습득하는 데 있어 효율적인 수단이다. 9~12개월 사이의 아기들은 일상생활 속에서 관찰한 행동들을 모방하기 시작한다. 아기들에게는 이 닦기, 빗을 가져다가 머리 빗기, 수화기 귀에 대기, 종알거리기, 연필 쥐기, 종이에 낙서하기 등은 재미있는 놀이다.

생후 6~7개월쯤부터, 아기는 다른 사람들의 행동을 보고 즉시 따라할 뿐만 아니라 심지어는 본 것을 기억해서 나중에 이러한 행동들을 재현한다. 레이첼 콜리와 할린 헤인은 아기들의 손이 닿지 않는 위치에, 작은 장난감을 펠트지 보드 위에 놓고 6개월 된 유아에게 보여줬다. 그러고 나서 연구자 한 명이 보드에서 장난감 하나를 골라서 특정한 방식으로 가지고 논다. 예를 들어, 인형이 점프할 수 있도록 끈을 잡아당긴다. 그리곤 다른 인형들을 골라서 가지고 논다. 이 행동들을 아기들이 충분히 관찰할 수 있도록 각각의 활동을 6회 반복한다.

24시간 후에, 연구자의 행동을 관찰한 실험 집단과 관찰하지 못한 집단이 펠트지 보드를 가지고 놀도록 했다. 그러자, 장난감 놀이를 관찰한 아기들이 관찰하지 못한 아기들보다 전날 연구자가 사용한 장난감들을 더 많이 가지고 놀았다. 그리고 자신들이 본 행동들을 정확히 모방했다. 아기들은 직접 사물을 만지거나 움직이지 않고도 학습하고 기억할 수 있는 것이다.

심지어는 실제 사람이 눈앞에서 행동하는 것을 볼 필요도 없다. 앤드루 멜트조프는 9개월 된 아기에게 TV를 통해 한 사람이 두 가지 색깔의 블록을 다루는 장면을 순서대로 보여줬다. 이를 시청한 후, 아기들은 그 행동을 따라했다. 심지어 24시간 후에도 반복했다.

놀이를 통해 배우기

아기에게 세상을 탐험한다는 것은 모두 놀이다. 그리고 놀이는 아기들이 자라면서 더욱 복잡해진다. 처음에는 입 안과 입 주위에 있는 감각수용기들이 중요하다. 아기가 하는 탐색 대부분은 입을 통한다. 그러다가 점차 이러한 탐험은 손이나 시각을 통해 이루어진다. 6개월쯤 아기는 사물을 이리저리 돌려보거나 뚫어지게 보다가 이내 입으로 가져가면서 한 번에 한 개의 사물을 조작한다. 그러나 몇 개월이 지나면 블록과 같은 개별적인 물체 두 개를 합치고 부딪쳐 소리를 내기 시작한다.

만약 5개월 된 아기에게 가지고 놀 몇 개의 장난감을 탁자에 놓아준다면, 장난감을 입에 넣거나 2분 정도 쳐다보다가 옆으로 치우거나 바닥에 떨어뜨릴 것이다. 하지만 두 달 정도 후에는, 장난감이 바닥에 떨어질 때 나는 소리에 흥미를 보일 것이다. 이제 아기는 우연히 발견된, 관심을 끌 만한 결과를 가져오는 행동들을 반복하기 시작한다. 이 단계에 아기들은 열쇠를 바닥으로 떨어뜨리고, 숟가락으로 시금치를 툭 던지고, 장난감 망치로 큰 못을 박는다. 부모들은 지치겠지만 이것을 통해 아기들은 인과관계에 대한 소중한 수업을 받고 있다는 것을 명심해야 할 것이다.

흥미로운 한 연구를 통해 유아는 생후 1년이 되어갈 때 '수단-목적' 과정이라는 하나의 목표를 달성하기 위한 일련의 단계를 수행할 수 있다는 것을 알 수 있다. 아기들은 탁자 위에 팔이 닿지 않는 거리에 놓여 있는 장난감을 본다. 그리고 팔이 닿는 곳에 천이 있는데 이 천 끝에는 장난감과 연결된 줄이 있다. 가벼운 장애물이 아기와 아기에게 가장 가까운 천 끝 사이에 세워진다. 12개월 된 아기들은 장애물을 제거하고, 천을 잡아당겨 끈을 잡고, 다시 잡아당겨서 장난감을 얻는다.

이 시기쯤 처음으로 임무를 완수했다는 기쁨의 표현으로 미소를 보이기 시작한다. 아기의 미소는 "내가 해냈어!"라고 말하는 것 같다. 하나의 과제를 완수했다는 이 미소는 자아를 발견하는 길을 향해 한 걸음 더 나아간 단계를 의미한다. 그러다가 일단 임무 완수 가능성이 확실해지고 도전의 가치가 떨어지면 특별한 흥미를 느끼지 못하고 임무를 완수할 때도 더 이상 미소를 보이지 않는다.

여러분의 자녀가 하는 발견은 정말 놀라운 것이다. 물체들이 특정한 물리적 성질을 가지고 있다는 것과 그것이 어떻게 공간에 위치하는지에 대한 무언가를 배운 것이기 때문이다. 아기는 자신의 행동이 즐거운 결과를 가져올 수 있다는 것을 발견한다. 아기의 작동기억은 인상들을 저장하고 그것을 새로운 인상들과 비교하게 한다. 이 작동기억 덕분에 자동적인 충동에 저항하고 자신의 행동을 통제할 수 있는 것이다. 기억할 수 있는 정보의 양도 늘어난다. 이제 아기는 단순한 계획과 전략을 세워 실행하기 시작한다. 탐구할 새롭고 흥미진진한 사물들을 사방에서 발견한다. 자신의 세계를 알아갈 시간은 아주 많다.

두려움의 출현

낙천적인 에밀리는 빛나는 눈과 해맑은 미소로 주변에 있는 모든 사람들을 기쁘게 하는 쾌활하고 사교적인 아기다. 낯선 사람들조차도 에밀리를 들어올린다. 그래서 엄마 데보라에게는 이런 에밀리가 7개월 되었을 때, 친할머니가 방문하자 소란을 피운 것이 충격이었다. 에밀리가 좋아하는 할머니가 플로리다에서 겨울을 보내고 막 돌아오셔서 그저 사랑스런 손녀를 팔에 안고 싶어 하셨을 뿐이다. 할머니가 귀여운 손녀에게 다가가자 에밀리는 잠시 주의 깊게 살피더니 이내 얼굴에 먹구름이 드리워진 것처럼 얼굴을 찌푸렸다. 그러더니 몇 번 숨을 몰아쉬다가 슬픔이 가득한 울음을 터뜨렸다. 할머니의 마음은 너무 아팠다. 데보라는 어머니와 아기, 둘 다 동시에 위로해야 했다.

약 7~10개월 때 대부분의 아기들은 낯선 사람의 관심이나 자신을 돌보는 사람(대부분 엄마)과 떨어지는 것에 가끔 아주 부정적으로 평소와 다르게 반응하기 시작한다. 이러한 행동은 아프리카, 중앙 아메리카, 유럽, 미국, 중동에서 자란 아이들에게 공통적으로 나타나므로 문화적 배경과는 무관하다. 하루 종일 엄마가 돌보든, 다른 어른이 돌보든, 아니면 대부분의 시간을 육아 시설에서 보내는지와 큰 상관이 없는 것으로 보인다. 낯선 사람이나 상황일수록 더욱 더 유아들은 불안한 기색을 보인다.

3~4개월 되었을 때, 아기들은 익숙한 것과 익숙하지 않은 것을 완전히 구별할 수 있다. 그러나 3~6개월 된 아기들은 거의 모든 사람에게 밝게 웃는다. 그렇다면 왜 아기들은 약 9개월이 되었을 때 낯선 사람의 손길에 갑자기 소란을 피우는 것일까? 이러한 행동은 보편적으로 나타나는 것이기 때문에 아기의 뇌 안에서 일어나는 변화들과 관련이 있다고 가정할 수 있다. 하나의 가능성은 향상된 작동기억의 능력과 관련이 있다는 것이다.

개월 수가 좀 더 많아지면 낯선 사람이 다가오는 것을 보고, 아는 사람들에 대한 저장된 기억과 낯선 모습을 재빨리 비교할 수 있게 된다. 이렇게 하기 위해서 아기는 엄마의 이미지와 낯선 사람의 이미지를 비교하는 동안 기억 저장소에서 예를 들면 엄마의 모습을 찾아 기억해내야 한다. 그 비교가 불안정하기 때문에 아기는 무서워하고 울기 시작하는 것이다.

엄마로부터 떨어지는 고통도 유사한 과정 때문일 수 있다. 엄마가 아기를 떠나면, 아기는 갑자기 혼자 남겨진 익숙하지 않은 상황과 엄마가 있는 익숙한 상황을 비교한다. 불확실한 느낌은 두려움으로 바뀌어 아기는 우울한 표정을 짓다가 이내 울고 만다.

작동기억의 발달과 함께 아기의 신경계에서는 또 다른 중요한 변화가 일어난다. 생후 첫해의 후반기 동안 아기의 대뇌피질과 위험할 때 조치를 취하게 하는 구조인 편도체 사이의 연결이 강하게 형성된다. 이제 대뇌피질은 더 많은 정보를 제공할 수 있다. 위의 경우는 "조심해, 이 사람은 전에 본 적이 없는 사람이야" 혹은 "엄마가 나를 떠날 거야"와 같은 정보다. 편도체와 피질이 들어오는 정보를 동시에 처리하기 때문에 인지적 과정과 감정적 과정은 같이 작동하는 것이다.

보호자로부터 떨어졌을 때 아이들이 보이는 개별적인 반응에 대한 몇 편의 흥미로운 연구에서 피질의 관여를 볼 수 있다. 10개월 된 아기를 두고 엄마가 방을 나가면, 어떤 아기들은 바로 울기 시작한다. 어떤 아기들은 언짢은 감정을 보이기 전에 망설인다. 이 집단은 하버드 연구팀이 4개월 된 아기들을 대상으로 실시한 높은 반응을 보이는 아기들과 낮은 반응을 보이는 아기들 연구와 비교될 수 있다. 흥미롭게도 두 집단은 보호자가 방을 나가기 전에도 뇌의 전기 활동 양식에서 차이점을 보인다. 리처드 데이비슨, 네이선 폭스, 마사 벨, 그리고 낸시 존스가 실시한 뇌파검사를 보면, 오른쪽 전두엽에서 더 많은 활동이 일어나는 아기는 더 즉시 우는 경향이 있는 반면, 왼쪽 전두엽에서 더 많은 활동이 일어나는 아기는 울기 전에 더 기다리는 경향이 있었다.

또한 연구자들은 낯선 사람이 10개월 된 아기에게 다가올 때와 엄마가 다가올 때에 따라 뇌파검사 반응이 다른 것을 관찰했다. 낯선 사람이 나타났을 때, 유아들의 오른쪽 전두엽에서 상대적으로 더 많은 활동이 일어났고, 엄마가 나타났을 때는, 왼쪽에서 더 많은 활동이 나타났다. 전에도 봤듯이 부정적인 인상은 우반구에 의해서, 긍정적인 것은 좌반구에 의해서 처리되는 경향이 있다.

아기가 두려움을 느끼는지 여부가 반드시 사건 그 자체에 달려 있는 것은 아니다. 오히려 그 상황을 통제할 수 있는지 없는지에 달려있다. 만약 아기에게 낯선 사람을 가늠할 시간도 주지 않고 갑자기 낯선 사람이 달려와 아기를 잡는다면, 이때 아기가 소란을 피운다고 탓할 수 없을 것이다. 연구에 따르면 아기들은 자신의 의지로 낯선 방에 들어가거나, 자신이 알 수 있을 때 낯선 사람이 다가오는 것에 대해 덜 두려워하는 것으로 나타났다. 한 연구에서는 돌배기 아기들에게 항상 두려움을 주었던 장난감들이 아기들이 그 장난감의 행동을 통제할 수 있을 경우, 재미난 장난감으로 바뀔 수 있다는 것을 보여줬다. 아이들의 절반에게는 심벌즈 치는 원숭이 인형을 움직이게 할 수 있는 기회를 주었다. 나머지 아이들에게는 원숭이 인형 자체가 심벌즈를 치는 것을 보여줬다. 원숭이 인형을 조절할 수 있었던 아이들은 그렇지 않은 아이들보다 덜 놀랐고 심지어 원숭이의 익살스러운 짓에 미소를 지었다.

도전과 고통

초기부터 아기의 밝은 새 세상에도 이따금씩 먹구름이 낀다. 배고픔으로 인한 고통, 예방접종 시 피할 수 없는 순간적 통증, 축축한 기저귀로 인한 불쾌감이 그렇다. 아기가 자라면서 앞으로 신경 써야 할 일들의 목록도 늘어난다. 그 목록은 즉각적으로 일어나는 물리적인 사건뿐 아니라 무슨 일이 일어날지 모른다는 불확실성도 포함한다. 엄마가 방을 떠나거나 낯선 사람이 나타날지도 모른다는 불확실성이 예가 될 수 있다.

새로운 인생에서 겪는 아기의 경험 일부는 이러한 도전들에 대처하는 것을 배우는 것이다. 3장에서 보았듯이, 아이들은 낯선 사건에 대해 개별적으로 다른 예민함의 정도를 보인다. 그러나 일상생활 속 경험과 함께 생물학적 · 인지학적 발달 역시 낯선 상황에 반응하는 태도에 영향을 미친다.

미네소타의 메간 구나와 동료 연구자들은 아기들이 자신이 싫어하는 상황에 어떻게 반응하는지, 그 차이를 연구하기 위해서 아기들에게 어느 정도 무난한 스트레스가 될 만한 정기검진 절차를 이용했다. 정기검진을 받으러 갈 때 아기들은 옷을 벗고 체중을 재기 위해 체중계에 놓인다. 이는 아기에게 전혀 해가 되지 않는 과정이지만 즐거운 과정도 아니다. 연구자들은 아기의 행동을 기록하고 현재 타액의 코티솔 수준을 측정했다. 아기가 당황스런 상황을 마주하면 시상하부는 부신에게 코티솔 호르몬을 분비하도록 명령한다.

출생부터 3개월까지는 건강검진 시 아기들의 타액 코티솔이 간헐적으로 높은 수준으로 올라갔다. 그러나 3개월 정도가 되자 아기 몸은 이전보다 덜 예민하게 반응했고 코티솔 반응은 더욱 안정되었다. 이 시기에 울고 불고 하는 일이 감소하는 것은 대뇌피질이 피질하의 구조를 통제하기 시작하기 때문일 수 있다. 3~15개월까지 무난한 정도의 스트레스에 대한 코티솔 반응은 점차 감소했다.

아기가 6개월이 되었을 때 연구자들은 흥미로운 관찰을 했다. 발가벗고 체중을 재는 것에 대한 코티솔 반응이 점점 감소했기 때문에 연구자들은 아기의 몸은 예전보다 덜 민감하게 스트레스를 느낀다고 가정할 수 있었다. 하지만 이러한 사실에도 불구하고 유아들은 그 전보다 더욱 격렬하고 요란하게 반항을 하기 시작했다. 이러한 반응은 실제 생물학적인 스트레스와 연관된 것이 아니라 이 시기에 나타나는 새로운 인지능력과 관련이 있었다. 기억력이 더욱 향상되기 때문에 아기는 데자부 현상을 더 많이 경험할 수 있다. 아기는 그 방의 느낌과 옷을 벗고 몸무게를 재고, 주사를 맞고, 낯선 사람이 다가오고 하는 일련의 불쾌한 사건들을 연결한다. 또한 자신의 반응이 다른 사람들에게 영향을 줄 수 있다는 것을 배우기 시작한다. 그래서 아기들은 요란하게 반항하는 것이다.

생 각 해 볼 질 문 들

왜 소아과 검진이 중요한가요?

아기들이 정기검진을 받아야 하는 이유는 이 시기에 너무나 많은 일들이 일어나기 때문입니다. 종합검진은 일반 건강, 신체 성장, 감각 기관과 운동 기관의 발달, 발성, 수면과 식습관, 놀이, 사회적 행동으로 구성됩니다. 의사에게 아기를 키우면서 신경 쓰이던 것이 있으면 어떤 것이든 물어볼 수 있는 좋은 기회인 것입니다.

아기와 노는 동안 무엇을 주의 깊게 봐야 하나요?

아기와 함께 노는 것은 아기에 대해 더 잘 알게 되고 아기가 무엇을 할 수 있는지 관찰하는 아주 멋진 시간입니다. 당연히 자녀를 주위에 있는 다른 아기들과 비교할 것이고, 특정 연령에 따라 아기들이 무엇을 하는지에 대해 잡지와 책에서 읽거나 다른 어머니로부터 들을 것입니다. 더 낫고, 더 빠르고, 더 효율적인 것을 요구하는 이 바쁜 세상에서, 아기들이 자신의 두뇌 발달 속도에 따라 발달할 시간이 필요하다는 것을 명심하는 것이 아주 중요합니다. 아기는 모든 새로운 인상을 받아들이고 스스로 발견할 시간이 필요합니다. 아기를 재촉하지 마세요. 그러나 만약 신경 쓰이는 것이 있다면 주저하지 말고 소아과 의사와 상담하세요.

아기가 어떻게 자신의 몸을 발견하고 근육과 감각들을 통제하는지 지켜보세요. 단순한 동작을 통해 중요한 기능을 연습한다는 것을 알 수 있습니다. 한 손이 다른 손을 만지는 것은 두 손을 동시에 사용하는 법을 배우는 시작 단계입니다. 자신의 손을 볼 때, 눈과 손의 협동을 연습하는 것입니다.

아기가 어떤 종류의 놀이를 가장 좋아하는가를 관찰해보세요. 반드시 교육적인 장난감을 살 필요는 없습니다. 아주 소리가 크고, 색이 화려하고, 기능이 다양한 장난감도 곧 구석으로 내몰리거나 잊힐 수 있습니다. 어떤 아기들은 부드럽고 포근한 동물 인형을 선호하는 반면, 어떤 아기들은 열쇠꾸러미나 주방 용품에 더 관심을 보입니다. 유아들은 모든 감각을 통해 들어온 정보를 결합시키는 법을 배웁니다. 새로운 소리를 듣는 걸 즐기고, 질감과 모양을 느끼는 것과 밝은 색을 보는 걸 좋아합니다. 아기는 새로운 물체에 더 흥미를 보입니다. 그러므로 한꺼번에 모든 인형이 아기를 둘러싸게 하는 것보다 장난감 몇 개만을 탐색하도록 내버려두는 것이 낫습니다.

돌이 지난 아기들은 관심 있는 물건을 갖는 것에 좀 더 능숙해지기 때문에 장난감을 얻을 수 있는 전략을 발달시키도록 도와주는 놀이를 고안할 수 있습니다. 장난감 앞에 장애물을 세워 아기가 치우도록 하거나 상자 안에 넣어두세요. 조금씩 노력을 필요로 하는, 즉 도전적인 일을 제시함으로써 아기의 집중력과 끈기를 북돋울 수 있습니다. 또한, 유머감각을 유지하세요. 아기가 우유 한 잔을 얻기 위해서 식탁보를 끌어당기거나 무엇이 들어 있나를 보기 위해 핸드백에 있는 물건을 모두 꺼내는 등, 자신의 방식대로 놀이를 할 수도 있으니까요.

음악은 아기의 두뇌 발달에 영향을 끼치나요?

아기의 두뇌를 발달시킨다고 주장하는 클래식 음악 테이프와 CD의 홍수를 우리는 어떻게 생각할까요? 부드러운 선율은 어른 아이 할 것 없이 모두에게 기쁨과 편안함을 준다는 것을 반박할 사람은 아무도 없을 것입니다. 어떤 성인들은 음악을 듣는 동안 명상의 상태를 체험하여 더 생산적이고 창의적인 느낌을 갖습니다. 하지만 말, 놀이, 움직임 등과 같은 다른 자극에 노출되었을 때보다 음악을 들을 때 두뇌가 더 빨리 발달한다는 믿을 만한 증거는 없습니다.

만약 당신이 가수로 성공할 꿈을 가지고 있었다면 지금이 기회입니다. 아기에게는 소프라노나 바리톤이건 상관없이 욕실의 부모가 여러 가지 노래를 할 수 있는 유일한 사람입니다. 가사를 외우지 못해도 상관없습니다. 사실 노래를 부르면서 가사를 맘대로 지어서 부를 수도 있습니다. 노래를 부르는 것은 하나의 의사소통입니다. 기분을 편안하게 하고 아기도 좋아하니까요.

아기가 탐험하는 주위 환경을 어떻게 안전하게 만들 수 있을까요?

아기에겐 기어 다닐 만한 안전한 공간이 필요합니다. 굴러떨어질 수 있는 계단이나, 목구멍에 걸리는 작은 물건, 전기가 흐르는 곳 등을 피해야 합니다. 방 안 탐험은 공간감을 길러주고 근육 운동을 하게 해줍니다. 하지만 항상 자유롭게 돌아다닐 필요는 없습니다. 이메일에 답장을 하거나 저녁을 준비하는 동안, 잠시 아기를 놀이울에 둘 수도 있습니다. 거기서 아기는 사람들이 무엇을 하는지 보고 들을 수 있으며 큰 방해 없이 흥미로운 장난감들에 집중할 수도 있으니까요.

생후 1년이 되어갈 때쯤 아기들은 두 손을 사용하여 잘 놀 수 있으며, 엄지와 검지를 이용해 작은 물건을 집어 올리는 연습을 합니다. 입을 사용하여 탐색을 많이 하기 때문에 위험한 물건은 가까이 두면 안 됩니다. 여기서 위험한 물건이란 깨지기 쉬운 것, 크기가 아기 입에 딱 맞는 것, 뾰족한 것, 독성물질로 색칠된 것 등입니다. 핀, 손톱깍이, 클립, 땅콩도 주의하세요.

아기에게 읽기를 가르치기 시작하는 게 좋을까요?

얼마 전 BBC 학습 채널 프로그램에서 엄마가 6개월 된 딸에게 크게 대문자로 적힌 '개'와 '고양이' 같은 쉬운 단어들로 이루어진 흰색 낱말 카드를 보여주며 아기에게 천천히 또박또박 읽어주는 것을 봤습니다. 그 후 바로, '아기에게 읽기를 가르치는 법'이라는 책을 발견했는데, 그 책에서 저자는 아기의 눈이 큰 글자에 집중하자마자 부모들은 아기에게 읽는 법을 가르치기 시작하라고 제안합니다. 심지어 이 책은 읽기 연습이 아기의 시각을 자극한다고 주장했습니다. 엄마가 아기의 주의를 끄는 것에 조금 즐거워할지도 모르지만, 아기가 시각 훈련이 필요하다거나 이런 교육적인 노력이 나중에 바른 독서 습관을 가져온다는 근거는 어디에서도 찾아볼 수 없습니다. 아기의 뇌는 이러한 종류의 추가적인 자극을 이용할 준비가 아직 되어 있지 않기 때문입니다.

05
위안과 소통

아기는 처음에는 보호자와, 나중에는 주위 사람들과 나눌 유대감 형성을 준비하며 세상에 태어난다. 보호자와의 친밀한 유대를 통해 아기는 새로운 세상에서 길을 찾는 데 필요한 안전함을 얻는다. 아기와 아기를 돌보는 보호자 사이의 관계를 유대감으로 얽혀 있다고 말할 수 있겠지만, 정확히 꼬집어 설명할 만한 마땅한 표현을 찾기 어렵다. 이 유대감을 측정할 수 있는 충분한 방법이 없기 때문이다.

인간을 포함한 영장류는 친밀한 신체 접촉을 통해 아기를 키운다. 엄마는 아기에게 젖을 줄 뿐 아니라 쓰다듬고 안는다. 아기를 안고 만지는 것은 강력한 감정적 유대를 만든다. 즉, 이는 아기가 불안하고 고통스런 순간에 자신을 돌보는 보호자를 쳐다보게 될 것이라는 뜻이다. 보호자란 두려움을 진정시키고 위로해줄 수 있는 최상의 사람들이다. 아기들은 점차 아빠와 친밀해진다. 왜냐하면 아빠들도 아기를 안고 어를 수 있기 때문이다.

주위에 있는 사람들과 친밀한 관계를 형성하기 위해서는 따뜻하고 지속적인 환경이 필요하다. 이러한 관계는 몇 주 내에 형성될 수 있는 게 아니다. 관계가 발전하는 데는 수년이 걸린다. 그래서 입양한 자식과도 끈끈한 연대가 만들어질 수 있는 것이다. 만약 보호자가 아이들을 무시하고 그들의 요구에 적절하게 반응해주지 않으면, 아이들은 나중에 다른 사람들과의 관계를 형성하는 데 어려움을 겪을지도 모른다.

한 연구가 아기와 보호자 간의 상호작용이 아기의 스트레스 수준에 단기적으로 영향을 미칠 수 있다는 것을 보여준다. 9개월 된 아기가 30분 동안 엄마와 떨어져서 낯선 보모와 함께 남겨졌다. 보모가 다정다감하고 쾌활한 경우, 아기의 침샘에서는 어떠한 코티솔의 증가도 보이지 않았다. 그러나 보모가 냉정하고 거리감을 준 경우, 아기의 코티솔 수준이 증가하여 아기들의 기분은 가라앉았고 더 쉽게 화를 냈다. 이 아기들에겐 다정다감하고, 반응도 잘해주는 보모가 가장 도움이 되었다.

특정한 스트레스 상황에 대한 아이의 반응은 많은 요소에 기인한다. 기질의 차이가 그중 하나다. 기질에 따라 어떤 아이는 다른 아이보다 스트레스 상황에 더 격하게 반응한다. 그러나 자라면서 경험이 가장 중요한 요소가 된다. 아이와 보호자 간의 건강한 관계는 아이에게 안 좋은 상황에 대처하고 균형을 찾을 수 있는 안전한 기초를 제공하는 것이다.

가사 없는 노래

아기들이 울기만 하는 것은 아니다. 첫 단어를 말하기 훨씬 전부터 사회적인 상호작용을 가능하게 하는 다양한 언어를 지니고 태어난다. 세상과 나누는 첫 상호작용은 지극히 정서적이다. 유아들은 보듬어줄 때나 따스하게 꼭 안아줄 때 반응을 보인다. 아기는 나지막한 말이나 부드러운 자장가에 위안을 받는다. 불편하거나 고통스러울 때는 팔이나 다리를 흔들어서 표현한다. 시각적 정보를 인지하고 통합할 수 있게 되면서 표정에 나타나는 감정적인 신호를 읽을 수 있게 된다. 돌 무렵 혼자서 첫 걸음마를 시작했을 때와 마찬가지로 언어의 세계에 들어올 준비를 한다.

만약 2개월 된 아기와 말을 하고 있는 엄마를 지켜본다면, 심리학자들이 엄마와 아기의 '이중창'이라는 음악적 용어를 사용한 것이 놀랍지 않을 것이다. 엄마는 부드럽게 말하고 아기는 마치 단어 하나하나에 주의를 기울여 듣는 것처럼 골똘히 바라본다. 그러고 나서 엄마는 조용하다. 아기의 미소와 옹알이 소리를 기다리는 것이다. 다니엘 스턴은 이를 '조율'이라고 부른다. 그것은 말없는 대화, 즉 감정적인 경험의 공유인 것이다.

심지어는 소리 없이도 감정이 표현된 얼굴을 보거나 그대로 흉내 냄으로써 의사소통의 길을 튼다. 에드워드 트로닉과 제프리 콘은 엄마와 아기가 얼마나 자주 동시에 같은 표정을 짓는가와 서로를 위해 얼마나 자주 자신들의 행동을 바꾸는가를 관찰했다. 가장 어린 아기는 3개월이었고, 가장 큰 아이가 9개월이었다. 각각의 엄마는 앉은 채 아기를 보며 기쁜 표정이나 슬픈 표정 중 하나를 지었다. 엄마가 웃을 때 아기는 더 흥미를 느꼈고 또한 기쁜 표정을 보였다. 엄마가 얼굴을 찌푸리면 아기는 더욱 부정적인 표정을 지었다. 이런 표정의 일치는 일종의 대화였다.

놀랍게도 이 연구의 저자들은 처음엔 아기와 엄마 표정이 일치하지 않았던 횟수가 3분의 2라는 것을 발견했다. 그러나 몇 분 안에 서로 표정을 맞춰나간다는 것을 발견했다. 엄마와 마찬가지로 유아도 맞추기 시작했다. 자라면서 감정 표현을 조정할 수 있는 능력 또한 커진다. 다른 사람의 감정 표현을 느끼고 반응할 수 있다는 것은 의사소통에 있어 중요한 초기 단계이다. 보고, 듣고, 사회적 상호작용에 참여할 기회를 가질 때 비로소 아기는 타인과 그들의 감정 표현에 대해서 배울 수 있는 것이다.

그 특별한 미소

미소가 인간 삶에 있어 아주 중요한데도 더 많은 관심을 받지 못하는 것이 놀랍다. 오히려 불안과 공포가 미소나 웃음보다 훨씬 더 많은 연구주제가 되는 경향이 있다. 아기의 미소가 보호를 유도하는 사교적 미소라면, 정작 아기가 태어날 때는 왜 미소를 띠지 않는 것일까? 출생 시 미소의 부재는 진화론적 관점에서 인간이 몇 개월 일찍 태어난다는 흥미로운 추측과 관련이 있을 수도 있다.

출생 시 아기의 얼굴 근육은 이미 미소 지을 준비가 되어 있다. 우리는 때때로 아기의 입술이 좋은 일을 회상할 때 씩 웃는 것처럼 옆으로 늘어나는 것을 볼 수 있다. 하지만 이것은 기쁨의 표현이 아닌 반사작용이다.

생후 3주 된 아기의 뺨을 부드럽게 쓸어주면 아기의 희미한 미소를 볼 수 있다. 처음에는 입가 주변만 조금 움직이다가 한 주가 더 지나 아기 앞에서 고개를 끄덕끄덕하면 일시적인 미소를 보여줄지도 모른다.

이제 곧 특별하고 확실한 첫 번째 진짜 미소를 볼 수 있다. 아기가 당신을 쳐다볼 것이다. 이번에는 입술뿐만 아니라 눈도 함께 움직인다. 말하자면 이제 아기는 모든 것을 보여주는 것이다. 아기의 시각과 청각은 더욱 예리해지고 대화에도 보다 적극적으로 참여하게 된다. 아기의 얼굴은 이제 기쁨으로 가득 차 있다.

까 꿍 !

까꿍 놀이는 아기와 부모 모두에게 보편적으로 통하는 놀이다. 아기가 약 6개월이 되어 유아용 자리에 행복하게 앉아있을 때 엄마는 두 손으로 얼굴을 가린다. 그러면 아기는 몇 초간의 불안으로 잠시 얼굴이 어두워진다. 그러다가 가리고 있던 손을 내려 웃는 얼굴을 보여주면 아기는 활짝 웃는다. 얼마 지나지 않아 아기는 얼굴로 두 손을 가져가 까꿍 놀이에 참여하게 된다.

미네소타 대학의 스루페와 에버렛 워터스는 유아기의 미소에 대한 고찰에서 미소는 사교적 즐거움을 나타내는 신호 이상의 의미를 가지고 있다고 제시했다. 미소는 또한 새로운 물건에 대처하는 능력과 관련이 있다. 아기는 어떤 상황이 새롭다는 것을 알아차릴 수 있고 그 상황에 대한 순간적인 불안을 감지한다. 그러다가 자신의 계산에 상황을 맞추면 긴장이 풀린다. 이것은 혼자 일어섰다거나 좋아하는 장난감을 잡는 등 스스로 성취할 수 있다는 것을 깨달았을 때 나타난 성취의 미소 속 기제와 비슷하다.

아기는 미소 지을 뿐 아니라 웃을 수도 있다. 4개월에 확실한 웃음을 유도하는 방법은 입술로 부르르 소리를 내거나 키스를 하거나 아기의 배에 간지럼을 태우는 것이다. 약 2개월이 더 지나면 배에 간지럼을 태우기 전에 웃기 시작할 것이다. 아기는 재미를 예상하는 즐거움을 보인다.

돌이 될 무렵, 아기들은 재미있는 상황에 웃기 시작한다. 예를 들어 엄마가 펭귄 흉내를 내면서 뒤뚱뒤뚱 방을 가로질러 걸을 때 아기는 웃는다. 재미있는 상황을 알아차린다는 것은 아기 두뇌에 있어 꽤 큰 성과다. 아기는 엄마가 펭귄이 된 상황이 새롭다는 것뿐 아니라 그 상황에 대한 무언가 이상한 것이 있음을 알아차린다. 자신이 생각한 것과 상황이 부합하지 않기 때문에 잠깐 어리둥절하다가 곧 펭귄이 엄마라는 것을 알고 웃는다. 이것은 엄마의 얼굴이 잠깐 사라졌다가 기적적으로 다시 나타나는 까꿍 놀이와 다소 비슷하다. 아기의 순간적인 불안이 안도로 바뀌는 것이다.

신호 읽기

때로 아기가 왜 하필 가장 부적절한 순간을 골라 소란을 피우는지 의아할 것이다. 그것은 마치 아기가 대기 속에 있는 긴장을 알아채는 육감을 가진 것처럼 보인다. 맞다. 아기는 높아진 음성, 빨라진 발걸음, 손길의 긴장을 감지한다. 아기가 주위에 있는 어른들의 행동에 예민하다는 사실은 새로운 일에 대처하는 방법 등에 있어 긍정적인 영향을 미친다. 부모가 낯선 사람을 대하는 방식은 낯선 이에 대한 두려움을 아기가 어떻게 표현하는지에 영향을 미친다. 7~10개월 유아에게서 전형적으로 나타나는 행동에 영향을 미친다. 훌륭한 모방자인 아기는 옆에 있는 부모가 낯선 사람에게 긍정적으로 접근하면 그 사람에게 덜 부정적으로 반응하거나 심지어는 긍정적으로 반응한다. 그러므로 새로운 보모를 대할 때 너무 서둘러서 보모와 아기가 친밀한 접촉을 하도록 하지 말고, 우선 다정한 미소로 맞이하고 편안한 목소리로 서로 이야기를 나눠야 한다.

돌이 다가올 때쯤 아기는 부모의 반응을 감지할 뿐 아니라 부모에게 어떤 행동을 안내받기 위한 신호를 사용한다. 만약 아기가 작은 탁자 위에 놓여 있는 카메라를 보았고 엄마는 만지지 말라고 말하면, 아기는 카메라에 손을 뻗치기 전에 잠시 머뭇거리며 엄마를 쳐다볼지도 모른다. 아기는 이렇게 말하는 것처럼 보인다. "이게 뭔지 잘 모르겠어요. 어떻게 생각하세요?"

이런 불확실한 상황에서 아기가 얼마나 자주 엄마를 보는지, 그리고 어떻게 힌트를 얻는지는 개인별로 아주 다를 수 있다. 그것은 아기의 기질, 나이, 집중력, 유사한 상황에 대한 과거 경험에 따라 다르다. 연구에 따르면 아기들은 엄마와 아빠의 눈치를 똑같이 본다. 이런 '사회적 눈치'는 매일매일 일어나는 어른과 아기 간의 상호작용에 있어 아주 중요한 특징이다. 이러한 상호작용을 통해서 아이들은 긍정적인 반응을 가져오는 행동과 실망스러운 행동을 구별하기 위해서 자신의 행동을 모범으로 삼아 경험으로 배우는 것이다. 사회적 눈치는 기준을 세우는 근간이 된다. 그러므로 아기가 부모의 눈치를 볼 때는 "돼, 안 돼"를 같은 상황에서 항상 일관되게 말해주고, 그에 맞는 표정을 함께 해준다. 이를 위해서는 아기를 관찰하는 것이 중요하다.

소리에서 말까지

신생아에게 말을 건넬 때 우리는 마치 아기가 우리가 말하는 모든 단어를 이해할 수 있는 것처럼 행동한다. 우리는 기쁨과 격려의 미소와 함께 중요한 단어를 반복하고 강조한다. "우리 아기, 착하네!"라고 말할 때, 아기는 그 단어의 뜻을 하나하나 알지는 못한다. 하지만 자라면서 그 말의 느낌을 바로 알게 된다. 마치 우리가 외국어로 된 오페라 아리아 속의 감정을 느낄 수 있는 것과 흡사하다. 말의 어조는 감정적인 메시지를 전달한다. "기상, 일어날 시간이야"와 같이 올라가는 어조는 주의를 끌고, "우리 아기, 착하네!"처럼 고음의 부드럽게 커지는 어조는 격려해주는 어조이다. 또한 "자, 이제 잠자리에 들 시간이에요."와 같이 차분하게 떨어지는 어조는 편안함을 준다. 그리고 "안 돼! 그만!"처럼 짧은 단어의 연속은 허락하지 않는다는 것을 보여준다.

아기들은 말 속에 있는 감정 이상을 알아챈다. 동시에, 언어의 체계를 이해하고 사용하는 단계를 세울 수 있는 기본적인 능력을 습득 중이다. 부모가 아기에게 건네는 언어는 언어가 어떻게 조합되는지 배울 수 있도록 도와줄지도 모른다. 성인들의 언어에 비해 부모가 아기에게 건네는 말은 중요한 음을 과장되게 강조하고, 억양이 분명하고, 문장과 문장 사이 휴지 기간이 길기 때문에 아기들은 언어에 대한 더 많은 힌트를 받는다.

출생 시 유아의 뇌는 이미 말소리의 차이점을 각인한다. 이것은 후에 아기가 사람들의 말을 이해하는 데 있어 중요한 능력이다. 아기는 단어의 의미를 아는 데 있어 아주 중요한 소리들을 인지할 수 있어야 할 것이다. 단어의 의미를 바꾸는 언어의 가장 작은 구성 단위를 음소라고 한다. 예를 들어, 영어에서 'big'의 'b'와 'pig'의 'p'가 음소다.

약 6개월 때까지 아기들은 다른 언어에서 발생하는 소리의 차이를 찾아낼 수 있다. 그러다가 경험이 쌓이면서 구별할 수 있는 소리의 범위가 생기고, 12개월쯤에는 외국어 소리보다 모국어 소리에 더욱 민감하게 반응한다. 예를 들면 4개월 된 일본 아기는 'l'과 'r' 소리의 차이를 구별할 수 있지만 점차 이러한 능력을 잃어버린다. 왜냐하면 아기들의 주변 환경에서 'r'이 발음되는 것을 들을 수 없기 때문이다. 그러나 이것이 나중에는 적절한 훈련을 해도 소리를 구별하는 법을 배울 수 없다는 것을 의미하는 것은 아니다.

목울림소리와 옹알이

태어나는 순간부터 유아는 자신이 소리를 낼 수 있다는 것을 우리에게 충분히 전달한다. 그러나 이러한 강력한 도구에 대한 잠재력을 탐험할 시간이 필요하다. 처음에 부모들은 배고파서 우는 소리와 아파서 우는 소리를 구분할 수 있다. 아플 때는 울음이 날카롭게 터져 나온다. 시간이 지나면서 울음은 주목해 달라고 부르는 쪽으로 바뀐다. 외롭거나, 지루하거나, 장난감을 갖고 놀고 싶다는 뜻이다. 하지만 아기들이 울기만 한다는 말은 맞지 않다. 신생아들조차도 화난 소리도 내고, 한숨도 내쉬며, 작은 소리로 중얼거리며 만족을 표현한다.

약 3~4개월쯤, 아기는 나지막히 '우'와 '아' 소리를 내기 시작하는데 이를 쿠잉(cooing), 즉 목울림소리라고 한다. 이 시기에 아기의 후두는 어른의 위치까지 내려가고 이제 호흡과 혀와 입 근육을 더욱 잘 조절할 수 있다. 아기는 가끔 주위에 아무도 없을 때 목울림소리를 낸다. 이것은 소리를 가지고 장난치는 아기들만의 놀이 방식일 수 있다. 이 놀이를 할 때는 혼자가 아닌 듯 자신의 목소리를 듣는 걸 좋아하는 것 같다.

목울림소리로 아기들은 새로운 의사소통 수단을 얻는다. 아기에게 목울림소리를 건네면 소리를 따라 하려고 입술을 오므리거나 옆으로 늘린다. 그러고 나면 아기는 먼저 목울림소리를 내서 대화를 시작한다. 즉, 한 사람이 말하면 한 사람이 듣는 것을 번갈아 하는 것이다.

목울림소리는 일종의 음악적 언어이다. 아기가 목울림소리를 내기 시작할 때쯤 아기 뇌의 좌반구에 있는 언어 영역에 상응하는 우반구에서 중요한 변화가 일어난다. 뉴런의 수상돌기가 급속도로 증가하며 더 길게 자라 다른 뉴런들과 연락한다. 우반구가 말의 감정적인 부분을 처리하는 것에 더 관련되어 있다고 알려진 반면, 좌반구는 어휘와 조음을 설계하는 센터를 포함한다. 대부분 사람들의 언어 기능은 주로 좌반구에 위치한다. 이것은 오른손잡이 · 왼손잡이와도 관련된 상황이다. 오른손잡이의 96%는 언어 기능이 좌반구에 집중되어 있다. 왼손잡이들 중 70% 역시 좌반구에 언어 센터를 가진 반면, 나머지 30%는 우반구나 좌우반구 양쪽에 걸쳐 분포되어 위치한다.

리처드 데이비슨과 케네스 후그달은 보는 것과 듣는 것 같이 외부 공간의 특정한 지점들을 목표로 하는 정신적 기능들은 좌우반구에 대칭적으로 나타난다고 제시했다. 반면 언어, 감정, 문제 해결과 같이 특정한 위치에 관련되지 않은 작용들은 좌우반구에 대칭적으로 나타나지 않고, 대신 어느 한쪽에 고도로 전문화된 구성 요소를 가지고 있다. 이 전문화된 요소들을 운용할 수 있기 때문에 뇌가 정보를 처리할 수 있는 많은 방법이 가능한 것이다.

초기 언어에 기울이는 아기의 노력은 미국, 스위스, 브라질, 인도네시아 등 어디에서 태어났거나 비슷하다. 이러한 이유에서 몇몇 과학자들은 아기가 내는 첫 번째 소리가 우리 선조들이 입에서 나오는 소리로 의사소통할 수 있음을 발견했을 때 사용하던 소리라고 추측한다. 아기는 단순하게 턱을 움직이거나, 입을 벌리고 닫거나, 혀를 움직임으로써 첫 소리를 만들어낸다. '마-마'와 '바-바' 같은 쉬운 소리가 처음으로 나온다. 그런 후에 '다-다'와 같이 혀가 필요한 소리가 이어진다. '고-고'나 '코-코' 같이 입 속 뒤쪽에서 근육을 필요로 하는 소리들은 나중에 나온다.

유럽과 미국에 사는 부모들은 아기가 태어나자마자 말을 건넨다. 마치 아기가 자신들이 하는 모든 단어를 이해할 수 있는 것처럼 말이다. 물론 아기들은 이해하지 못한다. 그러나 아기들은 놀라울 정도로 빠른 시간 내에 말을 이해하기 시작한다. 존 홉킨스에서 실시된 최근 연구는 신생아를 두고 있는 부모의 마음을 따뜻하게 할 소식이다. 아기가 특정한 사람이나 사물의 것으로 인식하는 첫 말이 '엄마'와 '아빠'라는 것이다. 6개월 된 유아들을 각각 엄마나 아빠의 무릎에 앉혀 두 개의 TV 모니터를 보도록 했다. 한 화면에서 아기는 엄마의 모습이 있는 비디오를 보고 다른 화면에서는 아빠의 모습이 있는 비디오를 봤다. 다음으로 합성된 중성적인 목소리가 "엄마"나 "아빠"라고 소리 내자 아기는 지명된 부모를 더욱 오래 쳐다봤다. 8개월에 이미 아기는 사물과 그것의 이름을 동일시하게 된다. 그리고 10개월 정도가 되면 아기는 스스로 엄마를 엄마로 아빠를 아빠로 지칭해서 말할 것이다.

옹알이부터 첫 단어까지

왜 아기는 말을 시작하기 전에 먼저 더 많은 단어를 이해하는 것일까? 그 이유는 그냥 따라서 말하는 것일지라도 실제로 소리를 내는 것은 복잡한 절차이기 때문이다. 말을 하기 위해서는 한 단어의 소리를 인식해야 할 뿐만 아니라, 그것들을 조합해야 한다. 유아가 한 단어를 반복적으로 들으면 그 단어들의 개별적인 소리들을 함께 묶는다. 뇌에 일종의 '지도'를 만드는 뉴런들과 통신하는지도 모른다. 연습을 통해 지도들은 아기들이 소리를 더 잘 따라 할 수 있게 수정되고 강화된다.

4~7개월 사이에 유아의 언어 능력 향상에 중요한 변화가 뇌에서 일어난다. 아기가 듣는 소리를 처리하는 청각령과 1차 운동 영역의 앞부분이 더 효율적으로 연결된다. 이러한 연결은 아기가 말소리를 더 잘 듣고 들은 것을 자신만의 소리로 패턴화할 수 있게 만든다.

6~10개월 사이에 아기들은 목울림소리 레퍼토리에 뚜렷한 음절을 더하기 시작한다. 그리고 말과 비슷한 일련의 선율을 늘어놓기 시작하는데, 이것을 옹알이라고 한다. 옹알이는 소리를 듣는 것과 직접적으로

연관된 것 같진 않다. 왜냐하면 난청인 아기들도 6개월쯤 되었을 때 보통 옹알이를 시작하기 때문이다. 그러나 난청인 아기들은 9개월쯤에 옹알이를 멈춘다. 이것으로 볼 때, 청력은 옹알이가 발전하여 실제의 말이 되는 데 있어 필요하다는 것을 알 수 있다. 옹알이 소리는 실제 아기가 대화를 나누는 것처럼 성인들이 일상에서 사용하는 말과 충분히 유사하다.

유아가 모국어 소리를 내기 위해서는 정확하게 입과 목구멍을 조절해야 가능하다. 근육과 뇌에 있는 근육 통제 센터가 발달하는 데도 시간이 필요하다. 말을 하는 데 필요한 협동적인 동작들이 미리 프로그램 되어야 하는데, 이 역할은 좌반구의 브로카 영역에서 담당한다. 이 영역은 언어 장애와 특정 피질 부분과 관련이 있다는 것을 발견한 인류학자이자 외과의사인 피에르 브로카의 이름을 따서 만들어졌다. 명령을 내리는 수장으로서, 브로카 영역은 운동피질에게 '바-바-기-고' 같은 원하는 소리를 만들어내기 위해서 어떤 근육을 활성화시키라고 말한다. 옹알이를 시작할 때쯤 브로카 영역에 있는 뉴런은 급속도로 발달한다. 이제 이 영역에 있는 수상돌기가 갑자기 더 길게 자라면서 뻗어 나가 새로운 연결을 만들 차례다.

돌 무렵, 아기들은 새로운 의사소통 능력을 활발히 사용한다. 특정한 방향을 보면서 옹알이를 하다가 갑자기 열심히 귀 기울여 들어주면 첫 단어가 나온다. 어떤 아기들은 첫 돌이 되기도 전에 엄마, 아빠라는 마술 같은 단어들을 말한다. 반면, 어떤 아기들은 몇 개월 더 부모들을 기다리게 한다.

아기는 주위에서 듣는 말 빼고는 어떤 특별한 자극 없이 말을 배운다. 하지만 아기를 둘러싼 사회 환경의 본질적인 부분이 영향을 미치는 것 같다. 비록 1831년에 쓰인 보육 관련 책에서 저자가 교육에 관해 다음과 같은 말을 적은 것을 읽으면 미소가 번질 수도 있겠지만 말이다.

"네덜란드인들의 장중함과 프랑스인들의 쾌활함은 유아를 다루는 태도가 다르기 때문이다. 네덜란드인들은 아기들을 안정된 상태로 가만히 두지만, 프랑스인들은 아기를 가만히 놔두지 않고 여러 가지 생생한 장난을 보여준다."

배리 휴렛과 마이클 램의 최근 연구는 중앙아프리카에 있는 두 이웃 부족 간의 각기 다른 육아 방식의 영향을 보여주었다. 연구자들은 아카족 엄마들이 응간두족 엄마들보다 더 자주 아기를 안아주는 반면, 응간두족 엄마들은 장시간 아기를 혼자 내버려둔다는 것을 발견했다. 일반적으로 아카족 아기들은 덜 울고, 더 차분한다. 그러나 응간두족 엄마들은 말을 통해 아기에게 자극을 주는 경우가 많고 결과적으로 응간두족 유아들은 아카족 아기들보다 더 많이 웃고 말을 많이 하는 경향이 있다.

1년이라는 짧은 시간에 아기는 자율적인 면에서나 사회적인 면에서나 놀랄만한 발전을 한다. 무의식적으로, 아기들은 다른 사람들의 행동에 영향을 미치는 법에 대해 배운다. 어떤 게 더 많은 관심을 끌까? 다정한 미소일까? 아니면 큰 울음소리일까? 아기들은 사람들의 감정적인 신호를 해석하는 법을 배워 자신의 행동을 조정하는 데 사용한다. 엄마의 무서운 표정은 "안 돼", 웃음은 "계속 해"라는 의미다. 유아는 몸짓, 표정, 말소리 등 의사소통의 기본적인 도구와 첫 인사를 한 것이다.

생각해 볼 질문들

아기에게 수화를 가르치는 게 좋을까요?

최근 유명 잡지에 실린 글들은, 아기가 말을 하기 전에 수화를 가르치면 아기들의 좌절이나 불안이 줄어들어 의사소통 능력을 향상시킬 수 있다고 제안합니다. 하지만 이 가설에 대한 증거는 없습니다. 대신에 아기들이 이미 가지고 있는 많은 능력에 주목하는 게 더 나을 수 있습니다. 아기들은 어른들을 주의 깊게 보면서 표정을 사용하는 법을 배웁니다. 아기는 목소리 톤을 조절하고, 고개를 돌려버리거나, 원하지 않은 물체에 손사래를 치며, 원하는 장난감을 가리키는 등의 몸짓을 사용합니다. 아기들은 모방을 통해 배우기 때문에 어른들은 유아가 해석하는 법을 배울 수 있는 명확한 신호를 주어야만 합니다. '된다, 안 된다'를 말할 때와 그에 맞는 표정을 지을 때는 일관되게 해야 합니다.

아기의 두려움을 진정시키려면 어떻게 해야 하나요?

항상 휘파람을 불며 희희낙락할 필요는 없지만, 아기가 두려움을 느낄 수 있는 상황이 되면 차분하고 자신감 있는 태도를 취하려고 노력할 수는 있습니다. 낮은 어조로 이야기하고 아기가 갑자기 새로운 사물이나 낯선 사람을 대면하지 않도록 해야 합니다. 아기가 장난감 광대인형을 무서워한다면 아기가 스스로 손을 뻗어 닿을 수 있는 곳에 인형을 놓아둘 수 있습니다. 어떤 아기들은 다른 아기들보다 더 겁이 많은 경향이 있는데 이는 신경계의 구성 때문입니다. 이러한 이유로 아기는 새 보모와 친해지는 데 더 많은 시간을 필요로 할지 모릅니다.

정기검진 과정에서 아기가 경험하는 스트레스에 대해 걱정할 필요는 없습니다. 이때금 단기적으로 스트레스를 주는 일상생활의 사건들은 아기의 건강에 어떠한 부정적인 영향도 끼치지 않습니다. 위안을 주는 말과 포옹이 최고의 약입니다.

아기가 밤에 잠자도록 도와주려면 어떤 방법이 있을까요?

아기를 침대로 데려가는 것은 정말 힘든 일입니다. 특히나 회사에서 힘든 하루를 보내고 편안한 의자에 파묻혀 쉬고 싶을 때는 더욱 그렇습니다. 익숙한 일과를 만들어 놓으면 취침시간이 더 쉬워집니다. 저녁식사와 취침시간 사이를 서서히 긴장이 풀리는 시간이라 생각하세요. 아기는 아마도 8시에서 10시 사이에 밥을 먹을 것입니다. 그 후에는 어떠한 신나는 놀이도 잠이 오는 걸 방해해서는 안 됩니다. 조용히 말하고 부드러운 노래를 부르세요.

파티에서 늦게 집에 오거나 프로젝트로 인해 밤을 지새울 때를 생각해보세요. 몸은 지쳤는데 잠은 잘 오지 않습니다. 그것은 마치 흥분 상태 때문에 잠자기에 가장 좋은 시간을 놓쳐버린 것과 같습니다. 아기들도 마찬가지입니다. 아기가 가장 잘 잠들 것 같은 시간을 관찰해서 방해하지 마세요.

생후 첫 몇 개월 동안은 새로운 환경에 적응할 시간이 필요합니다. 그러다가 5~6개월이 되면 대부분의 아기들은 잘 적응합니다. 이제 사건들을 관련시키는 능력은 한 단계 큰 도약이 됩니다. 울면 엄마나 아빠가 방으로 들어올 것이라는 것을 배울 수 있습니다. 즉, 스스로 진정이 안 되는 것이 습관이 될 수도 있습니다. 이때가 아기들이 스스로 진정할 수 있는 방법을 찾도록 도와줄 시기입니다. 확인차 방에 들어간 경우는 전등을 아래로 해서 아기를 깨우는 것을 피해야 합니다.

잘 자라는 인사를 하고 나서 불을 끄고 방에서 나가려고 하면 울기 시작하는 아이들에 대해 들어봤을 것입니다. 이는 놀라운 일이 아닙니다. 이제 아기는 불이 꺼지면 혼자가 될 것이라는 것을 알 수 있는 능력이 되어 그 사실이 즐겁지 않은 것입니다. 이런 습관이 들기 전에 특별한 취침시간 의식을 시도해볼 수도 있습니다. 먼저 불을 끄고, 조용히 방을 나가기 전에 잠시 동안 어두운 방안에서 함께 조용히 노래를 부르거나 놀이를 합니다. 그러면 아기는 불을 끄는 것이 반드시 엄마 아빠가 방을 떠난다는 것을 의미하지 않고 어둠도 재미있을 수 있다는 걸 배웁니다. 이 방법은 가끔 꽤 효과적입니다.

육아 시설은 아이의 발달에 어떤 영향을 미칠까요?

1975~1997년 사이에 7세 이하의 아이 엄마로, 시간제 근로자를 포함해 밖에서 일하는 미국 엄마들의 수가 30%에서 62%로 증가했습니다. 이 비율은 영국과 유사합니다. 아기들이 3~5개월일 때 대부분의 엄마들이 직장으로 돌아옵니다. 이는 오늘날 대부분의 아이들이 다양한 보육 상황에서 7년을 보낸다는 것을 의미합니다. 따라서 미국의 국립아동보건 인간발달 연구소는 집 밖 육아의 영향에 대한 장기적이고 포괄적인 연구를 실시합니다. 이 연구소는 미국 인구를 대표하는 1,300명의 어린이 집단으로 시작해 그중 대부분의 아이들의 생활을 7년에 걸쳐 추적했습니다. 잠정적인 성과가 2003년에 나타났습니다.

가장 큰 규모로 시행된 연구 중 하나는 이 연구소의 육아연구 네트워크가 실시한 연구로, 생후 4년 5개월에 걸쳐 육아 시설에서 보내는 시간과 아이들의 사회정서적 적응, 사회적 자신감, 문제 행동 간의 상관관계를 연구했습니다. 결론은 다음과 같습니다. "생후 4년 5개월에 걸쳐, 어떤 육아 시설이든지 상관없이, 육아 시설에서 보낸 시간이 많으면 많을수록, 54개월 때와 유치원 다닐 때, 어른들과 더 많은 외적인 문제와 갈등을 보여줍니다."(외적인 행동들은 짜증 내거나, 소리 지르기, 물기, 때리기, 다른 사람 발로 차기와 같은 행동을 말합니다.)

조기두뇌시작 프로그램과 오스트리아와 이스라엘에서 실시된 육아 관련 연구들의 결과를 종합한 또 다른 연구에서, 존 러브와 동료 연구자들은 다른 결론을 내렸습니다. "사회정서적 발달의 경우는 육아의 양만이 상관이 있다는 제언과 달리, 육아의 질이 중요하다는 증거를 발견할 수 있었다."

러브와 동료 연구자들은 두 연구의 결과가 다른 것은 그러한 결과가 나온 특정한 상황 때문이라고 제언합니다. 그래서 연구자들은 모든 자료의 축적된 결과를 통해 육아의 양과 질 모두가 아이 발달에 영향을 미친다는 것과 관련된 더 완전한 정보를 제공하기를 바랍니다. 이 연구에 있는 자료는 어떤 하나의 큰 집단 안에서 통계적인 상관관계를 나타내는 것이고 인과관계를 보여주는 것이 아니라는 것을 기억하는 게 중요합니다.

부모는 외적으로 드러나는 아이의 지나친 행동 성향과 어른과의 갈등 성향을 가볍게 보아서는 안 됩니다. 비협조적인 행동과 자아 통제 결핍은 모든 연령의 어른들과 좋은 관계를 형성하지 못하게 해서 긍정적인 학습의 기회를 감소시킬 것입니다. 아이를 좋아하고 자격을 잘 갖춘 직원들이 있는 육아 시설을 찾으세요. 아이를 돌보는 사람은 집에서와 육아 시설에서 나타나는 아이의 행동에 대해 이야기를 나눌 수 있는 협력자여야만 합니다. 그렇게 해야지만 개별적인 아이의 기질과 필요에 따라 교정도 가능할 수 있습니다.

가끔 부모들은 많은 시간 동안 육아 시설에 자녀를 맡기면 아이가 부모와 거리감을 느낄 것이라는 걱정을 합니다. 그러나 아동보건과 인간발달 연구소의 연구 결과에 따르면, 아이들이 집에 있건, 육아 시설에 있건 간에 친밀함에 있어서는 차이가 없었습니다. 오히려 이러한 친밀감은 아이의 필요를 부모가 얼마나 잘 알아채느냐와 적절한 부모의 육아 방식에 의해 더 영향을 받는 경향이 있었습니다.

아동보건 인간발달 연구소의 이 새로운 자료는 아이가 집 밖 육아 시설에서 많은 시간을 보내든지 아니면 주로 집에서 돌보든지 간에, 가족의 성격이 중요하다는 것을 확인시켜줍니다. 특히 아이와 엄마의 관계의 질은 취학 전 아이들의 인지적 · 언어적 · 사회정서적 발달에 영향을 미칩니다. 그래서 부모 교육이 중요합니다. 부모 교육을 통해 부모는 아이의 기질과 발달을 이해하고 육아 시설에서 아기를 돌봐주는 이들과 함께 최상으로 협력할 수 있는 것입니다.

제3부 생후 2년

에밀리를 위한 촛불 두 개

1년 전 생일잔치 때보다 얼마나 방이 달라졌을까? 기어 다니던 아이들은 보폭은 짧지만 빠른 걸음으로 열심히 구석구석을 탐험하는 아장아장 걷는 아이가 되었다. 일반적으로 이 시기 아이들은 함께 노는 대신 나란히 앉아 따로 놀지만, 자신과 타인을 개인으로 인식하면서 언어를 사용하는 법을 발견하기 시작한다.

초인종 소리가 울리자, 에밀리는 친구인 소냐와 소냐의 엄마를 맞이하기 위해 쏜살같이 문으로 달려간다. 소냐가 리본이 묶인 반짝이는 상자를 에밀리에게 건네주자 에밀리의 눈은 빛난다. 매튜와 스티븐은 소냐 뒤를 바짝 따른다. 이내 방은 종종걸음으로 달리는 발소리와 걸음마쟁이들의 재잘거림으로 가득하다.

애나는 엄마 곁에 착 달라붙어 불안한 파란 눈으로 방을 둘러보더니 떨리는 입술 밖으로 엄지를 빼고는 울기 시작한다. 애나의 엄마는 데보라에게 "여기 있어도 괜찮을까?"라고 묻자 데보라는 괜찮다고 대답한다. 몇몇 다른 엄마들 역시 그냥 있기로 한다.

잠시 아이들은 방바닥에서 즐겁게 놀이를 한다. 매튜는 입으로 자동차 소리를 내면서 주위에 있는 큰 파란 블록 하나를 자동차인 듯 민다. 소냐는 호루라기를 불고 스티븐은 천장에 매달린 여러 가지 색깔의 풍선들에 빠져 있다. 애나가 구석에 놓인 곰 인형을 잡자마자 토미가 달려와 애나를 민다. 애나는 바닥에 넘어져서 울기 시작한다. 에밀리는 서둘러 친구를 위로한다. 스티븐은 "토미 나빠."라고 중얼거린다. 토미의 엄마가 토미를 꾸짖자, 소리를 지르고 격하게 팔다리로 몸부림친다. 데보라는 토미의 엄마가 토미를 집으로 데려가길 바란다.

이제 케이크와 아이스크림을 먹을 시간이다. 에밀리는 두 개의 생일 촛불을 끄고, 엄마가 케이크 조각을 나눠주는 것을 도와준다. 아이들은 수저로 아이스크림을 먹고 플라스틱 컵으로 주스를 마시는 데 온 정신을 쏟는다. 그러고 나서 아이들은 일어나 장난감들이 기다리고 있는 방으로 돌아간다.

데보라는 아이를 데리러 온 첫 번째 엄마가 초인종을 눌렀을 때 그 소리를 거의 듣지 못한다. 토미와 토미 엄마는 이미 서둘러 갔고, 데보라는 에밀리의 얼굴에 묻어 있는 케이크 조각을 닦아준 후 테이블을 치우기 시작한다. 다른 엄마들도 방 정리를 도와주고 그릇들을 부엌으로 가져간다. 엄마들이 일하는 동안 우리는 아이들의 첫 번째와 두 번째 생일 사이에 이루어진 큰 발전을 살펴보도록 하자!

06 발견

걸음마쟁이의 세계는 내외부적으로 급속도로 확장된다. 돌아다닐 수 있고, 기구를 조작할 수 있다는 것이 발견을 향한 가능성들을 넓혀준다. 언어 능력의 성장은 의사소통을 향상시킨다. 내부적으로 아기는 자아를 인식하게 되고, 기억할 수 있는 양도 훨씬 많아지며, 사물에 대해 결론을 이끌어내는 추론적 능력과 같은 새로운 사고방식을 습득한다. 동시에 아기는 다른 사람의 감정과 의도를 알게 된다. 1년 전만 해도 신생아였던 이 작은 탐험가는 이제 상황을 살피기 시작한다. 그동안 이 모든 것을 가능하게 한 걸음마쟁이들의 뇌에서 무슨 일이 일어나는지 추적하는 과정은 활기찬 두 돌배기들이 있는 방을 살펴보는 것과 같다.

돌아다니기와 들어가기

에밀리의 첫 생일잔치 때는 유아 손님들 대부분은 바닥을 기어 다녔다. 몇몇 아이들은 서 있거나 한두 걸음 정도 머뭇머뭇 걸었지만 말이다. 이제 모든 아이들이 걷는다. 두 돌배기 매튜는 혼자서 문을 열고 계단을 오르락내리락 하고, 한 손으로 벽을 짚어 몸을 지탱하면서 한쪽 발을 먼저 놓고 다른 발을 같은 보폭으로 옮겨 놓는다. 스티븐은 풍선 끈을 잡으려고 깡총 뛸 수 있다.

아이들이 자기 혼자서 이렇게 잘 돌아다닐 수 있는 이유는 근육이 자랄 시간이 있었기 때문이다. 근육들에게 명령을 내리는 뇌 부분이 맡은 임무를 더 잘 수행할 수 있게 된 것이다. 비록 작은 걸음마쟁이들이지만 뇌에서 발끝까지의 여정은 길다. 뇌의 신호는 척수에 있는 운동 신경의 긴 축삭까지 내려가야 한다. 그러면 이제 축삭들은 수초층으로 둘러싸인다. 수초는 이웃 축삭이 방해하지 못하도록 하며 '누전'이 일어나는 것을 막는다. 그래서 운동피질에서 나오는 신호가 다리와 발 근육으로 더욱 빠르고 효율적으로 전달된다. 척수 신경의 효율성이 이렇게 향상된 덕분에, 대소변을 가리는 것과 관련된 괄약근과 방광 근육의 수의적 통제가 가능하다. 수초화는 남아들보다는 여아들에게서 더 빨리 일어난다. 사회적인 요소를 바탕으로 수초화 시기의 차이가 남아들보다 여아들이 더 빨리 대소변을 가리는 이유를 설명할 수 있을지도 모른다.

소뇌 역시 걷는 동작에 있어 중요하다. 소뇌는 운동피질과 척수로부터 정보를 받는다. 의도와 결과가 항상 일치하지 않기 때문에 소뇌는 원래 계획된 것에서 변화를 감지하면 운동피질에게 바꾸라고 통보한다. 생후 1년과 2년 사이에 소뇌와 운동피질을 연결하는 신경섬유는 수초화에 박차를 가하게 되어 둘의 협동은 상당히 강화된다.

수저 사용하기

1년 전만 해도 에밀리는 케이크와 아이스크림을 손으로 뭉개서 정작 입에 들어간 것은 얼마 되지 않았다. 이제 에밀리는 숟가락을 이용해서 정확하게 음식을 먹을 수 있다. 숟가락으로 먹을 수 있다는 것은 그 문화의 기술을 숙달해가는 아이의 여정 위의 큰 발걸음이다.

암허스트에 있는 매사추세츠 대학의 마이클 매카시와 동료 연구자들은 유아가 다루기 쉬운 도구들을 사용하는 법을 배우는 과정을 연구했다.

연구자들은 아기 앞에 숟가락을 놓았다. 선호하는 손으로 숟가락을 잡을 수 있도록 바르게 놓은 경우, 9개월 된 아기들은 숟가락 끝을 제대로 잡고 우묵한 앞부분을 입에 가져갔다. 하지만 숟가락을 반대 방향으

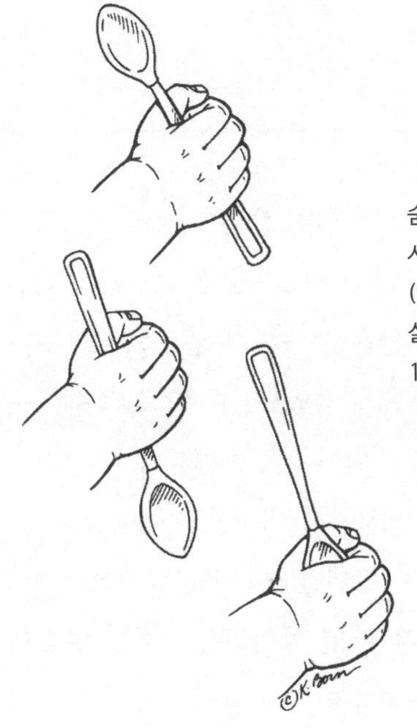

숟가락 잡기: 숟가락을 바르게 잡기 위해서는 시간과 경험이 필요하다.
(마이클 매카시 외, "유아기의 문제해결: 실천계획의 출현", 《발달심리학》 35(4), 1999, 1091-1101)

로 놓자 우묵한 곳을 쥐고, 손잡이 부분을 입에 넣었다. 14개월 된 아기는 손잡이를 절대로 입에 넣지 않는다. 그러나 처음에 숟가락을 잡을 때 가끔 잘못된 위치를 사용했다. 그러다가 중간에 손을 바꾸거나 손의 위치를 바꿔서 음식 내용물이 입으로 들어갈 수 있게 했다. 19개월 정도의 아이들은 자신이 선호하는 손을 뻗치고 싶은 충동을 통제할 수 있었다. 대신 숟가락을 바르게 잡기 위해 손잡이 쪽에 있는 손을 사용했다.

숟가락을 제대로 잡는 것은 굉장한 성과다. 유아는 숟가락을 볼 때 어떤 손이 적당할지 결정해야 할 뿐 아니라, 숟가락에 있는 음식물을 엎지르지 않고 입으로 가져가기 위해서 손의 위치 또한 조절해야 한다. 대단히 인상적인 이 시각과 운동의 협동작업은 아기의 실제적 사고 작용 없이 일어난다.

언어 폭발

돌배기 에밀리는 '엄마, 아빠, 케이크, 마시다' 같은 50개의 단어를 이해할 수 있지만 말할 수 있는 단어는 약 10~12개였다. 에밀리와 작은 꼬마 친구들은 옹알거리고, 몇몇 친구들은 신속하게 문 밖으로 나가면서 "바이바이"라고 말하며 쾌활하게 손을 흔들었다. 하지만 그중에 누구도 단어를 결합하거나 서로에게 문장으로 이야기하지 않았다.

하지만 에밀리의 두 번째 생일잔치에서 대부분의 아이들은 컵, 장난감, 공 등 사물에 대한 수많은 단일 단어들을 사용한다. '더', '없어'와 같은 개념을 급속도로 배우기도 한다. 어떤 아이들은 단어를 연결해 단순한 문장을 만들기도 한다. 물론 가족이 아닌 사람들은 무슨 말인지 알아듣긴 힘들겠지만 말이다. 언어는 아기가 사회와 접촉할 수 있게 해주며 세상에 대한 많은 것을 배울 수 있게 한다. 아기들은 또한 자장가를 듣고 말소리를 갖고 놀면서 언어의 느낌도 즐긴다. 동물과 그 동물이 내는 소리를 연결하는 것을 아주 좋아해서, 개를 '멍멍'으로 새를 '짹짹'으로 부를 수도 있다.

당신이 사용하는 언어를 아무도 이해하지 못하는 나라를 방문했다고 생각해보면 유아들이 겪는 어려움을 알 수 있을 것이다. 만약 과자가 식탁 위에 있다면, 아기는 그것을 가리키면서 과자를 먹고 싶다는 신호를 보낸다. 그러나 과자가 찬장에 있을 때 엄마한테 달라고 말하면 과자를 얻게 될 확률은 더 높아질 것이다. 화난 표정을 짓거나 울어서 자신의 불편함을 보여줄 수도 있겠지만, "배 아파", "머리 쿵" 등을 말할 수 있다면 불편함의 원인을 제거할 적절한 행동이 따라올 가능성이 높을 것이다.

언어는 우리에게 너무나 중요해서 아이를 가리킬 때 언어와 관련된 용어를 사용한다는 것은 확실히 우연의 일치가 아니다. 유아라는 단어는 "말하지 못하는 사람"이란 뜻이다. 말하는 사람이 된다는 것은 다른 사람들과 어울려 사는 삶에 길을 터준다. 그러므로 부모들이 자녀가 말을 시작하기를 고대하는 것은 당연하다.

17개월 된 아들 새미에 대해 걱정이 많은 한 엄마가 병원에 찾아온 적이 있다. 아기는 쾌활한 성격으로 많이 웃었으며 엄마가 말하는 것을 주의 깊게 보았지만 말을 하지 못했다. 엄마의 직업은 언어를 가르치는 선생님으로 어려서 말을 일찍 시작한 기록도 가지고 있었다. 아이의 병력을 살피고 청력 검사 등 전체적인 검사를 마치고 나서 아이 엄마에게 아이의 발달 이정표에 대해 물었다. 예를 들면 목울림소리 내기, 옹알이, 사물을 가리키기 등에 대해 물어봤던 것이다. 모든 것이 이정표에 따라 순서대로 진행된 것 같았다. 아이 엄마에게 아이가 단순한 명령을 이해하냐고 묻자 확신하지 못했다. 그래서 집에 가서 이 실험을 해보라고 했다.

아이 엄마는 아기의 주의를 집중시킨 후 어떠한 몸짓이나 특별한 억양 없이 아이에게 천천히 말했다. "새미, 네 방에 가서 곰 인형을 가져오렴." 곰 인형은 아이가 가장 좋아하는 장난감이고 엄마는 새미의 방바닥에 그것이 있다는 것을 알았다. 말을 하기가 무섭게 아이는 자신의 곰 인형을 가져오려고 한 치의 망설임도 없이 아장아장 걸어갔다. 새미는 단어를 이해했다. 엄마는 기뻤다.

엄마는 조급하게 새미가 첫 단어를 말할 날을 기다렸겠지만 새미는 전혀 이상이 없었다. 아이가 말을 시작하는 시기는 그 범위가 아주 넓다. 가장 중요한 것은 새미가 엄마가 하는 말을 듣고 이해할 수 있는지를 발견하는 것이다. 왜냐하면 이것이 말을 하기에 앞서 선행되어야 하는 필수 사항이기 때문이다. 아이 엄마에게는 너무나 다행스럽게도 몇 주 후, 새미는 자신의 오리 장난감을 가리키며, "오리"라고 말했다. 그 단어를 기점으로 아이의 어휘는 빠른 속도로 늘어났다.

아기들은 단어를 발음하기 전에 먼저 이해한다. 그리고 항상 실제로 자신들이 사용하는 단어보다 더 많은 단어들을 이해한다. 어른들조차도 책을 읽을 때나 강의를 들을 때, 영화를 볼 때 이해한 단어들을 모두 일상생활에서 사용하지는 않는다.

에덴동산에서 아담이 주위의 모든 동물들에게 이름을 지어주기 시작한 것처럼 아기들은 보이는 사물에 자연적으로 이름을 붙여주는 성향을 가지고 있다. 어떤 문화권에서는 이를 크게 강조하지 않는 곳도 있지만, 소위 '이름 붙이기 게임'이 시작된 것이다. 새로운 단어를 배우고 사용하는 것은 보통 생후 1년이 지날 쯤에 천천히 시작되어 생후 2년 중반

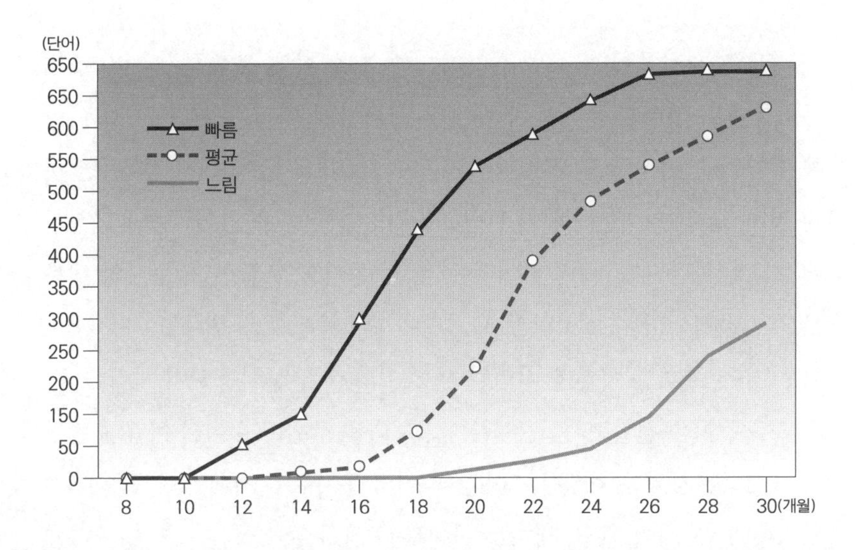

언어폭발: 그래프는 빠른 학습자, 평균 학습자, 늦은 학습자가 사용한 단어 수의 증가를 나타낸다. 출처: 탈(D. J. Thal)과 동료 연구자들의 연구(1996)

쯤에 폭발하는 과정을 거친다. 돌 무렵, 아기들은 약 10~15개의 평균 어휘를 구사한다. 약 15개월쯤 이 수는 두 배 이상이 된다. 생후 2년이 지날 무렵, 이미 400단어 정도를 말할 수도 있으며 실제로 사용하는 단어의 다섯 배 정도를 이해한다.

아기의 첫 단어는 주위에서 지금 일어나고 있는 일과 밀접한 관련이 있다. 몸짓이나 표정과 단어를 조합시켜 아기는 제한된 단어의 뜻을 전체로 확대할 수 있다. 예를 들면, 손을 뻗치면서 엄마라고 말하면, '엄마, 안아주세요.'라는 의미로 확대될 수 있다. 또한 '맘마'라는 말은 '맘마 주세요.'라는 의미인 것이다. 또한 '더', '했어', '위', '아래' 등과 같이 단어를 경제적으로 사용할 수 있다. 부모들은 빠르게 동시통역 전문가가 된다. 상황을 파악하고 말과 몸짓을 종합적으로 판단하여 아이의 메시지에서 빠진 부분을 채우는 것이다.

약 20개월쯤에 새미는 갑자기 단어들을 함께 조합하기 시작했다. 흥미롭게도 이러한 성과는 연령보다 어휘량에 더 좌우된다. 이것은 마치 아기가 단어를 조합하기 위해선 50~100개의 단어를 저장해야만 하는 것과 같다. 새미는 "아빠, 안녕", "엄마, 와", "우유 없어" 등의 간결한 메시지로 시작한다. 새미의 어휘는 몇 개 동사도 포함한다. 동사의 대부분은 기본형이다. 또한 "맛있어", "위에" 등 형용사와 부사도 사용한다. 이 시기쯤, 새미는 자신을 가리킬 때 자기의 이름을 사용하기 시작했다.

두 단어를 결합해서 사용하는 것과 더불어 새미는 이미 어떻게 단어가 조합되는지를 파악했다. 새미는 주어와 동사를 순서에 맞게 놓았다.

두 번째 생일 무렵, 새미는 단어를 구성하는 소리를 보다 명확하게 발음할 수 있게 되었다. 처음에 새미는 모음과 쉬운 자음을 사용했다. 이제 새미는 자신의 레퍼토리에 새로운 것을 추가한다. 비슷한 발음이 나는 단어에 차이를 두며 발음하기 시작한 것이다. 하지만 가족이 아닌 사람들은 새미가 대략 네 살이 될 때까지 무엇을 말하려고 하는지 이해할 수 없었다. 그리고 그 후 2년이 지나고 새미의 선생님은 아주 구별하기 힘든 발음 몇 개만을 지도해주었다.

단일 단어 사용에서 다음 단계로 넘어갈 때 약간의 예외가 가능할 수 있겠지만, 옹알이에서 단어로, 단어에서 단어 조합으로, 단어 조합에서 문장으로 이어지는 말의 순서가 전 세계적으로 보편적이라는 사실은 아이의 뇌 발달을 토대로 아이의 언어 습득이 이루어진다는 증거다.

뇌 속의 특별한 언어 영역

이 시기는 뇌 속 언어 영역이 한참 활동적인 때다. 생후 3~5개월 동안 아기가 목울림소리를 내고 입술과 혀로 간단한 선율이 있는 소리를 내면, 입과 얼굴 근육을 통제하는 우반구의 1차 운동피질 일부가 급속하게 발달하고 있는 것이다. 12~18개월쯤, 아기의 소리가 더욱 정확해지고 옹알이가 첫 단어로 바뀌면, 주요 구축 활동은 상응하는 좌반구의 영역으로 옮겨간다. 이 새롭게 활성화된 운동피질 영역은 브로카 영역과 아주 가까운데, 브로카 영역에서도 집중적인 발달이 일어난다. 브로카 영역은 말소리의 이해와 연관되어 있으며 조음하는 데 중요한 역할을 한다.

브로카 영역의 임무는 소리를 위한 프로그램을 설치하고 입의 움직임을 통제하는 1차 운동 영역에 있는 뉴런에게 그 프로그램을 전달하는 것이다. 24~36개월 사이에 브로카 영역(좌반구)과 이에 상응하는 우반구의 영역, 이 두 곳에서 집중적인 수상돌기의 성장이 일어난다. 5세 정도 되면 브로카 영역의 신경세포는 브로카 영역의 마지막 모양층에 자리를 잡는다. 이때가 가족 이외의 다른 사람들이 아기가 하는 말을 이해할 수 있을 만큼 발음을 명확하게 할 수 있게 되는 시기다.

아이가 단어를 문장으로 조합하기 시작할 때, 피질의 또 다른 언어 영역이 전면에 나선다. 독일의 정신과 의사이자 신경과 의사인 칼 베르니케의 이름을 딴 베르니케 영역은 귀, 눈, 촉감을 통해 정보를 받는다. 베르니케 영역은 구두어, 수화, 점자어를 포함한 모든 종류의 언어를 이해하는 데 중요하다. 베르니케 영역은 브로카 영역과 직접적으로 연결되어 있으며, 브로카 영역은 말할 때와 관련된 근육을 통제하는 운동 센터와 연결되어 있다. 이 언어 통신망으로 인해 아이는 말을 이해하고, 대답을 준비하고, 그러고 나서 실제로 말을 할 수 있는 것이다.

대부분의 사람들에게 언어 기능은 주로 좌반구에 위치하게 된다. 유년기 초기 기본 센터가 구축 중일 때 좌반구에 손상을 입을 경우, 언어 센터는 우반구에 대신 만들어진다. 이러한 변환은 뇌의 가소성(적응성),

즉 다른 영역을 사용하여 잃어버린 기능을 보완하는 뇌의 놀라운 능력을 말해준다. 사춘기 이후에 좌반구가 손상된다면 우반구에서 몇몇 기능을 대신할 수는 있지만 가소성이 최고로 작동할 수 있는 기간은 끝난다.

뇌의 전기 활동을 통해 좌반구가 더욱 전문화된다는 것을 알 수 있다. 이는 말을 처리하기 위한 것이다. 일리노이 대학의 데니스 몰페스는 16개월 된 유아의 부모들에게 병, 과자, 열쇠, 공 같은 흔한 단어들이 적힌 목록을 주었다. 그리고 자녀가 아는 단어들에 표시하라고 했다. 그러고 나서 부모들은 자녀들을 실험실로 데려왔다. 연구자들은 각 유아의 두피에 전극을 올려놓고 부모의 무릎에 아이를 편안히 앉혔다. 아이가 스피커를 통해 아는 단어와 모르는 단어를 듣는 동안 뇌파 전위 기록장치는 아기 뇌에 일어나는 전기 활동의 패턴을 기록했다.

아이들은 익숙한 단어인지 아닌지에 따라서 확연하게 다른 전기 활동 패턴을 보여주었다. 연구자들은 또한 전기 활동 패턴의 차이가 두드러진 위치에서 성별 차이를 관찰했다. 남자아이들이 단어를 인지했을 때, 좌우반구 모두에서 특별한 활동 패턴이 보였다. 같은 경우, 여자아이들은 좌반구에서만 패턴이 나타나는 경향이 더 많았다. 좌반구는 주로 성숙된 언어 기능을 담당하는 곳이기 때문에, 이는 뇌의 언어 영역 발달에 관해서는 여아들이 남아들보다 앞선다는 증거가 될 수 있다.

뇌 전체에 걸쳐 많은 연결이 강화되는 덕분에 언어 능력은 크게 향상된다. 생후 2년 동안 피질에 있는 뉴런은 뇌량 안에서 연결을 만든다. 뇌량은 두 반구를 연결한다. 이제 신호들은 이리저리 여행이 가능하기 때문에 두 반구는 서로 정보를 공유할 수 있다. 우반구는 사물 인지와 행동 인지를 처리하고 좌반구는 사물과 행동의 실제적인 이름을 처리한다. 두 반구의 연결이 향상된 덕분에 두 반구로부터 나오는 정보는 더욱 신속하고 효율적으로 통합된다. 그러므로 아이가 특정한 사물을 본다면 단어를 재빨리 생각해내어 말할 수 있게 된다. 이것은 두 반구가 전문화되었지만 여전히 두 반구 사이의 협동이 중요함을 보여준다.

비록 피질의 언어 영역에서 굉장한 양의 활동이 일어나지만, 이 활동이 아래층으로 이어진다는 것을 잊어서는 안 된다. 피질에서 피질하 구조로 내려오는 연결이 더욱 강해지는 것이다. 이 연결은 기저핵과 소뇌, 그 외 언어 통신망을 구성하는 완전히 성숙된 구성 요소들까지 이어져 서서히 진행된다.

아이의 뇌는 주위에서 들어오는 필요한 신호를 처리하도록 프로그램 되어 있다. 이는 기본적인 언어 센터를 세우기 위한 것이다. 말이 들리는 환경 속에서 손상되지 않은 체계를 가지고 자란 아이들은 체계가 준비되자마자 자동적으로 언어를 습득한다. 언어 습득의 시기와 정도는 유전과 환경에 따라 다르다.

듣기와 단어 사용하기

유아마다 첫 단어를 말하는 시기가 너무나 다르기 때문에 직접적으로 언어를 가르치면 아이가 더 빨리 말할 수 있는지 아는 것은 불가능하다. 그러나 많은 말을 해주면 아기가 보다 많은 말을 하도록 만들 수 있다. 앞에서 우리는 이웃하는 두 아프리카 부족의 유아들에 대한 비교를 언급한 적이 있다. 한 부족의 엄마들은 자신의 아기들에게 많이 말하고 다른 부족의 엄마들은 매우 적게 말한다. 놀라울 것도 없이 첫 번째 부족의 아기들이 말을 더 많이 했다. 이문화 비교 연구에서 미국 엄마들은 과테말라나 네덜란드나 잠비아의 엄마들보다, 유아들이 말이라도 하는 것처럼 엄마 혼자서 대화를 주고받는 것에 더 적극적이다. 일반적으로 미국 아기들은 더 말을 많이 한다. 시카고 대학의 얀엘렌 후텐로허는 엄마들과 16~20개월 된 걸음마 단계의 아이들의 말 습관을 비교했다. 연구자들은 3시간에 걸쳐 사용된 전체 단어 수를 센 후 그 차이에 놀랐다. 가장 말수가 적은 엄마는 700개 단어밖에 사용하지 않은 반면, 가장 말이 많은 엄마는 거의 7,000단어를 사용했다. 가장 말수가 많은 엄마의 아이들이 역시 26개월이 되었을 때 가장 말수가 많았다. 그렇다면 아이에게 이른 아침 라디오 방송의 진행자처럼 끊임없이 말을 해줘야 한다는 것일까? 다행히 그것은 아니다. 아이가 듣는 말의 양보다 다른 요소들이 더욱 중요하다.

컬럼비아 대학 교육대학의 루이스 블룸과 동료 연구자들은 7개월에서 만 2세까지의 아이 집단의 언어 발달을 관찰했다. 연구팀은 3분의 2의 시간이 아이들이 대화를 시작하는 데 드는 시간이라는 것을 발견했다. 아이가 무언가 말한 후에 엄마는 즉시 더 많이 말을 하는 경향이 있었다. 엄마는 아이가 한 말을 반복하거나 인정해주거나, 아이가 무엇을 말했는지 분명히 하려고 한다. 블룸은 아이들 스스로 필요한 단어를 자신이 속한 환경으로부터 선택하는 것에 적극적으로 관여하며 그 순간 자신에게 중요한 것에 대해 대화를 나눌 의도로 그 말을 사용한다고 시사했다.

미국 국립 아동보건과 인간발달 연구소의 마크 본스타인과 동료 연구자들은 엄마와 아이가 사용한 어휘량보다 엄마가 아이에게 어떻게 반응해주는지가 아이의 미래 어휘 사용에 대해 더 많은 것을 예측할 수 있게 해준다는 것을 발견했다. 연구자들은 13개월 때, 20개월 때, 이렇게 두 번 아이들의 노는 시간과 식사 시간을 관찰했다. 동시에 엄마가 아기에게 어떻게 반응해주는지를 적었다. 연구자들은 20개월 때, 아기의 어휘를 측정했을 때 엄마의 반응과 아기의 어휘 간의 상관관계를 발견했다. 가장 큰 어휘 증가를 보인 아이들의 엄마는 아이의 대화에 참여하며 가끔 아이의 말을 반복한 엄마들이었다. 예를 들면, "빨간 공 말이지? 엄마가 그 빨간 공을 가져다주면 좋겠어? 엄마한테 던져 봐."와 같은 말들이다. 이 엄마들은 현재 아이의 언어 능력 수준에 맞춰 말하고, 아이의 언어 능력이 향상됨에 따라 점차 어휘량을 늘려갔다. 비형식적인 방법일 때도 교육은 인간 존재에 유일한 것이다. 교수자는 학습자를 관찰해야 할 뿐 아니라 무언가에 집중하게 하여 학습자의 반응을 판단하고 수정한다. 아이는 모방하며, 교육은 아이의 그 조악한 모방을 더 자연스럽고 정확하게 만드는 것이다. 그러므로 아이의 언어 학습에 있어 대화를 통한 직접적인 상호작용이 굉장히 중요하다. 만약 아이가 TV에서 새로운 단어를 듣고 실제 대화 속에서 그 단어를 사용하고 반복한다면 아이는 더 쉽게 그 단어를 배울 수 있을 것이다.

놀이

아이들의 놀이는 아이들이 세상에 대해 인지하고 생각하는 방식의 변화를 반영한다. 돌배기 아이들이 손과 입으로 장난감을 탐색하는 반면 생후 2년, 즉 세 살이 되면 주로 손을 이용하는데, 유아 때보다 더 노련하게 손을 사용한다. 탑을 쌓기 위해서 두 개의 정육면체를 놓을 수 있고 숟가락을 쓸 수 있다. 세 살 아이들은 사물들이 특별한 목적을 위해 사용된다는 것을 안다. 에밀리는 잠자리에 들기 전에 칫솔을 가지고 이 닦는 것을 좋아한다. 에밀리는 가위는 종이를 자르기 위한 용도이고 빗자루는 바닥을 쓸기 위한 용도라는 것을 안다. 에밀리는 컵에 상상으로 우유 한 잔을 따라 곰 인형에게 준다.

스티븐은 10개월이었을 때 두 개의 블록으로 박수를 치거나 한 개를 입에 넣었다. 스티븐은 블록이 만든 소리를 듣거나 혀로 그 모양을 느낀다. 4개월 후 스티븐은 전혀 새로운 방법으로 사물을 본다는 것을 보여주었다. 직사각형 나무 블록을 가지고 바닥에 밀면서 부릉부릉 하고 소리를 낸다. 블록은 차가 된 것이다. 자동차 대신에 나뭇조각을 사용하는 것은 추론의 예이다. 추론은 한 사물이나 사건에서 다른 사물이나 사건으로 정신적 이동을 한다는 의미다. 스티븐의 뇌는 블록과 그의 기억 속에 저장했던 자동차 이미지를 일시적으로 연관시키는 것이다. 추론을 하고 정신적 영상을 사용하는 능력은 창의적 활동의 시작이다. 이제 아이들은 한 사물의 두드러진 특징에 더욱 더 관심을 가질 수 있고 장시간 동안 더 많은 기억을 저장할 수 있기 때문에 이러한 능력이 점점 커진 것이다. 아이들의 뇌는 정보를 더욱 효율적으로 연결할 수 있게 되고, 이로 인해 빠른 연상이 가능해진다.

사물 분류하기

생후 2년 중반쯤 아이들은 비슷해 보이는 사물들을 분류하는 것에 매료되기 시작한다. 걸음마 단계의 아이는 모든 커피잔을 한 줄로 놓고, 유리잔으로 다른 줄을 만들고 싶어 할지도 모른다. 사물들을 범주화해서 분류하는 방식은 사물들을 저장하는 유용한 방법이다. 그래서 사물을 다시 찾을 수 있는 것이다. 이것은 또한 뇌가 작동하는 방법이다. 물건들이 속하는 상상 집단을 형성하는 것은 아이들이 사물에 대해서 배우도록 도와준다.

범주화할 수 있는 능력은 생후 2년 동안 급속도로 정교해진다. 영국의 한 연구 집단은 유아들에게 두 개의 그림을 보여주었다. 하나는 울

새나 참새 같은 전형적인 새 한 마리 그림이었고, 다른 하나는 타조 같은 진귀한 새 그림이었다. 그러고 나서 아기들은 "새"라는 단어의 발음을 들었다. 12개월 된 아기들은 전형적인 새 그림을 더 오래 쳐다보았고, 18개월 된 아기들은 두 개의 사진 모두를 똑같이 쳐다보았다. 아기들은 새의 범주를 확장하여 보다 특이한 특징을 가진 예들도 포함한 것이다.

사물의 유사점과 차이점을 더 능숙하게 찾아내고 관련된 특징을 범주화시켜 구별할 수 있게 됨에 따라, 아이들은 자신이 가진 정보를 새로운 상황에 더 잘 적용할 수 있게 된다. 스티븐은 에밀리의 아빠가 피아노 옆쪽 벽에 걸어 둔 나무 플루트에 호기심을 보인다. 스티븐은 악기를 잡아서 아래로 내리려고 피아노 의자를 플루트 가까이 가져가서 기어 올라간다. 스티븐은 그 전에 이런 악기를 본 적이 없다. 하지만 그 모양은 그가 예전에 퍼레이드에서 봤던 악기를 연상시킨다. 그래서 플루트가 전에 본 악기처럼 연주되리라 추측한다. 그는 악기에 입술을 갖다 대고 분다.

공과 블록을 분류하듯이 아이들은 또한 다른 사람들을 범주화하여 분류한다. 아이들은 자신이 한 가족이나 한 놀이 집단의 구성원이며 남자, 혹은 여자라는 것을 배운다. 또한 어른과 아이, 심지어 아이와 아기를 구별하며 각 범주에 맞는 행동에 대해 생각할 수 있다. 세 살 아이는 어른이 아기 젖병으로 물을 마시는 걸 보면 아마 웃을 것이다.

한 간단한 실험은 아이들이 사람에 대한 범주를 무생물에 적용할 수 있다는 것을 보여준다. 세 살 된 아이 앞에 다양한 크기의 조그만 돌 한 줌을 놓아보자. 그런 다음 아이에게 아빠돌, 엄마돌, 아기돌을 보여달라고 요청해보자. 아이가 가장 큰 돌을 아빠돌, 가장 작은 돌을 아기돌로 만들면서 크기대로 돌들을 분류하는지 한번 보자.

사물들을 분류해서 범주화시키는 뇌의 체계는 언어 습득에 큰 도움을 준다. 아이들은 직감적으로 어떤 단어는 '이름'이란 것을 감지하고 다른 것은 '행동'이나 '위치' 등을 의미한다는 것을 알 수 있다. 이는 아이들이 상황에 따라서 새로운 단어의 조합을 만드는 것을 가능하게 한다. 걸음마 단계의 아이는 "접시에 케이크가 있어요.", "케이크 먹고 싶어.", "엄마가 커다란 케이크를 만들어요."라고 말할 수 있다.

인과관계

생후 1년이 다 지날 때, 아기들은 자신의 행동이 흥미로운 결과를 가져온다는 것을 발견한다. 자신이 바닥에 열쇠를 떨어뜨리면 재밌는 소리가 들리고, 대개는 어른이 벌떡 일어나 열쇠를 주워준다는 것을 알게 된다. 열쇠를 떨어뜨린 결과는 아기에게 한동안 흥미롭기 때문에 아기는 지겨워질 때까지 이 행동을 계속 반복할 것이다.

생후 2년 동안 아이들은 무엇이 일어나는가를 보기 위해서 더 의도적으로 행동한다. 아이들은 스위치를 누르면 불이 켜지고, 라디오의 손잡이를 돌리면 소리가 나고, 수도꼭지를 돌리면 물이 나온다는 것을 배운다. 아이들은 일상생활에서 겪는 모든 기회에 대한 자신의 지식을 확인하기를 원한다. 목욕통에서 물구멍 마개를 잡아당기는 것, 과자를 변기에 넣고 화장실 물을 내리는 것도 흥미롭다. 특히, 부모가 "안 돼!"라고 말한 후에는 무슨 일이 일어나는지 이 시기의 아이들에겐 정말 궁금하지 않을 수 없다.

나는 여섯 살 아들과 거의 네 살이 된 딸과 함께 산으로 짧게 하이킹 갔을 때 일어난 일을 잊지 못할 것이다. 출발하기 전에 우리는 아이들에게 젖소 목장을 둘러싼 전기 울타리를 만지지 말라고 경고했다. 우리가 앞장서서 한 줄로 걷고 있을 때, 우리는 갑자기 아들이 외마디 소리를 지른 후 "제시카가 전기선을 발견했어요!"라고 하는 것을 들었다. 제시카는 전기선을 만졌을 때 무슨 일이 일어나는지 스스로 알아보고 싶은 유혹을 떨쳐버릴 수 없었던 것이다.

만 2세 아이들이 자신을 둘러싼 환경을 가지고 실험을 하려는 충동은 단지 레버를 당기거나 단추를 누르는 것을 의미하지 않는다. 아이는 또한 다른 사람들이 무엇을 할지를 알아내려고 노력한다. 아이는 어떤 옷을 입을지 하나하나 묻는 엄마에게 차례로 싫다고 답하거나 장난감을 주우라고 했을 때 싫다고 할지 모른다. 아이가 싫다고 하는 것은 반드시 불인정, 거절, 일반적인 부정적 태도의 신호를 나타내는 것은 아니다. 가끔씩 아이는 단지 싫다고 말하면 어떤 상황이 벌어지는지를 보고 싶어 한다.

집중하기

소냐는 나무 모양을 틀에 끼워 맞추는 데 너무나 열중한 나머지 엄마가 저녁을 먹으라고 부르는 것조차 듣지 못한다. 소냐는 일을 끝내고 싶어 한다. 소냐의 '내적 관리자'는 뇌 앞부분에 위치하며 소냐가 일을 완성할 수 있게 도와준다. 이 뇌의 중앙 본부는 많은 유용한 기능을 수행한다. 산만함을 막고 과제에 바로 집중할 수 있도록 도와주는 것이다. 바로 그 순간에 중앙 본부는 다음과 같이 말한다. "잠시만 기다려. 다른 것을 시도해보자." 소냐가 모든 모양을 바른 위치에 끼워 넣는 것에 성공하면, 뇌의 보상 센터는 이 긍정적인 경험을 등록하여 나중에 소냐가 혼자서 이와 같은 것을 즐겁게 하도록 만든다. 소냐의 '내적 관리자'가 기뻐한다면 소냐는 보너스를 얻는 것이다.

소냐의 명령 센터는 한 팀의 일부로 팀에 참가한 많은 참가자들 중

소수만을 강조할 수 있다. 전전두엽피질은 소냐가 관련 세부사항을 선택하여 기억할 수 있게 돕는다. 더 뒤쪽으로 이어져 운동 영역과 가까운 전두엽피질은 행동을 계획하는 것을 도와준다. 소냐의 성공 소식은 인지 센터와 변연계(감정) 사이를 신속하게 여행한다. 언어를 이해하고 사용하는 소냐의 능력이 발달함에 따라 행동을 지시하는 능력도 강해진다. 소냐는 다음에 무엇을 할지 스스로에게 말하기 위해 단어를 사용할 수 있다. 이 걸음마 단계 기간은 이러한 과정에 연관된 모든 통신망에서 집중적인 구축 작업이 이루어지는 시기인 것이다.

뇌 통신망이 점차 복잡해지면서 걸음마 단계의 아이들은 새로운 활동에 대한 토대가 생기고, 그에 따라 새로운 활동에 의해 생긴 자극이 신경 성장을 촉진한다. 경험을 통해서 소냐는 새로운 능력을 사용하는 법을 배운다. 소냐 주위에 있는 어른들은 이 경험을 이끌어주고 격려한다.

하나의 과제를 풀기 위해서 얼마나 많은 도움이 필요한 지는 아이의 연령에 따라 다르다. 수잔 랜드리와 동료 연구자들은 어떻게 엄마와 아이가 함께 놀이를 하는지 관찰했다. 특히 엄마의 제안에 아이가 어떻게 반응하고 얼마나 자주 아이가 도움을 요청하는지 관찰했다. 그러고 나서 연구자들은 다섯 살 반이 되었을 때 아이들이 어떻게 문제 해결에 착수하는가를 살펴봤다. 아이들은 얼마나 잘 독립적으로 문제 해결 전략을 세워 계획을 시행하는 데 융통성을 보여줄 수 있을까? 연구자들은 세 살인 자녀에게 엄마가 가능한 전략을 적극적으로 제시했을 때, 이 부모의 지도가 네 살 반이 되어서 아이가 과제에 착수하는 방식에 긍정적인 영향을 미쳤다는 것을 발견했다. 하지만 엄마가 네 살 반 된 아이에게 지속적으로 지시를 내리자 아이는 나중에 혼자서 문제를 해결할 수 있는 능력이 더 떨어졌다. 연구자들은 아기가 스스로 효과적인 전략을 개발할 수 있게 하려면 부모의 지시가 줄어야 한다고 결론지었다.

생각해 볼 질문들

운동 신경 발달이 빨라질 수 있나요?

아이의 걸음마를 조급하게 기다리는 부모는 걷는 연습이 효과가 있는지 궁금할지도 모릅니다. 아프리카 쿵산 부족에 대한 흥미로운 관찰 속에 이 질문에 대한 답이 있습니다. 이 부족에서는 사냥이 매우 중요하기 때문에 부족 어른들은 유아가 빨리 걷도록 고의적인 노력을 했습니다. 그들은 아기가 걸을 수 있기 전에 아기를 잡고 아기가 미성숙한 걸음을 걷도록 도우면서 훈련을 시작했습니다. 하지만 훈련은 전혀 효과가 없었습니다. 아기들은 여전히 11~14개월 사이에 걷기 시작했습니다. (이와는 반대로, 다른 문화권에서는 포대기로 꼭 싸서 업고 다녔지만 걸음마가 늦어지지 않았습니다.)

아이들의 운동 신경 발달은 차이가 큽니다. 발달이 정상적으로 진행되기만 한다면 어떤 특별한 훈련도 필요하지 않습니다.

언제 아기가 말을 할까요?

자신의 자녀는 단어라고 할 만한 어떤 말도 하지 못하는 반면, 이웃의 아이가 문장을 불쑥 내뱉는다면 인내심을 가지기는 정말 쉽지 않습니다. 정상적인 언어 발달 차이는 큽니다. 하지만 중요한 것은 아이가 이해한다는 뜻으로 말에 반응을 보이는지 관찰하는 것입니다. 만 2세 때는, 아이가 흉내 내는 게임을 좋아하는지, 간단한 요청에 따라 행동하고 원하는 것을 표현하기 위해 몸짓을 사용하는지, 실제 단어의 발음과는 달라도 어떤 특정한 물체를 보고 일관적인 소리의 결합을 사용하는지를 관찰해야 합니다. 아이가 이러한 행동을 하지 않을 경우, 시간이 더 필요할 수도 있지만, 소아과 의사와 상담을 해보세요.

만약 아이가 물건을 요청하기 위해서 말을 사용할 수 있다는 것을 보여줬다면, 그 단어를 사용할 기회를 주세요. 아이가 케이크 조각을 가리키며 그냥 소리를 낸다면, 케이크를 주기 전에 잠시 머뭇거리세요. 이때 아기가 명확하지 않은 단어를 사용하더라도 잘못을 지적하지 말고 아이의 말에 대답하는 문장에서 그 단어를 다시 정확하게 말합니다.

일단 말을 사용하는 것에 재미를 느끼면, 더 많은 단어들을 배울 수 있도록 도울 수 있습니다. 아기가 지금 관심 있어 하는 것과 관련된 말을 하면 더 많이 말하려고 할 것입니다. 아기들은 자신이 아는 것을 어른이 가리켜 이름을 맞추게 될 때 그것을 즐거워합니다. 이것을 "비행기는 어떤 소리를 내지?" 혹은 "기쁜 얼굴 표정을 지어보세요." 등의 질문으로 확장시킬 수 있습니다. 아이에게 긍정적으로 반응해주면, 더 오랫동안 한 물체를 가지고 놀 것이며, 그로 인해 그 물체와 새 단어를 연관시킬 더 많은 기회를 갖게 될 것입니다. 만 2세 아이들은 사물을 가리키거나 그 사물의 이름을 물어볼 좋은 기회를 주는 그림책을 함께 보는 것을 좋아합니다.

이중언어 교육을 해야 할까요?

이중언어를 사용하는 환경, 즉 다른 언어를 사용하는 배우자, 동거인, 친척이 있을 수 있습니다. 이러한 환경은 아이가 모국어를 배우듯이 자연스럽게 한 개 이상의 언어와 함께 자라날 수 있는 훌륭한 기회입니다. 어린 아이들이 두 언어를 동시에 쉽게 배울 수 있는 이유는 모국어의 뇌 체계로 두 언어를 배우기 때문일지도 모릅니다.

어린 아이들은 주위에서 들리는 말을 자동적으로 흡수합니다. 스위스 방언이 섞인 독일어 환경에서 살지만, 우리 집의 경우에는 아이들이 엄마의 언어인 영어를 가족 언어로 지키기로 결정했습니다. 우리 부부의 친구들과 며칠을 함께 보낸 후 모인 자리에서, 만 두 살 된 우리 아이가 속에 입은 자기 웃옷을 가리키며 자랑스럽게 말했습니다. "아저씨가 '헴들리'래요." 헴들리는 스위스독일어로 '작은 웃옷'이란 뜻입니다. 우리는 어떤 지도도 해준 적이 없는데 아이들은 독일어를 사용하는 사람들과 영어를 사용하는 사람들을 구별해서 그에 맞는 적절한 언어를 고집하며 사용했던 것입니다. 아이가 한 언어 이상을 배우고 있을 때, 아이 주위의 사람들이 아이와 말을 할 때 한 언어만 사용하면 언어 학습 과정이 보다 쉬워집니다. 예를 들어, 엄마는 스페인어로 말을 하고, 아빠는 영어로 대화를 하면 아이들이 상대에 따라 언어를 사용할 것이기 때문입니다.

아이에게 많은 장난감이 필요할까요?

아닙니다. 여기저기 쉴 새 없이 돌아다니는 걸음마쟁이 아이가 발달 근육을 운동시킬 공간이 필요하듯이, 상상력을 펼칠 공간도 필요합니다. 이것은 주위에 있는 단순한 물체들을 가지고 놀면서 가능해집니다. 예전에 스위스 바젤의 공원길에서 젊은 엄마 뒤를 따르는 만 두 살 된 아이를 보았습니다. 여러 가지 알록달록한 장난감들이 튀어나와 있는 거대한 비닐 가방 때문에 아이의 엄마는 왼쪽으로 몸을 기울이고 있었습니다. 그 뒤로 아이가 가벼운 플라스틱 자동차를 끌고 따라갔습니다. 아들이 심심할까 봐 걱정되었을까요? 아이 앞에는 공원 전체가 펼쳐져 있습니다. 거기서 다람쥐를 관찰할 수도 있고, 시원하고 깨끗한 물속에 손을 넣어 물장난을 칠 수도 있으며, 모형 댐을 만들 수도 있고 막대기와 돌로 다리를 만들거나 물 위에 잎사귀 배를 띄울 수도 있습니다. 아이가 다소 소극적이라면, 엄마가 반짝이는 조약돌을 가지고 엄마표 다리를 조용히 만들기 시작할 수도 있을 것입니다. 걸음마 단계의 아이들은 오랫동안 수동적인 구경꾼으로 남아 있지 않습니다.

언제쯤 아이에게 대소변을 가리도록 하는 게 좋을까요?

미국 소아과 학회의 건강 지침 자료에 따르면 아이들은 만 3세쯤 '대소변을 가리는 데 어느 정도 발전'이 예상됩니다. 더 정확히 말하자면, 이 시기쯤 아이들의 90%가 어린이용 변기에서 배변을 합니다. 85%의 아이들은 낮 동안 옷 등에 오줌을 싸는 일이 없고, 60~70%의 아이들은 밤에 잘 때도 오줌을 싸지 않습니다. 여아는 남아보다 다소 빨리 대소변을 가리는 경향이 있습니다.

대소변을 가리는 법을 배우기 위해서는 아이가 스스로 괄약근과 방광 근육을 조절할 수 있는 단계까지 신경 체계가 발달해야 가능한 것입니다. 즉, 이것은 운동피질에서 척수 뉴런까지의 긴 연결이 수초화된다는 것을 의미합니다. 아이는 또한 자신의 신체적 느낌과 배뇨 및 배변감을 연결시켜야 합니다. 아기의 뇌는 이 메시지를 괄약근과 방광 근육으로 전달할 수 있어야 합니다. 만약 스스로 하는 것에 자부심을 느끼고 흉내 내는 것을 즐기는 아이라면, 대소변을 가리는 일이 얼마나 대단한 일인지를 느끼게 해주세요. 또한, 신체 부분에 대해 잘 알고 잘 걷는다면, 옷을 내리고 변기에 오르내리는 것도 도움이 됩니다. 대소변 가리는 과정을 좀 더 단축하고 싶은 부모들은 아이의 배뇨, 배변 시간에 나타나는 패턴을 찾아 적절한 순간에 아이를 변기로 데려가는 것도 좋습니다. 세면대에 물을 흐르게 하는 것도 도움이 될 수 있습니다.

왜 그렇게 엄격하게 정해진 순서를 따르려 하는 건가요?

걸음마 단계의 아이들은 사건이 특정한 순서로 일어난다는 것을 알기 시작하기 때문에 새롭게 발견한 이 순서 감각을 지키려 합니다. 일정한 순서에 대한 감각은 잠잘 시간이나 놀이 후 장난감을 정돈할 때 큰 도움이 될 수 있습니다. 하지만 익숙한 순서에 따르는 것이 불가능한 때도 있다는 것 또한 배워야 합니다. 젖먹이 동생이 배가 고플 때는 엄마가 책을 읽어줄 때까지 기다려야만 할지도 모릅니다.

07 나와 너

에밀리의 첫 번째 생일잔치 때, 돌배기 아이들은 마치 알록달록한 색깔의 장애물들이 그들의 항로를 막는 것처럼, 친구들은 거의 무시하고 바닥 위를 모험했다. 만 두 살 된 아이에겐 아이건 어른이건 다른 사람들 모두가 현실이 되었다. 만 두 살 된 아이는 자신과 타인을 구별하고 다른 사람들의 욕구와 의도가 자신과 비슷하다는 것을 감지하게 된다. 사람들은 슬프고, 기쁘고, 화나고, 실망하고, 놀랄 수 있다. 아이는 또한 이 모든 감정들을 자신 안에서 인식하기 시작한다. 아이가 자기 자신에 친숙해지고 인간 사회에 활발하게 참여하는 것은 걸음마 단계의 시기 동안 아이가 이룬 커다란 발견의 일부다.

나!

엄마가 비옷을 입는 것을 도와주려고 하자 소냐는 크게 "내가!"라고 외친다. 이 간단한 단어가 소냐의 발달에서 일어나는 정말 기념비적인 단계를 반영한다. 소냐는 자신을 하나의 존재로 인식한다. 자아인식이 없다면 자신이 이룬 성과에 대한 어떠한 즐거움도 느끼지 못할 것이고, 하는 일에 대한 책임감을 느끼지 못할 것이다. 타인의 감정을 공유할 수도 자신이 경험한 사건을 지속적으로 기억할 수도 없을 것이다. 그러나 걸음마 단계의 아이들의 이 놀라운 자아감은 특히 아이가 스스로 양말을 신겠다고 우기거나 '싫어'라는 단어의 힘을 시험하려고 할 때 느긋한 부모라도 인내심에 도전이 될 수도 있다.

자아인식은 만 2세 때 나타난다. 고전적인 일련의 실험이 다음과 같이 진행되었다. 우선 아이들에게 거울에 비친 자신을 보게 한다. 그러고 나서 엄마가 아이를 불러 코에 살짝 루즈를 발라 주고 다시 거울 앞에 서게 한다. 첫돌 전 아이들은 한 명도 어떤 특별한 반응을 보여주거나 자신의 코를 만지지 않았다. 그러나 15~24개월 사이의 아이들 중에는 자신의 코를 만진 아이들의 비율이 갑자기 상승했다. 이 사실은 아이들이 거울에 비친 반영이 자신이라는 것을 추론하기 시작했다는 것을 보여준다.

이러한 관찰을 토대로 심리학자들은 생후 2년 동안 아이들은 자신이 어떻게 보이는지에 대한 내적 표상을 발달시키고 이 내적 표상은 외적 거울 이미지와 비교될 수 있다고 제언했다. 이 과정은 작동기억과 관련된 것이다. 이러한 능력이 생긴 직후에 아이들은 인칭 대명사를 사용하거나 자신을 가리킬 때 본인의 이름을 사용하기 시작한다. 자아인식 발달을 볼 수 있는 다른 신호들은 수줍은 미소나 시선을 돌리는 행동이다.

자아인식의 출현은 자아에 대한 내적 이미지뿐 아니라 육체적 감각과도 관련되어 있다. 3장에서 14개월 때 아기들의 예방접종 시 어떤 아이들은 다른 아이들보다 더 예민하게 반응한다는 것을 살펴보았다. 마이클 루이스는 예방접종 시 더 강하게 반응한 아이들이 반응이 덜한 아이들보다 자아인식의 신호를 더 빨리 보여주는 것을 관찰했다. 이 아이들은 또한 자라면서 더 많이 당황하는 경향이 있다. 이러한 발견을 통해 신체의 느낌에 대한 예민함이 자아인식의 구성 요소라는 것을 알 수 있다.

6장에서 우리는 생후 2년 중반쯤 아이들이 사물을 분류하는 것에 매우 흥미를 느낀다는 것을 살펴보았다. 동시에 아이들은 사람들을 분류하여 범주화시키기 시작한다. 예를 들어 어른과 아이를 나누고, 남자와 여자를 나누며, 가족과 가족이 아닌 사람을 나눈다. 그리고 하나 또는 그 이상의 범주에 자신을 포함시킨다. 만 2~3세 사이에 아이들은 특정한 소유물과 임무가 어른들의 것이라는 것을 알게 되고, 성별에 관련된 고정관념을 형성하기 시작한다. 즉, 남자아이가 더 힘이 세고, 아빠는 장난감을 고치며, 발가락을 부딪쳤을 때 엄마가 더 많이 측은해한다는 등의 고정관념을 가질 수 있다.

자아인식은 사회적 · 정서적 경험들(긍정적인 경험과 부정적인 경험 모두)에 새로운 차원을 추가해준다. 다른 아이가 가진 장난감을 자신은 가지고 있지 않다는 인식을 통해 부러움, 질투, 관대함의 기초를 알게 된다. 우유를 엎지르거나 꽃병을 깬 장본인이 자신이라는 것을 알면 죄책감을 느끼지만, 상을 차린 사람이 자신이라는 것을 알면 자부심, 자신감 향상, 책임감이 따른다.

자아인식의 일부는 자아가 할 수 있는 것을 감지하는 것이다. 연구를 통해 아이들이 생후 2년 중반쯤에 이것을 깨닫기 시작한다는 것을 알 수 있다. 18개월 된 유아에게 연구자의 행동을 따라하도록 시켰다. 연구자는 블록을 쌓아 올리거나 블록을 사용하여 동물 모양을 만들었다. 행동이 복잡해질수록 많은 아이들이 초조해하거나 엄마에게 꼭 달라붙었다. 아이들은 과제가 자신이 수행하기엔 너무 어렵다는 것을 감지한 것이다.

걸음마 단계의 아이들이 보이는 자아인식감은 성인이 되어 가지게 되는 자의식적인 관점과는 큰 차이가 있다. 그러나 자아인식을 통해 습관을 발달시키고 자신의 능력에 대한 태도를 형성할 수 있다. 성취할 수 있다는 믿음은 학습에 강한 동기를 부여한다. 경험을 통해 노력을 해도 성공하지 못할 수도 있다는 것을 배운 아이는 쉽게 낙심하고 지루해한다.

타인의 생각과 느낌

자아인식은 다른 사람들이 어떻게 생각하고 느끼는지를 인식하는 것과 매우 밀접하게 얽혀 있어서, 이 두 가지 면을 따로 이야기하는 것은 어려운 일이다. 아이가 자신의 감정을 알고 다른 사람들의 감정을 감지할 수 있으면, 가족 간의 농담을 즐기고 실제 대화에서 생각을 공유하고 넘어져서 무릎을 다친 아기 동생을 위로할 수 있게 된다.

엄마가 머리를 선반에 쾅 부딪쳤을 때 아이는 어떻게 행동하고 말할까? 만약 아이가 다가와서 걱정하며 다쳤는지 물어본다면 아이가 동정심을 보인다고 생각할 것이다. 심리학자들은 종종 더 넓은 의미의 단어로 감정이입이란 용어를 사용한다. 감정이입이란 용어는 다른 사람의 감정에 참여할 수 있는 능력을 강조하는 말이다. 즉, 다른 사람들과 함께 느끼는 것이다. 생후 2년 중반쯤부터 아이들은 다른 사람에 대해 적극적인 관심을 보인다. 새로운 사고능력으로 다른 사람에게 무슨 일이 일어났는지와 그 사람이 그 일에 대해 어떻게 느끼는지를 깨달을 수 있다. 과학자들은 지금 인간에게만 독특하게 나타난다고 할 수 있는 협동적인 사회 행동들의 진화를 연구 중이다. 감정이입은 인지와 감정 밑에 있는 네트워크 간의 특별한 연결을 통해 가능하다. '거울 뉴런'이라 불리는 특수 뉴런이 표정을 읽는 것과 관련이 있다는 것이 가능하다.

감정이입은 종종 도우려는 욕구를 일으킨다. 생후 2년 말쯤 대부분의 아이들은 일상 속에서 어른들을 모방하는 것을 적극적으로 즐긴다. 자발적으로 열심히 따라 하기 때문에 아이들의 노력은 단순한 모방에서 벗어나 어른들이 의도하는 것을 성취하는 데 정말로 참여하고픈 소망으로 이어진다.

기질에 따라 아이들이 감정이입을 표현하는 방법은 매우 다르다. 그리고 여자아이들은 남자아이들보다 더 많은 감정이입을 보이는 경향이 있다. 하지만 부모가 직접 다른 사람들에게 어떻게 행동을 하는지 모범을 보이거나 비슷한 상황에서 아이가 어떻게 느꼈었는지 상기시켜줌으로써 감정이입을 보일 수 있도록 충분히 격려해줄 수 있다.

우리가 느끼는 것을 다른 사람들도 느낄 수 있다는 것을 깨닫는 것이 중요한 만큼 다른 사람들이 자주 우리가 느끼는 것과는 다르게 느낀다는 것을 이해하는 것도 매우 중요하다. 생후 2년 동안 아이들은 판단기준을 자기 자신으로부터 다른 사람의 판단 기준으로 옮기기 시작한다. 아이들이 이를 보여주는 방법 중의 하나가 타인의 욕구를 인식하는 것을 통해서다.

버클리에 있는 캘리포니아 대학의 베티 레파콜리와 엘리슨 고프닉은 14~18개월 된 아이들의 추론 능력을 실험했다. 실험은 실험자가 어떤 종류의 음식을 더 선호하는지 추론하는 것이었다. 우선, 실험자들은 아이들에게 크래커와 브로콜리 중 하나를 선택하라고 했을 때 크래커를 더 선호한다는 것을 발견했다. 이러한 사실은 놀라운 것이 아니지만 실험자들은 확실히 해야만 했다. 그러고 나서 연구자들 중의 한 사람이 각각의 음식을 맛보고 크래커를 먹고 매우 싫어하는 표정을 보여주고 브로콜리를 먹고 아주 즐거워하는 모습을 확실하게 보여줬다. 실험자가 아이들에게 음식을 맛본 사람이 나중에 어떤 음식을 원할지에 대해 물었을 때 대부분의 14개월 된 아이들은 자신들이 선호하는 음식, 즉 크래커를 골랐다. 그러나 18개월 된 아이들 중의 87%는 음식을 맛본 사람의 선호도를 정확하게 알아맞혔다.

다른 사람의 욕구를 알게 되는 시기와 비슷한 때에, 아이들은 다른 사람의 계획과 의도에 대해 생각할 수 있다. 앤드루 멜트조프는 아이들이 말을 할 수 있기 전에도 성공하든 실패하든지 간에 한 사람이 물체를 가지고 무엇을 하려는지 알아챌 수 있다는 것을 보여줬다. 예를 들어, 18개월 된 아이는 실험자가 나무로 된 축소 모형 아령을 들고 있는 것을 봤다. 실험자는 나무 모형 아령을 잡아당겨서 따로따로 분리한다. 그러나 손이 미끄러져 그 시도는 끝이 나고 만다. 아이들은 아령을 건네받자 성공적으로 분리했다. 실험자가 완성하려고 의도했던 행동에 대해 생각할 수 있었던 것이다.

어린아이들이 다른 사람들이 무엇을 하려는지 알아챌 수 있는 감각을 급속도로 발달시킨다는 증거는 몇몇 연구들에 의해 뒷받침된다. 연구에 따르면, 만 두 살 반 된 아이들은 이미 다른 사람이 의도한 목표에 도달하지 못하도록 전략을 쓸 수 있다. 브리티시컬럼비아 대학의 마이클 챈들러와 동료 연구자들은 술래잡기 보드 게임을 했다. 술래잡기 보드 게임은 색이 다른 플라스틱 용기 중 하나에 보물을 숨기도록 하는 게임이다. 실험자들은 아이들에게 토니라는 이름을 가진 작은 인형을 주고 어떻게 토니의 잉크 묻은 발자국이 지울 수 있는 새하얀 놀이판 표면에 자국을 남기는지를 보여주었다. 그런 후 실험자들은 아이들에게 보물을 숨기는 것을 보지 못한 술래가 그 보물을 찾을 수 없도록 토니에게 보물을 숨기도록 하라고 말했다. 아이들은 발자국 지우기, 눕히기, 심지어는 발자국을 지우고 가짜 발자국을 만드는 행동을 결합하는 등의 전략을 펼쳤다. 아이들은 보물의 진짜 위치에 대해 다른 사람들이 속도록 명백히 계획된 행동을 한 것이다.

다른 사람의 의도를 알아챌 수 있는 아이의 능력은 가족에게 오락거리를 제공할 수 있다. 우리 아이들은 아침에 내가 마시는 차 마지막 한 모금을 마시는 게임을 했다. 방식은 항상 똑같았다. 내가 보지 않는 동안 아이들 중 한 명이 컵을 가져가서 마지막 소량의 차를 마시는 것이다. 그러고 나서 나는 돌아서면서 그 마지막 특별한 한 모금의 차를 얼마나 마시고 싶었는지에 대해 말한다. 아이들이 자신들의 장난에 기뻐하며 낄낄 웃고 있을 동안 나는 항상 정말 놀라고 실망한 척을 해야만 했다.

옳고 그름에 대해 눈뜨기

에밀리의 생일잔치에서 토미가 애나를 밀쳤을 때, 어린 스티븐은 즉시 토미의 행동에 대해 "나빠!" 하고 말한다. 아이들은 모두 토미가 한 행동이 사고가 아니라 잘못된 것임을 안다.

옳고 그름에 대한 분별은 생후 2년에 나타나기 시작하는데, 이 시기쯤에 일어나는 모든 다른 흥미로운 발달들과 연관되어 있다. 즉, 추론 능력의 향상, 자아인식 발달, 다른 사람의 의도와 감정에 대해 인지하고 반응하는 능력들과 관련이 있는 것이다. 아이들은 어떤 행동이 다른 사람들이나 물체에 관련된 것이든 아니든 간에 인정받지 못하는 행동에 대해 인식한다.

옳고 그름에 대한 감각의 출현을 알아보는 방법 중 하나는 손상된 물체에 대한 아이들의 반응을 지켜보는 것이다. 심리학자들은 아이들이 결함이 있고, 고장 난 지저분한 물체에 집중하는 경향이 있음을 발견했다. 방이 아주 다양한 장난감들로 가득하다면, 만 두 살 된 아이는 놀랍게도 팔이 빠진 인형이나 바퀴가 없는 기차를 가려내는 경향이 있다.

그라지나 코찬스카와 동료 연구자들은 걸음마 단계의 아이가 결함 있는 물체에 보이는 민감성 정도와 그른 행동에 대한 관심 사이의 연관성에 대해 연구했다. 연구의 첫 단계에서 연구자들은 한 쌍의 물건들, 즉 하나는 완전하고 하나는 손상을 입거나 깨진 물건을 가지고 아이들의 반응을 관찰했다. 만 두 살 반 된 아이들은 정확하게 손상을 당하지 않은 물건을 선호했다. 그러나 결함이 있는 물건은 아이들의 관심을 끌었다. 아이들은 손상된 것을 수리되어야만 하는 부정적인 무엇인가로 보았다.

연구의 두 번째 단계에서 아이들 자신이 일으켰다고 믿는 손상에 대한 아이들의 반응을 지켜보았다. 특별 제작된 인형과 놀 동안 인형의 머리가 떨어지도록 하거나, 웃옷을 집어 올릴 때 잉크를 엎어 얼룩지게 했다. (연구자들은 곧 사고를 설명하고 손상되지 않은 진짜 물품을 만들어 아이들을 안심시켰다.) 첫 단계 실험에서 손상된 물건과 손상되지 않은 물건을 구별하는 데 가장 능숙했던 아이들이 두 번째 단계의 실험에서 손상을 일으킨 것에 대해 다른 아이들보다 더 많은 걱정을 보였다. 해를 입혔다는 것에 불편해하는 아이들이 손상된 것에 더 관심을 보이는 것일 수도 있다.

생후 2년 중반쯤, 대부분의 아이들은 어른들로부터 인정과 불인정의 신호를 찾기 시작한다. 아이들은 부모가 가진 기준에 맞춰 조심하게 되고 자신들의 행동이 그 기준에 적합한지 아닌지를 판단하기 시작한다. 아이들은 사건들에 좋거나 나쁘다는 단어들을 연결한다. 그리고 이 단어들이 그 행동이 장려되어야 하는지 단념되어야 하는지의 자격을 부여하게 된다.

좋거나 나쁘다고 그 행동에 자격을 부여하는 것은 사람의 느낌과 생물학적으로 관련된 감정적 토대에 기반을 둔 것이다. 아이는 처벌받을 만한 행동 범주와 위의 긴장감 및 호흡의 변화를 연상할지도 모른다. 나쁘다는 단어는 불쾌한 맛이나 냄새를 가진 물건과 함께 연결지어 사용되기도 한다. 아이가 만드는 이러한 종류의 연상과 그것에 따라오는 신체적 감각은 아이의 기질에 의해 영향을 받는다. 극도로 예민한 신경계를 가진 아이들은 신경계가 덜 강하게 반응하는 아이보다 그릇된 행동을 할 때 더 많은 동요를 느낄 것이다.

사건의 원인을 추론하는 능력은 옳고 그름에 대한 감각을 위해 필수적인 능력이다. 세 살 된 아이는 장난감이 부러진 것을 보았을 때 다른 사람의 행동에 의해서 손상이 되었다고 추론한다. 부모의 반응을 보았던 과거의 경험으로부터 배운 것이다. 만약 아이가 자신이 인형을 망가뜨린 장본인이라고 느낀다면 아이는 불확실함이나 두려운 표정으로 반응하며 심지어 "오!"라고 말하기도 한다. 만 1~2세 사이의 아이들은 자신의 잘못이라면 상황을 수습하고 싶은 욕구를 보이기 시작할 수도 있다. 만 3세 정도가 되면 더 지속적으로 이렇게 한다. 이 아이들은 상황과 그 상황이 초래하는 결과 사이의 관계를 더 어린 아이들보다 더 잘 연결시킬 수 있기 때문이다.

물건을 소중히 여기고 보호하는 문제는 걸음마 단계의 아이들에게 꽤 친숙한 일이다. "재떨이 만지지 마!", "병은 놔두고", "더러운 손으로 커튼을 만지면 안 되지!" 이런 말을 얼마나 많이 듣는가? 아이에게 안전한 집이라 할지라도 꼭 몇몇 사용금지 물건들이 있다. 아이들의 도덕성 발달을 연구한 주디 던은 아이들이 부모의 기준에서 벗어난 사건들에 대해 걱정스럽게 반응한 반면, 같은 사건이 동시에 관심거리, 오락거리, 흥밋거리가 될 수 있다는 것을 발견했다. 어른들이 신문, 토크 쇼, TV 뉴스에 나오는 범죄, 스캔들에 주목하는 것을 생각해보면 이러한 관찰은 놀라운 것이 아니다.

아이들이 부모의 기준에 얼마나 잘 따르는지는 상당 부분 보호자와 함께한 경험에 달려 있다. 연구에 따르면 엄마가 기쁨이나 불편함의 신호에 더 적절하게 반응하고 엄마와 더 즐겁게 사회적 상호작용을 가진 14개월 된 유아들이 22개월이 되었을 때 부모의 기준을 어긴 것에 대해 더 큰 고민을 보였고 엄마의 행동을 더 열심히 모방하려는 경향이 있었다. 이러한 행동은 엄마들로 하여금 직접적인 훈육 방법을 덜 사용하게 한다. 이 방법이 대단히 중요한 이유는 육아의 주요 목표가 복종을 강요하는 것이 아니라 아이가 지식과 함께 자신의 행동을 조절할 수 있도록 도와주는 습관을 습득하게 하는 것이기 때문이다.

걸음마 단계의 아이들은 자신의 행동이 어떤 결과를 가져온다는 것을 감지하기 시작한다. 그리고 다른 사람에게 해나 불편을 끼칠 수 있는 충동을 억제하는 법을 배울 수 있다. 어떤 것이 옳거나 그를 수 있다는 느낌이 자연스럽게 생긴다. 그러나 옳고 그른 것에 대해서 구체적으로 배우는 것은 주위 어른들의 지도를 요구한다. 그리고 이러한 지도는 지금 바로 필요하다. 어른들은 명확한 기준을 만들고 정확한 신호를 주어야 한다.

반구 간의 연결

우리가 어려운 결정을 내려야 할 때, 가끔씩 머리 둘이 하나보다 낫다고 한다. 이것이 바로 뇌가 작동하는 방식이다. 두 반구는 동일하지 않다. 비록 두 반구가 대부분의 특성들을 공유하지만 각각의 반구는 고유한 특수 전문 영역을 가지고 있다. 두 반구의 전문화는 다른 종보다는 인간에게서 더욱 두드러지게 나타난다. 두 반구를 연결함으로써 뇌는 광대한 자원에 접근하게 되는 것이다. 이것은 일을 하는 데 굉장히 효율적인 방법이다.

생후 2년 동안, 가장 중대한 뇌 관련 소식은 두 반구 간의 연결이 강화된다는 것이다. 비록 1차 연결(뇌량이라는 다리를 형성하는 약 3억 개의 축삭 뭉치들)은 출생 직후에 일어나지만, 많은 양의 집중된 구축 활동이 생후 2년 동안 뇌량의 두 끝에서 일어난다. 두 반구의 피질에서, 신경세포는 반대편 반구의 상응하는 영역으로부터 온 축삭과 시냅스 접촉을 하기 위해서 더 긴 수상돌기를 자라게 한다. 이 연결로 인해 두 반구로부터 온 정보의 통합이 극적인 증가를 보인다.

생후 2년 동안 나타나는 많은 새로운 심리적 능력과 행동은 두 반구의 통합이 증가된 것과 관련이 있다. 우리는 이것이 어떻게 언어 능력을 위해 작동하는지 살펴봤다. 두 반구의 연결이 향상된 덕분에, 사물을 볼 때 아이는 빠르게 사물에 맞는 단어를 생각해낼 수 있다. 언어 폭발이 일어난 것이다.

비슷한 방식으로 좌우반구 간 정보의 통합은 자아인식의 출현에 영향을 미친다. 우반구는 몸의 감각적 느낌을 처리한다. 좌반구는 이름, 느낌에 대한 단어들을 포함한다. 좌우반구의 정보 통합은 또한 옳고 그름에 대한 아이의 감각 발달에 영향을 미친다. 아이가 부모의 기준을 어겼다고 느끼는 무언가를 하면 우반구는 감정적인 반응을 인식하도록 해주고, 반면 좌반구는 옳고 그름 및 선악으로 분류한다.

새로 등장한 세 가지 능력(언어, 자아인식, 옳고 그름에 대한 기준)은 모두 추론 능력을 요구한다. 전전두엽피질에 다른 피질 영역에서 들어온 정보를 연관시킬 수 있는 능력이 합쳐지면 추론 능력은 빛을 발하게 된다. 이때가 전전두엽피질이 급속도록 발달하는 시기다. 기억, 학습, 계획과 실행, 문제 해결, 판단 등과 같은 고차원적인 뇌 기능을 조율하는 조정자로서 전전두엽은 생후 3~6년간 주인공 역할을 할 것이다.

걸음마 단계의 아이들과 기질

3장에서 어떻게 하버드 대학 연구팀이 오랜 기간 새로운 것에 대한 아이들의 반응을 알아보았는지 살펴보았다. 4개월 때 에밀리 같은 아기들은 낯선 소리를 들을 때나 눈앞 아주 가까이에서 모빌이 흔들릴 때와 같은 과정에서 조용히 앉아 있다. 같은 상황에서 애나 같은 아기들은 이 익숙하지 않은 상황에 신경이 극도로 곤두선다. 에밀리와 애나는 낯선 상황에 가장 약하게 반응하는 아이와 가장 강하게 반응하는 아이, 즉 두 극단의 경우를 대표한다. 이 아이들이 하버드 유아 연구팀에 참여하고 20개월쯤 다시 관찰을 받기 위해 이번엔 낯선 방에 놓였을 때 어떻게 반응하는지에 대한 연구에 참여한 것처럼 다시 한 번 가정해보자.

낯선 영역에서

에밀리는 엄마와 함께 전에 한 번도 본 적이 없는 방에 들어간다. 방은 경사진 바닥, 기어들어갈 수 있는 캄캄한 구멍이 있는 상자, 벽에 있는 무서운 가면 등 낯설고 흥미로운 물건들로 가득하다. 에밀리는 이내 엄마에게 떨어져 나와 웃으면서 즐겁게 방을 가로질러 뛰어다닌다. 에밀리는 가면의 입에 손을 넣고 흔들며, 상자로 된 동굴 안으로 기어들어가고, 비탈진 바닥에서 위아래로 뛰어다닌다. 반면 같은 방에 들어갔을 때, 애나는 바닥에 눈을 고정시키고 엄마에게 꼭 달라붙는다. 낯선 방을 짧게 응시한 후 애나의 얼굴은 두려움으로 어두워진다. 애나는 필사적으로 모든 힘을 다해서 엄마를 밀어 가능한 한 빨리 이 낯선 방에서 나오려고 한다.

하버드 팀은 애나처럼 4개월 때 큰 불안감을 보이며 고도의 운동 활동을 보인 아이들은 20개월 때 더 두려워하고 수줍어하는 경향이 있다는 것을 발견했다. 에밀리처럼, 4개월 때 실험 동안 전혀 개의치 않으며 많이 웃었던 아이들은 20개월에도 덜 두려워하는 경향이 있었다.

전에 우리는 에밀리와 애나의 신경계가 다르게 사전 설치되어 있다는 것을 보았다. 그리고 이로 인해 이 아이들은 기계로 조작된 낯선 목소리와 모빌에 가깝게 매달린 물체들에 각기 다른 반응을 보였다. 이제 아이들이 조금 더 자랐으므로 신경계에서 일어나는 변화들로 인해 낯선 상황에 반응하는 방식에도 새로운 국면이 추가된다. 아이는 자신의 방식대로 상황을 해석하기 시작한다. 아이는 예전의 경험을 더 잘 생각해내고 그것을 현재의 상황과 더 잘 비교할 수 있다.

애나는 불쾌감을 강하게 느낀다. 그리고 이러한 불쾌한 느낌을 과거의 유사한 상황과 관련시킨다. 애나는 가능하다면 그러한 상황을 피하고 싶다. 이와는 반대로 에밀리는 새로운 영역을 자신의 방식대로 탐험할 수 있었을 때 좋은 느낌을 경험했을 것이다. 그래서 에밀리는 이 방문을 발견을 위한 기회로 여기는 것이다.

기본 감정들의 창, 뇌파검사 사용하기

기질에 속하는 하나의 특성은 아이의 기본 감정이다. 기분이 뇌파검사 기술에 의해서 나타날 수 있다는 사실은 기분이라는 것이 하나의 생물학적 기초를 가지고 있다는 것을 암시한다. 뇌파검사 연구는 또한 전두엽피질 부분들이 감정 처리와 아주 밀접하게 관련되어 있다는 것을 보여준다. 생후 1년 동안 분리불안이 나타난다는 말을 하면서, 엄마가 방을 나갈 때 어떤 아이들이 울기 시작할지 뇌파검사상의 차이를 통해 예측했다는 것을 언급한 바 있다. 상대적으로 오른쪽 전두엽의 활성이 더 나타난 아이들은 더 일찍 울었다. 아이들이 자람에 따라 뇌파검사와 행동 사이의 더 많은 흥미로운 상관관계가 나타난다.

위스콘신 대학의 리처드 데이비슨과 동료 연구자들은 에밀리처럼 외향적인 아이와 애나처럼 수줍음이 많은 아이 간의 차이를 연구하기 위해 뇌파검사기술을 사용했다. 연구자들은 31개월 된 아이들이 함께 노는 것을 관찰했다. 한 번에 두 아이와 아이 엄마들을 방에 있게 했다. 연구자들은 아이들이 얼마나 멀리 엄마로부터 벗어날 수 있는가, 아이들끼리 말을 거는 데 얼마나 오래 걸리는가, 장난감 터널 속으로 들어가는 데 얼마나 오래 걸리는가, 낯선 사람이 놓고 간 장난감을 만지는 데 얼마나 시간이 걸리는가 등에 주목했다.

이러한 관찰을 토대로 연구자들은 외향적인 아이, 수줍은 아이, 중간 정도의 아이로 나누었다. 몇 달 후 연구자들이 아이들의 기준선 뇌파검사를 측정했을 때 외향적인 아이들은 왼쪽 전두엽이 더 활성화되었고, 조용한 아이들은 오른쪽 전두엽이 더 많이 활성화되었다. 이것은 10개월 때 분리불안에 대한 결과와 일치했다.

연구자들에 따르면 수줍은 아이들에게서 나타난 두 반구의 전기 활동의 치우침이 반드시 아이가 새로운 장난감을 무서워한다는 의미가 아닐 수도 있다. 단지 그 장난감에 관심이 없을 수도 있다. 부모들은 아이들이 닿을 수 없는 곳에 새로운 장난감을 놓고 아이가 다가가서 혼자서 장난감을 이리저리 만져보도록 놔둘 수 있다. 자신만의 속도로 스스로 발견함으로써 아이는 점차 새로운 물체를 충분히 시도해보는 법을 배울 것이다.

기질 분야에 대한 다른 종류의 연구들을 통해 얻은 지식을 함께 놓으면 왜 아이들이 같은 상황에 대해 똑같이 반응하지 않는지 이해하는 데 도움이 될 것이다. 민감한 반응, 수줍음, 우전두엽 활성화 사이의 상관관계를 발견하기 시작한 것처럼 왜 어떤 아이들은 인내심이 없고, 어떤 아이들은 끈기가 있는지, 왜 어떤 아이들은 크게 화를 내지 않는 반면, 어떤 아이들은 쉽게 화를 내는지에 대한 새로운 통찰력을 발견할 수 있을 것이다. 그러나 아이가 성장하면서 일상생활에서 겪는 경험들은 자신의 행동을 만들어가는 데 강한 영향력을 미친다.

아이가 부모의 인내심을 시험할 때 어떻게 해야 할까요?

걸음마 단계의 아이에게 자신과 타인에 대해 배우는 것은 흥미로운 일입니다. 당연히 아이는 자신이 "싫어"라고 말하면 무슨 일이 벌어지는지 알고 싶어 하고, 선택할 수 있는 능력을 연습하고 싶어 하며, 얼마나 걸어갈 수 있는지를 알고 싶어 합니다. 만 2세 아이가 하고 싶어 하는 일과 할 수 있는 일은 종종 일치하지 않습니다. 심지어 어른들에게도 익숙지 않은 상황입니다. 차이가 있다면 어른들은 항상 대처하는 법을 배워왔다는 것입니다.

부모로서 우리의 임무는 아이가 스스로 결정하고 자신의 한계를 이해할 수 있는 능력을 키울 수 있는 방법을 찾도록 도와주는 것입니다. 그 이유가 다른 사람들의 필요나 상황의 제약 때문일지라도 말입니다. 만 2세 아이들은 이제 막 이해를 하기 시작하기 때문에 "내 머리 잡아당기지 마. 아파."와 같은 명확한 신호와 간단한 설명이 필요합니다.

슈퍼마켓에서 소리를 지르는 아이만큼 부모의 스트레스를 자극하는 일은 없을 것입니다. 이때 엄격한 표정으로 단호하게 "안 돼!"라고 말해도 소용이 없다면, 어떻게 설득해도 효과가 없을 것입니다. 아이의 정신을 딴 데로 돌려도 소용이 없다면 가게를 나와 아이가 진정할 수 있는 조용한 바깥 장소로 향하세요.

아이가 원하는 것을 얻고자 떼를 쓰는 버릇이 생길 수 있는 가능성을 줄이는 게 더 낫습니다. 대부분의 아이들이 이따금씩 떼를 쓰겠지만, 자주 떼를 쓰는 아이들은 원하는 것을 얻기 위한 하나의 전략을 배운 것입니다. 떼쓰는 데 지지 마세요. 가능하다면 떼쓰는 걸 무시하고 모른 척 하세요. 일상의 많은 상황들이 감정을 조절할 수 있는 방식을 만들 수 있는 기회입니다. 아이들은 원하는 모든 것을 다 가질 수는 없다는 것을 배워야만 합니다. 규칙이 항상 변하면 배움은 훨씬 더 힘듭니다. 그러므로 일관성이 중요합니다. 부모는 최선을 다하여 명확한 한계를 정하고 약속한 것을 지키며 엄포만 놓는 것을 피해야 합니다.

지나치게 걱정하는 아이를 어떻게 도울 수 있을까요?

애나 같은 아이의 부모는 아이의 기질에 스트레스가 될 만한 상황을 피할 수 있는 환경을 만들어주려고 할지 모릅니다. 하지만 아이는 아마도 곧 육아 시설에 가서 낯선 상황에 부딪치게 될 것이므로 아이가 이러한 상황들에 대비하도록 하는 것이 좋습니다. 나가기 전에 아이에게 보모에 대해 알 수 있는 시간을 더 많이 갖도록 하거나, 병원에 일찍 가서 대기실에서 놀 시간을 좀 갖게 한다거나, 너무 갑자기 다가오거나 너무 적극적으로 접근하지 않도록 아이의 친구들에게 조금 더 인내심을 갖도록 부탁하세요.

권위 있는 육아 방식은 극도로 겁이 많은 아이들에게 특히 도움이 된다는 것을 알 수 있었습니다. 즉, 이 방식은 아이의 행동에 지침을 제공함으로써 안전한 느낌을 생성한다는 의미입니다. 예를 들면, 아이가 안 된다고 말한 후에도 계속 접근 금지 구역을 향해서 가면 아이를 들어서 장난감하고 놀던 곳에 놓으세요. 책상에 접근 금지를 해두었는데 안 된다고 해도 아이가 책상 쪽으로 가려고 한다면 아이의 장난감이 있는 곳으로 돌아가게 하세요. 밤에 아이를 침대에 눕힌 후에도 계속 부른다면 아이와 함께 있다는 것과 아무 일도 없을 것이라고 확신시키고 지금은 취침 시간이라는 것을 명확히 하세요.

육아는 힘들기만 한 일일까요? 아니면 훌륭한 일인가요?

이 둘은 모두 같이 설명되어왔습니다. 만 2세 아이가 겪는 발달에 대해 이해하고 이 시기에 아이가 성취해내는 놀라운 일들에 대해 안다면 육아라는 도전에 큰 도움이 될 것입니다. 걸음마 단계의 아이들의 추론 능력이 발달함에 따라 떼를 쓰면 원하는 것을 얻을 수 있다는 결론을 이끌어낼 수도 있습니다. 또한 떼를 써도 안 된다는 것도 배울 수 있습니다. 아이가 사방을 돌아다니기 때문에 부모는 기진맥진할지도 모릅니다. 이것은 탐험하고 싶은 무한한 욕구와 스스로 돌아다닐 수 있게 된 새로운 능력이 결합된 활동이라고 여기세요. 시간이 오래 걸리더라도 아이가 자기 혼자서 양말을 신는다고 고집 피울 때는 이것은 자아감과 자신의 능력을 개화시키는 활동이라고 생각하세요. 감정이입할 수 있는 능력 덕분에 엄마가 다쳤을 때 위로할 수도 있는 것입니다. 또한 언어 능력의 발달 덕분에 작은 농담을 공유하고 실제 대화에도 참여할 수 있게 됩니다.

제4부 생후 3년에서 6년

에밀리를 위한 촛불 여섯 개

데보라가 앤드루를 병원에 데려가려고 문 쪽으로 급히 향하자, 남편 알렌은 걱정스런 목소리로 말한다. "아이들하고 나만 여기에 두고 갈 건 아니지?" 데보라는 에밀리가 생일잔치 준비를 거들었으니 물건들이 어딨는지 다 알기 때문에 괜찮을 거라고 남편을 안심시킨다. 에밀리의 두 돌 생일잔치 후 아이들이 어떻게 변했는지 묻는다면 에밀리의 아빠는 아이들이 이제 보다 사람들처럼 보인다고 말할 것이다. 이제 아이들은 나란히 앉아 따로따로 노는 대신 함께 놀고 단순한 문답 형식을 넘어서 이제는 진정한 대화를 나누게 된다. 아이들은 제각기 다른 만큼 공통점도 많다. 다양한 사람들과 어울리는 것을 배우며 사회생활에서 필요한 기술들을 습득한다. 걸음마를 시작하면 여기저기 노를 저어 바다를 탐색하는 항해사가 되어 배의 키를 잡고 부모의 통제라는 항구를 떠날 채비를 마친 것이다.

알렌은 노래는 잘 못하지만 최선을 다해 생일 축하 노래를 선창한다. 에밀리가 촛불을 끈 다음 케이크를 한 조각씩 나누어주면 아이들은 곧 생생한 대화에 참여한다. 9월에 있을 학교 입학 첫날이 가장 큰 화젯거리다. 매튜는 아빠처럼 변호사가 되려고 학교에 간다고 말한다. 매튜는 자신감 넘치는 외향적인 아이로 이미 아주 설득력 있는 태도로 말을 한다. 토미는 축구나 하자고 말한다. 애나는 대화에 참여하지 않고 듣기만 한다. 애나는 실수로 팔꿈치가 테이블에 부딪쳐 카펫에 음료수 몇 방울이 떨어지자 뒤처리를 하고 싶은 욕망과 자신의 과오에 이목이 쏠릴까 하는 두려움 사이에서 갈등하며 안절부절못한다.

"옆집 공터에서 소프트볼 할까?" 아빠 알렌이 이렇게 제안하자 에밀리는 좋아서 날뛰며 팀의 주장을 하겠다고 한다. 애나가 소프트볼을 한 번도 해본 적이 없어서 불리하다고 항변하자 나머지 아이들은 애나에게 처음 볼을 칠 기회를 주는 게 공평할까에 대해 생생한 토의를 한다. 아이들은 공과 방망이를 들고 나가면서 먼저 소리친다. "내가 투수야.", "넌 우리 팀이야.", "토미, 너 차거나 밀면 안 돼." 알렌은 심판을 볼 것이다. 사실 알렌은 이제 이 파티를 즐기기 시작한다.

08 자신감

학교 입학 첫날이 다가오면서 에밀리와 친구들은 모두 자신을 아주 중요한 존재로 다 자랐다고 느낀다. 전 세계 일반적으로 만 6세 정도의 아이들은 자신이 속한 문화에 필요한 능력을 위해 체계적인 훈련을 시작할 수 있고 점차 자신의 행동과 가족에 대한 더 많은 책임감을 가질 수 있는 발달 단계에 도달했다고 인식한다. 만 2~6세 사이에 눈과 손이 협동할 수 있고 미래에 필요한 사고 능력을 발달시킬 준비를 갖추도록 뇌에서 많은 변화가 일어난다.

운동성과 민첩성

매튜는 일곱 살 생일에 빨간 자전거를 받고 너무나 타고 싶었다. 세발자전거를 이미 탔었기 때문에 페달 밟는 법은 알았지만 문제는 몸의 균형과 핸들을 동시에 유지하는 법을 배워야 한다는 것이었다. 매튜가 새 자전거를 타고 잠시 균형을 못 잡고 이리저리 흔들리자 엄마는 조마조마했지만 이내 매튜의 자전거는 부드럽게 도로로 향했다. 매튜의 자전거 타기를 통해 우리는 매튜의 뇌가 이제 매튜가 하는 일을 도와준다는 것을 알 수 있다. 자전거 페달을 밟는 능력은 뇌에서 발로 신호를 보내는 문제 그 이상이다. 이제 대뇌피질의 특수화된 영역들과 길게 연결된 부분들이 수초로 인해 강해지고 있다. 덕분에 뇌와 발의 소통은 더 빠르고 효율적이다. 매튜의 전전두엽피질은 자전거가 앞으로 갈 수 있게 하는 의지를 만든다. 전전두엽피질은 매튜가 좌우 핸들을 조정할 수 있도록 자신의 위치를 말해주는 뇌의 뒤쪽에 있는 시각령으로부터 필요한 정보를 불러온다. 그러면 특수한 대뇌피질 운동 영역인 전운동피질이 연속적인 움직임을 위한 프로그램을 시작한다. 또한 매튜의 1차 운동 영역으로 하여금 척수의 운동 신경에 적절한 신호를 보내도록 명령한다. 마침내 이 신경의 축삭들이 그 메시지를 근육에 전달하게 되고 그러면 매튜는 그의 발을 페달에 올리고 출발하는 것이다.

자전거로 도로 주행을 하기 위해서 매튜의 대뇌피질은 피질하 조직과 협력이 필요하다. 이 시기에 이 조직들과 대뇌피질의 결합 또한 더 강해진다. 자이로스코프의 내부처럼 전정계는 자전거에서 떨어지지 않도록 균형을 유지해준다. 소뇌는 아이가 한 활동을 연습할 때 일어나는 절차적 학습과 관련된 중요 부분이다. 매튜는 18개월에 처음으로 세발자전거에 올라탄다. 페달을 밀어 내리긴 했지만 필요한 힘을 다 내진 못해서 페달 하나는 헛바퀴를 돌았고 결국 자전거는 어디로도 가지 못한다. 하지만 이내 다시 몇 번 더 시도한 후 다리를 번갈아가며 페달을 밟는다. 그 후로 아무도 매튜를 멈출 수 없다. 연습으로 인해 소뇌의 회로가 바뀌게 된 것이다. 일단 이 패턴이 자리를 잡으면 이 패턴에 대한 기억이 오랫동안 계속된다. 여러분도 이런 경험을 해봤을 것이다. 자전거를 탄 지 오래되었는데도 안장에 오르자마자 두 발은 정확하게 움직이기 시작한다.

매튜의 페달은 학습된 움직임을 무의식적으로 조절하는 기능을 하는 뇌구조인 기저핵과도 깊은 관련이 있다. 기저핵은 연결이 잘되어 있어 피질 전체에서 입력을 받는다. 즉, 기저핵은 계획하기와 같이 운동 근육을 통제하는 고차적인 측면과도 관련이 있다. 대뇌피질과 기저핵이 상호 연결되는 과정이 만 3~6세 사이에 수초화를 겪는다. 이러한 연결은 쓰기와 같은 능력을 학습할 때 아주 중요하다. 처음에는 동작을 통해 의식적으로 생각하지만 점차적으로 자동화된다.

기저핵은 수의운동을 통제하는 데 특히 중요한 신경전달물질인 도파민을 받는 특별한 수용기다. 흔히 도파민이 부족해서 파킨슨병에 걸린 환자들이 움직이기 힘들다는 것을 들어본 적이 있을 것이다. 아이가 만 한 살에서 만 두 살이 되면 도파민 수용기들은 기저핵에 있는 뉴런의 수상돌기 위에 재빠르게 형성되고 만 10세 정도 될 때까지 체내에 있는 도파민 수준은 증가하게 된다. 또한 도파민은 몸이 활동하는 동안 경험하게 되는 즐거움과도 관련이 있기 때문에 아이들이 뛰거나 점프하거나 자전거 페달을 밟는 것을 좋아하는 이유를 설명해줄 수 있을지도 모른다.

낙서에서 쓰기까지

만 세 살짜리 아이에게 종이와 크레용을 주고 그림을 그리게 해보자. 아이의 설명이 없다면 무엇을 그렸는지 알기 어려운 경우가 많다. 아이에게 있어 낙서란 그저 크레용을 종이 위에 움직이면서 느끼는 즐거움에 지나지 않는다. 하지만 한 해가 지나면 사물이나 사람을 단순하고 진부한 형태로 그리기 시작할 것이다. 태양은 햇살을 나타내는 선들과 함께 동그랗게 그리고, 꽃은 동그라미 주위에 작은 동그라미들이 줄지어 붙어있도록 그리며, 사람은 동그라미 머리 아래 선을 두 줄 그린다.

취학 전 아이들은 생각하는 기술만 섬세해진 것이 아니라 감각 또한 좀 더 정확해지고 눈과 손의 협동이 향상되어 손가락을 훨씬 정확하게 사용할 수 있게 된다. 일곱 살이 되면 대부분의 아이들이 엄지손가락을 다른 손가락과 순서대로 마주칠 수 있으며 세 손가락으로 연필을 쥐어 쓰기나 그리기가 가능하다. 정확한 동작을 위해 손을 사용하는 능력은 특히 인간에게 발달되었다. 인간은 원숭이보다 엄지가 길고 마디가 좀 더 유연하다. 게다가 복잡한 수의운동으로 가는 연속적인 단계를 계획하는 전운동피질의 크기가 여섯 배나 크다.

하지만 아이들의 섬세한 운동 능력은 발달 시기가 아주 달라서 어떤 아이들은 손으로 하는 일을 아주 힘들어한다. 필자도 그랬다. 놀랍게 들릴지 모르겠지만 1930년대에 초등학교를 다닐 때 남자아이 여자아이 할 것 없이 뜨개질을 배웠다. 손과 눈의 공동 작용을 훈련하는 방법으로 뜨개질은 예술 작품을 만든다는 기쁨을 주는 동시에 유용한 생산품으로 여겨졌다. 우리는 군인을 위해 울로 된 수건을 만들었다. 나는 뜨개바늘과 용기 있게 씨름했지만 손수 만든 울 수건은 결국 한쪽 끝은 꾀죄죄한 회색이었고 선생님이 완성한 반대 끝은 빛나는 하얀색이 되었다. 나에게는 며칠 걸려 씨름하며 나온 결과가 선생님한테는 몇 분에 끝날 일이었다. 가끔 내 수건을 받을 군인이 그것을 받고 어떻게 생각할지 궁금했다.

이와 달리 에밀리 친구 소냐는 정확한 손놀림에 특히 능숙했다. 소냐가 네 살 반이 되었을 때 음악가였던 소냐의 부모는 딸에게 작은 바이올린을 주고 아동 음악 교육 전문가인 친구에게 보냈다. 소냐는 신이 났다. 이마에 주름을 지으며 조심스럽게 현 위에 손가락을 대고 활을 현 위에 얹어 주의 깊게 소리를 듣는다. 일곱 살 때는 더 빠르게 손가락 위치를 제대로 댄다. 손가락의 움직임을 섬세하게 조정할 수 있는 것은 운동피질과 손 근육의 연결이 향상되고 나머지 피질 영역의 협동 때문이다.

운동피질에 있는 뉴런의 수상돌기가 이 시기에 성장하지만, 손을 사용하는 연습은 발달을 더 자극할 수 있다. 결과적으로 연습에 사용되는 특정한 근육 움직임을 담당하는 운동피질 영역들이 더 커지는데 이는 뇌의 모양은 경험에 의해 만들어진다는 증거이기도 하다.

이는 어려서부터 바이올린을 연습한 전문 바이올린 연주자들과 20세 이후에 바이올린을 시작한 연주자들을 비교한 연구 결과로도 알 수 있다. 어려서 바이올린을 배운 아이들은 왼쪽 작은 손가락의 움직임을 맡고 있는 운동피질 영역이 더 컸으며, 또한 뇌의 두 반구를 연결하는 뇌량이 몇 년 후에 바이올린 연습을 시작한 음악가들보다 두꺼웠다.

피질과 피질하 부분들, 소뇌, 기저핵 사이의 연결의 강도는 어떤 동작이 자동화될 때까지 정확한 동작을 연습하는 데 있어 중요하다. 매튜가 자전거 페달을 밟는 법을 배우는 부분에서, 일련의 동작을 실행함으로써 배우는 절차 학습에 대해서 말한 적이 있다. 글씨를 쓰거나 그림을 그리기 위해 연필이나 크레용을 잡는 법을 배우는 것 또한 절차 학습이다. 수의 운동은 자연스럽게 의식적인 생각 없이 될 수 있을 때까지 반복적으로 연습되어 일단 학습되면 눈에 띄게 안정된다.

뉴런 지도

복잡한 움직임을 실행하기 위해서는 이웃하는 부분들에 있는 상당수의 근육들이 정확히 조율된 자극을 받아야 한다. 운동피질에 있는 특수 뉴런 집단의 자극적인 활동이 이를 돕는다. 특정한 동작의 연속을 대표하는 기본 지도를 만드는 연결을 형성하기 위해서 유전자는 이 뉴런 집단에 초기 지시를 내린다. 이 지도의 크기는 상응하는 신체 부분의 크기에 따른다기보다 그 기능에 따른다. 예를 들어, 손의 미세한 동작을 위한 지시는 특히 정확해야만 하기 때문에 손동작은 더 큰 지도로 나타난다. 지도 작업은 또한 시각, 청각, 체지각과 같은 피질의 다른 영역에서 일어난다. 청각에서는 바이올린 소리처럼 비슷한 소리들은 관련된 지도에 의해 처리된다.

아주 일찍 훈련을 시작한 바이올린 연주자의 예에서 보았듯이, 아이의 성숙과 경험에 의해 더 큰 영역을 차지하는 이 지도들은 점차 정확해진다. 흥미로운 것은 트럼펫 연주자들의 청각에는 다른 소리를 위한 지도보다 트럼펫 소리를 위한 지도가 더 크다.

아이는 글씨를 쓰기 위해서 손과 눈을 더 잘 협동시킬 수 있다. 왜냐하면 연습은 보다 정교한 뉴런 지도를 만들기 때문이다. 만 1~2세 아이는 낙서를 한다. 만 2~3세 아이는 수평선을 따라 그릴 수 있다. 만 3~4세에는 동그라미를 따라 그릴 수 있고, 만 4~5세 아이는 십자 모양과 머리 몸 다리의 세 부분으로 나뉜 사람을 그릴 수 있다.

일반적 성숙과 경험에 의한 성장과 더불어 뉴런 지도의 확장은 개인적인 유전적 요소와 개인적인 활동에 달려 있다. 뉴런 지도는 훈련을 하면 더 커질 수 있고, 소홀하면 더 작아질 수도 있다. 시간이 흐름에 따라, 각각의 아이들은 운동과 감각 능력의 속도와 효율성에 영향을 주는 독특한 지도를 발달시키는 것이다.

뇌 속의 왼손잡이와 오른손잡이

20세기 후반까지 많은 교육자들은 학교에서 왼손을 사용하는 아이들을 오른손을 쓰도록 훈련시켜야 한다고 느꼈다. 그 후 몇 년이 지나자 여전히 증거는 불충분했지만 다른 전문가들은 오른손잡이 훈련이 읽기 능력을 떨어뜨린다고 반박했다.

오른손잡이 · 왼손잡이는 뇌에 기초해서 인간 진화 초기부터 존재해왔던 것 같다. 유인원들은 목적에 따라 각기 다른 손을 선호하는 경향이 있다. 사물을 잡기 위해 손을 뻗칠 때는 왼손을 선호하는데, 어미 유인원은 긴급 상황에서 자동적으로 왼손을 뻗쳐 아기 유인원을 들어 올린다. 한편 사물을 조작할 때는 오른손을 선호한다.

나라마다 우위가 있긴 하지만 왼손잡이는 전 세계에서 나타난다. 흥미롭게도 미국인의 경우 전체 인구의 10%가량이 왼손으로 글씨를 쓰는 반면, 한국인들은 1%가 왼손으로 글을 쓴다고 보고된 바 있다. 이 차이는 상당 부분 오른손잡이 훈련에 대한 문화적 태도의 차이에 기인한다.

성격과 마찬가지로 오른손잡이나 왼손잡이를 설명할 때 가상의 상자 안에 둘을 나누어 분포시킨다는 의미는 아니다. 만약 선을 하나 긋고 좌우로 나눈다면 오른쪽에 더 많은 사람들이 선을 따라 서겠지만 이렇게 구분 짓기는 어렵다. 왜냐하면 오른손으로 글씨를 쓰는 사람들이 칼을 사용하거나 공을 던지는 등의 다른 활동을 할 때에는 왼손을 사용하고, 그 반대의 경우도 있기 때문이다.

기억할지 모르겠지만 15주 된 태아는 이미 오른손 엄지손가락을 더 많이 빨고 신생아의 경우 걷기 반사 시 주로 오른발부터 뗀다. 18~34개월 사이 아이들은 종종 양손을 사용하지만, 한 손을 다른 손보다 더 많이 사용하는 경향이 증가한다. 만 3세 정도가 되면, 모든 아이들의 86%가 왼손보다 오른손을 더 많이 사용한다. 손과 마찬가지로 18~36개월 사이의 아이들은 걸음을 뗄 때 한 발을 다른 발보다 더 선호하는 경향이 있다.

만 2~4세 사이에, 손의 움직임을 맡고 있는 1차 피질 내의 뉴런은 상당수의 수상돌기를 자라게 한다. 오른손잡이들은 왼쪽 반구에서 박차가 가해지고, 왼손잡이들은 오른쪽 반구에서 이러한 현상이 일어난다. 왼쪽 운동피질이 신체의 오른쪽을 통제하고, 오른쪽 운동피질은 왼쪽을 통제하기 때문에 좌우손잡이는 이 시기에 더욱 드러나게 된다.

유전은 손잡이를 결정하는 데 영향을 미친다. 하지만 손잡이와 특정한 지능적 또는 예술적 능력을 연결하는, 관심을 끌 만한 이론을 뒷받침할 믿을 만한 증거는 없다. 양전자방출 단층촬영법과 기능적 자기공명영상과 같은 현대 뇌 촬영 기술과 유전적 모형을 결합한 주의 깊은 행동 연구들이 향후 우리를 사로잡는 좌우손잡이에 대한 질문들에 더 많은 지식을 제공해줄 것이다.

행정 기능

행정 기능이란 말은 예산을 기획하거나 다음년도 마케팅 전략을 짜기 위해 중역 회의를 주재하는 큰 회사의 대표이사(CEO)를 연상시킨다. 어떤 면에선 에밀리와 에밀리의 친구들의 뇌는 이와 비슷한 무언가를 하고 있는 것이다. 보여주며 말하기(show-and-tell: 청중에게 무언가를 보여주며 그것에 대해 말하는 활동)를 준비하는 등의 장기적인 활동과 보드 게임에서 어떤 것을 움직일까 결정하는 단기의 문제 해결은 한 회사의 CEO가 직면한 일련의 단계들, 즉 목표 결정, 달성 단계 설정, 장애물 극복 전략, 실적 확인, 결과 평가, 미래를 위해 결과에서 배우기 등과 비슷한 단계와 관련이 있다. 뇌의 CEO가 바로 전두엽피질이다.

전두엽피질의 주요 기능 중 하나는 장기 기억 저장소에 있는 한 상황의 그림을 불러와 현재의 상황과 비교할 수 있도록 같은 선상에 놓고 우리의 결정에 따라 행동할 수 있는 능력, 즉 기억력을 작동시키는 것이다. 신경과학자인 패트리샤 골드만-라키치는 작동기억은 인간이 행동할 때 단순히 즉각적인 신호에 반응하기보다 생각을 사용하도록 안내하는 능력을 준다고 제언한 바 있다.

계획하고 계획 수정하기

만 세 살짜리 아이를 팔에 안고 잔치나 소풍 갈 계획을 세우긴 쉽진 않겠지만, 아이가 만 6세가 되면 준비에 적극적으로 참여하고 싶어 한다는 것을 알게 된다. 생일잔치에 초대하고 싶은 아이들의 목록 작성을 도울 수도 있고 게임을 제안할 수도 있으며 무슨 음식을 준비할까를 결정할 수 있다. 걸음마 단계일 때는 지금 바로 보이는 문제를 푸는 방법들을 시도했다. 예를 들어 아빠를 졸라 아이스크림을 사게 하는 법, 선반 위에 놓아둔 건포도 쿠키에 손을 뻗치는 일 등이다. 이제 일곱 살이 된 아이는 미래의 일을 시작해 성공할 수 있도록 실행에 옮길 수 있게 된 것이다.

몇 주 전 에밀리는 유치원에서 '보여주며 말하기' 시간에 준비한 것을 자진해서 했다. 에밀리는 자신의 정원에 대해 말하기로 정하고 가져갈 다양한 물건들을 생각했다. 싹이 난 해바라기 화분, 화분용 비료 한 포대, 그리고 해바라기 씨를 가져갈 수 있다. 그러고 나서 반 친구들에게 식물이 자라는 데 필요한 햇빛, 물, 땅, 그리고 정말 잘 키우기 위해 필요한 정성과 관심에 대해 설명할 수 있을 것이다.

드디어 그날이 왔고 에밀리는 빨리 반 아이들 앞에 서고 싶었다. 처음엔 친구들이 열심히 에밀리를 보았다. 그러나 몇 분이 지나 에밀리가 비료에 대해 설명하자 아이들의 관심이 흩어지는 것을 느낄 수 있었다. 아이들이 몸을 움직이고 이야기를 나누기 시작했다. 에밀리는 계획을 바꿔 자신이 기른 땅콩을 꺼내기로 했다. 아이들이 뿌리에 매달린 진짜 땅콩을 보자 모두 흥분했고 에밀리는 기뻤다.

에밀리는 자신의 발표를 반 아이들 전체가 보여준 흥미로운 발표의 일부로서 여길 수 있었다. 에밀리는 미리 준비할 수 있었고 아이들이 시큰둥해지자 전략, 즉 초기의 계획을 바꿀 수 있었다. 에밀리는 자신의 프로젝트가 성공했다고 느꼈다.

에밀리의 이 프로젝트와 만 두 살짜리 소냐가 보드에 나무로 된 도형 모양의 퍼즐을 끼워 맞추려는 노력 사이에는 어떤 차이가 있을까? 소냐의 매니저, 즉 전전두엽피질은 소냐가 과제에 집중하고 목표를 명심할 수 있도록 도왔다. 하지만 풀어야 하는 문제는 지금 바로 앞에 있었고 대부분 시도와 실수를 통해 문제를 풀었다. 에밀리의 통제 기능은 많은 새로운 특징들을 가진 더 효율적이고 다재다능한 단위로 향상되어왔다. 에밀리는 이제 미리 더 잘 계획할 수 있고 다른 전략을 더 잘 사용할 수 있게 된 것이다.

관심으로 열리는 문

우리 병원 실험실 기술자의 만 다섯 살짜리 사내아이는 엄마가 일을 마치기를 주변에서 기다리곤 했다. 실험실 밖에서 혼자 기다리는 동안 복도를 왔다 갔다 하면서 문에 적힌 이름과 방 번호를 보았다. 어린 크리스토퍼는 주위에 있는 많은 인상들 중에 특정한 특징만을 골라 기억 속에 그 정보를 저장할 수 있는 충분한 시간 동안 자신의 일에 집중한다. 몇 주 내에 그는 모든 이름과 그에 상응하는 방 번호를 암기할 수 있었고 자랑스럽게 맞는 '주소'에 메시지를 전달할 수 있었다.

문제를 해결하고 일을 수행하는 방법은 집중, 즉 동시에 일어나는 두 개의 과정 간의 섬세한 균형이다. 아이는 어떤 특정한 상황과 관련된 것을 선택하고 집중할 수 있어야 한다. 정신을 바짝 차리고 수용적이며 동시에 모든 무관한 배경 자극을 걸러내서 적극적으로 억눌러야 한다. 그리고 이것을 적당한 시간 동안 유지해야만 한다.

집중은 뇌 전체와 관련된 복잡한 연결망이다. 피질, 뇌간, 기저핵으로 구성된 이 연결망은 동기, 집중, 의지력과 같은 필수적인 측면들과 함께 연관되어 있다. 이 연결망은 유년기를 걸쳐 청소년기로 발달한다.

다양한 신경전달물질의 상호작용은 집중과 작동기억에게 있어 중요하다. 어떤 신경전달물질은 뉴런을 내보내는 반면 막는 신경전달물질도 있다. 뉴런을 오케스트라 구성원으로 생각한다면, 신경전달물질은 지휘자가 단원들에게 보내는 신호다. 예를 들어, 지휘자가 드럼을 즉시 멈추고 바이올린은 점차 나오라고 말할 수 있다. 제대로 된 메시지를 보내지 않는다면, 드럼은 계속 연주하고 바이올린은 나타나지 않을 수도 있다.

도파민은 뉴런의 활동을 조정하는 전달자다. 도파민 기능이 동요되면 주의력결핍 과잉행동장애를 일으킬 수 있다. 또 다른 중요한 신경전달 물질은 신경펩티드 Y, 즉 NPY이다. NPY는 자극과 제어 사이의 균형과 관련된 뉴런에서 주로 발견된다. 이들은 감정, 작동기억과 관련이 있어서 사고와 감정 사이의 중요한 연결을 형성한다. NPY의 양은 만 4~7세 사이에 급격히 증가하다가 만 8~10세 사이에 성인 패턴의 NPY에 도달한다.

아이들은 모두 셜록 홈스: 관찰과 추론

만 4~5세쯤 대부분의 아이들은 모든 것엔 이유가 있다고 생각하여 항상 이유를 알고 싶어 한다. 이 시기에 아이들이 쏟아내는 질문을 통해 아이들의 사고방식이 어떻게 변하는지 알 수 있다. 걸음마 단계의 아이들은 사건들을 자동적으로 관련시킨다. 풍선이나 과자 등 원하는 것을 갖고 싶다고 조를 때 미소를 지으면 보다 쉽게 얻을 수 있다는 것을 학습했을 수도 있다. 만 4세 아이들은 걸음마 단계의 아이들보다 더 많이 기억할 수 있을 뿐 아니라 습득한 지식을 새로운 상황에 더 잘 적용시킨다. 과거에 관찰했던 비슷한 상황들을 결합함으로써 일반적인 원리를 끌어내어 나중에 비슷한 사건에 적용하는 것이다. 연역적 추론은 걸음마 단계 아이들의 마음속에서 자동적으로 일어나는 추론보다 더 고차원적인 형태의 연상작용이다. 만 네 살짜리 아이가 아빠가 돈을 내고 오렌지를 사는 것과 엄마가 새 옷을 사면서 점원에게 돈을 주는 것을 본다. 이 모습을 보고 아이는 돈을 내면 물건을 살 수 있다는 결론에 이른다. 그러면서 돈은 어디서 생기는지, 왜 물건마다 가격이 다른지 등의 질문 공세가 시작된 것일 수도 있다.

질문만 하는 것은 아니다. 인과관계를 체계적으로 살피기 위해서 자신만의 관찰을 이용하기 시작한다. 어떤 아이는 못이 녹스는지 보려고 물이 든 컵에 못을 넣을지도 모른다. 어떤 아이는 나무 블록이 뜨는지 보려고 호수에 던져 볼 수도 있다. 또, 어떤 아이는 달걀이 깨지는지 보려고 손으로 꽉 움켜쥘 수도 있다. 부모에게 먼저 물어보고 하는 경우는 운이 좋은 것이다.

아이가 가진 지식에 대한 갈증과 놀라울 정도로 자유로운 상상력은 계속 우리를 놀라게 한다. 교육자들은 학교에 다닐 때도, 아니 평생 동안, 사람들이 아이였을 때의 이러한 열정과 호기심을 유지할 수 있는 마법의 열쇠를 찾기를 꿈꾼다. 하지만 하워드 가드너는 그의 저서《교육받지 않은 마음》(*The Unschooled Mind*)에서 취학 전의 사고력은 기본적인 한계를 가지고 있다고 지적했다. 판에 박힌 사고를 하고 간단한 설명에 만족하는 경향은 아이들의 제한된 경험을 대체하는 기능으로써 납득할 만하고 유용하다. 하지만 습득된 지식을 넘어 진정한 이해의 단계로 나아가기 위해서는 경험의 한계를 뛰어넘어야 하는 것이다.

전 략

전략이라고 해서, 군부대를 배치하는 군인들이나 소비자들을 겨냥해서 상품을 적극적으로 홍보하는 광고 책임자들의 이미지를 떠올릴 필요는 없다. 전략은 하나의 물체를 훑어보기 위해 눈을 움직이는 것과 같은 기본적인 무엇인가와 관련된 것으로, 하나의 목표를 달성하기 위한 어떤 체계적인 행동 계획을 지칭할 때 사용된다.

일레인 버필롯은 아이들이 단순한 시각적 과제를 수행할 때 나타나는 눈의 움직임을 측정했다. 아이들에게 집 한 채를 그린 두 개의 그림을 주고 두 개가 같은지 물었다. 어리면 어릴수록(평균 만 두 살 반 정도), 아무렇게나 그림을 훑어보고 실수도 많았다. 반면, 만 여섯 살 아이들은 집 꼭대기에 있는 창문부터 아래쪽의 문까지 체계적으로 눈을 움직였다. 이 아이들은 주어진 과제를 해결할 수 있도록 도울 수 있는 전략을 적극적으로 사용함으로써 두 개의 집이 같은지 더 잘 결정할 수 있었고, 결과적으로 실수도 적었다.

아마 한 번쯤 잡지 같은 데서 독자들에게 재미를 주려고 준비한 한 쪽짜리 게임을 풀면서 편하게 시간을 보낸 적이 있을 것이다. 미로찾기를 하면서 연필이나 과감하게 펜을 사용했을 것이다. 윌리엄 가드너와 바바라 로고프는 간단한 형태의 미로찾기를 아이들에게 보여줬다. 만 3세 아이들은 연필로 바로 미로찾기를 시작했지만, 만 4~5세 아이들은 연필로 길을 표시하기 전에 먼저 눈을 이리저리 굴리면서 마음속으로 어떤 길이 맞을지 모의 길찾기를 했다.

전략은 아이들이 학교에 들어갈 때 특히 중요하다. 아이들의 사고에 대한 종합적인 분석을 해온 로버트 지글러에 따르면, 아이들은 문제를 해결하기 위해 하나의 전략보다는 다양한 전략과 사고방식을 종종 시도해본다. 어떤 특정한 상황에는 어떤 전략이 최상인지 결정할 수 있는 경험이 충분할 때까지 다양한 전략들이 공존한다. 발견은 성공과 실패 두 가지 모두로부터 나온다는 것을 유념하는 것이 중요하다. 아이들의 실수는 상당 부분 어떤 특정한 과제에 접근하는 방식을 변화시킬 수 있는 기회로 작용한다.

이렇게 전략을 사용하는 데 있어 초기에 유연성을 가지면, 나중에 학습을 할 때 큰 도움이 된다. 지글러에 따르면, 아이가 전략을 계발할 수 있도록 도와주는 방법 중 하나는 왜 옳은 답이 옳고 틀린 답은 틀린지를 설명하도록 하는 것이다. 이렇게 함으로써 결과뿐 아니라 답에 이르기까지의 과정에 초점을 둘 수 있다.

만 3~6세 아이들은 문제를 해결할 때 자신의 행동을 지시하기 위해 혼잣말하기 전략을 자주 사용한다. 혼잣말은 많은 중요한 기능을 가지고 있다. 혼잣말은 아이가 사고를 조직하도록 돕는다. 혼잣말을 함으로써 아이는 적당한 단계를 겪으면서 과제를 완수하는 데 필요한 변화를 만들 수 있다. 반복을 통해 그 단계는 내재화된다. 혼잣말은 자신을 북돋는 역할도 할 수 있다. 스스로에게 "계속해라", "다른 걸 시도해 봐라", "나는 할 수 있다" 등 자신을 확신시키는 것이다. 일단 과제를 완수하면 혼잣말의 필요성은 감소한다. 학교에 들어가면 쓰기나 수학 문제를 풀 때 새로운 기술을 숙달하기 때문에 점차 혼잣말을 포기한다.

유연성

과오는 인지상사라는 옛말이 있다. 만약 실수를 바로잡아 새로운 접근을 시도할 수 없다면, 최상의 전략을 세울 수 있다는 것은 도움이 안 될 것이다. 브루스 후드와 동료 연구자들은 접근 방식이 잘못되어 새로운 접근 방법이 필요하다고 판명되었을 때, 자신의 기대를 떨쳐버릴 수 있는 아이들의 능력에 대해 연구했다. 연구자들은 직사각형 틀을 준비하고 틀 위에 굴뚝 모양의 통 세 개를 세웠다. 그리고 각 굴뚝 아래 상자를 놓고 불투명한 관을 한쪽 굴뚝에서 대각선 아래의 상자에 연결했다. 그러고 나서 굴뚝에 공을 떨어뜨렸다. 만 3세 이하의 아이들은 반복적으로 굴뚝 아래에 있는 상자를 쳐다봤다. 공이 직선으로 떨어질 것을 예상했기 때문이다. 그 후, 대각선으로 놓은 불투명한 관을 투명한 관으로 교체한 후 공이 대각선을 타고 내려가는 것을 보게 했다. 하지만, 다시 불투명한 관으로 교체하고 공을 떨어뜨리자 경험을 통해 일반화하지 못하고 굴뚝 밑 방향의 상자를 보았다. 공이 거기로 떨어져야만 한다고 생각한 것이다. 하지만 만 6세 이상 아이들은 보다 생각에서 자유로웠다. 다시 불투명한 관으로 바뀌자 그 관을 따라 시선을 옮겼다. 결과적으로 볼 때, 아이들은 자신의 행동이나 그 결과를 지켜볼 수 있고, 필요한 경우 과정을 바꿀 수 있었던 것이다.

만 6세 아이들은 만 6세 이전 아이들에 비해 사고가 더 유연하다. 걸음마 단계의 아기에게 잠자기 전에 책을 읽어주던 때로 돌아가 생각해보자. 만 세 살짜리 아이들은 일과를 바꾸는 것에 있어서 고집불통이다. 그 이유는 아마도 아이가 사건들은 어떤 특정한 순서대로 일어난다는 사실에 익숙해져 그 순서를 고집하고 싶기 때문일 것이다. 젤라조, 프라이, 라퍼스는 아이들에게 색깔이나 모양별로 그림을 분류하라고 했다. 성공적으로 하고 나면 연구자들은 새로운 규칙을 사용하라고 말했다. 예를 들어, 색깔별로 분류한 아이들에게 이제 모양별로 분류하라고 한 것이다. 만 3세 아이들은 새 규칙에 대해 말할 수는 있었지만 이전 방식 그대로 분류했다. 하지만 만 4세 이상의 아이들은 바꿀 수 있었다.

경험에서 배우기

예전에 자신의 아이에게 부정적인 경험은 하지 않도록 애쓰는 엄마를 만난 적이 있다. 작은 스테파니가 운동화를 두고 갈 때마다 엄마는 형편으로 볼 때 결코 적은 돈이 아닌 택시비를 지불하면서 매번 딸이 다니는 유치원으로 신발을 가져다주었다. 이것과 유사한 많은 경험들이 스테파니가 자신의 행동이 어떤 결과를 가져온다는 것을 배울 수 있는 소중한 경험을 빼앗았다. 어린아이로서 스테파니가 이런 경험을 하기는 얼마나 쉬운 일인가? 운동화가 없어서 친구들은 놀며 춤추는데 30분 동안 의자에 혼자 앉아만 있어야 되었을 경우를 생각해보면 이 30분은 불행한 시간이었겠지만 자신이 깜빡 잊은 행동이 어떤 결과를 가져오는지 스스로 배울 수 있었을 것이다. 운동화를 가져오는 것은 스테파니의 책임이고 신발을 기억하는 것은 자신의 능력에 대한 믿음으로 이어질 수 있는 것이다.

전전두엽피질의 빛나는 역할

아이의 행정 기능과 학습 능력에서 빠른 발전이 일어나는 동안, 전전두엽피질은 중앙 무대를 차지한다. 전전두엽의 역할에 대해 우리가 알고 있는 지식의 상당 부분은 전전두엽에 손상을 입은 환자들을 연구함으로써 얻은 것이다. 어린 시절 전전두엽이 손상되면 나중에 가능한 정보로부터 결론을 이끌어 내는 데 문제가 있을 수 있고, 다른 행정 기능의 결손을 가져올 수도 있다. 다섯 살 때 커다란 다트에 이마를 찍힌 어린아이를 예로 들자면 만 5세, 6세, 7세에 받은 신경심리학적 테스트에서 평균 이상의 지능을 보여줬다. 하지만, 미리 계획하기, 새로운 문제 해결하기, 추론하기, 경험을 통해 배우기에 있어서는 심각한 문제가 있었다. 이를 통해, 전전두엽피질은 이러한 기능에 있어 중요한 네트워크와 관련이 있다는 것을 알 수 있다.

뇌 손상을 입은 환자들에 대한 연구를 통해 전두엽은 감정적인 네트워크에도 참여한다는 것을 알 수 있다. 메릴랜드 대학의 린 그라탄, 펜실베이니아 주립대학의 폴 에슬린저, 아이오와 대학의 안토니오 다마시오, 다니엘 트라넬, 한나 다마시오는 만 7세 이전에 전두엽 손상으로 고통받은 성인들은 경험을 통한 학습과 행정 기능의 사용에 있어 어려움을 가질 뿐 아니라, 매우 충동적이며 감정을 갑작스럽게 분출해내는 경향이 있다고 보고한 바 있다. 기분의 변화도 심하고, 절망감을 잘 견디지 못하며, 감정이입을 할 수 있는 능력도 적은 것 같았다. 이로 인해, 스스로 감정 조절이 어렵고 다른 사람과 어울리기가 힘들어 외톨이가 되는 경향이 있었다.

전전두엽피질의 빠른 발달

어린 시절은 전전두엽에서 집중적인 구축 작업이 진행되는 시기다. 생후 3년 동안, 전전두엽에 있는 뉴런들은 상당수의 수상돌기를 자라게 한다. 동시에 수상돌기에서 작은 가시가 튀어나와 다른 뉴런들과 시냅스를 형성하기 위한 공간을 제공한다. 시냅스의 수가 급속도로 증가해서 만 세 살 반쯤에는 최고조에 달하는데, 이 수는 아이가 자라면서 가지게 되는 시냅스 수의 1.5배다.

사고에 영향을 미치는 중요한 생화학적 변화 또한 전전두엽에서 일어난다. 기억 형성과 관련된 신경전달물질인 아세티콜린을 함유하고 있는 특수 뉴런이 나타난다. 세포들 또한 피질 영역에서 나타나는데, 피질 영역은 감각 입력이 해석되고 이 감각 입력과 뇌의 다른 영역에서 온 정보들이 함께 놓이는 곳이다. 이 세포들은 청소년기까지 증가하다가 다행스럽게도 나이 들어서까지 잘 남아 있다. 이러한 뉴런들이 이렇게 늦게 오랫동안 발달하는 것은 인간에게만 나타나는 특색으로 보인다.

전전두엽에서 활동이 증가하는지 볼 수 있는 좋은 방법은 뇌 영역이 소비하고 있는 포도당의 양을 측정하는 것이다. 만 2~4세 사이에 가장 높은 수치의 포도당 소비가 전두엽에서 관찰되는데, 이를 통해 이 시기에 많은 구축 작업이 진행되고 있다는 것을 알 수 있다.

전전두엽은 좌우반구의 연결이 급속도로 강화됨으로써 힘을 받는다. 좌우반구 전두의 연락망을 연결하는 뇌량 부분에서 가장 빠른 성장이 바로 만 3세에서 만 6세 사이에 일어나는 것이다.

개화기와 가지치기

몇 주 전 조카가 캐나다에서 급한 질문이 있다며 전화를 했다. 며느리가 네 살짜리 손자를 유아원에 보낼 계획인데, 아이의 인지 발달을 자극할 가장 중요한 시기를 놓치지 않는 거라 확신하고 싶어 한다고 했다. 며느리는 기회의 창이 닫힐까 걱정했다. 그래서 조카가 이것이 사실인지 알고 싶어 했다.

우리는 가끔 시냅스 연결이 엄청나게 증가하는 시기, 즉 최대의 농도가 전두엽에 도달해서 꽃을 피우는 시기(개화기)가 만 세 살 반 동안이라는 것을 들으면 흥분의 도가니에 빠진다. 하지만 그 시기 후에 발생하는 극도로 중요한 구조적 조직을 간과하기 쉽다. 만 19세까지 지속되는 가지치기 시기 동안 거의 사용되지 않은 시냅스는 제거되는 반면, 자주 사용된 회로의 시냅스는 안정된다. 이 시기가 학습에 있어서는 비옥한 땅과 같은 시기라고 할 수 있다.

개화기에는 아이들이 주위를 탐험하며 다른 사람과 상호작용하는 평범한 기회를 갖는다면, 상당한 양의 학습이 자동적으로 일어난다. 그와 반대로, 가지치기 시기 동안에는 새로운 기술에 대한 훈련이 특별히 중요하다. 뇌의 구조적 변화는 상당 부분 경험에 달려 있다. 뇌 발달은 점점 더 복잡해지는 정신 기능에 대한 기반을 제공한다. 그리고 다시 이 새로운 능력들이 뇌 발달을 가져오는 것이다.

기억은 다른 형태들을 가진다

에밀리의 선생님은 에밀리가 식물들의 이름과 식물들이 자랄 수 있는 환경에 대해 너무나 잘 기억하는 것을 보고 감명을 받았다. 에밀리는 주말마다 차고 옆 정원에 있는 아빠를 도왔다. 정원 도구를 건네거나 씨를

심을 작은 구멍을 모종삽으로 파면서 아빠에게 온갖 질문을 했다. 이런 식으로 얼마나 많은 정보를 흡수하는지 정말 놀랍다. 식물과 정원 가꾸기에 대한 에밀리의 지식은 '외현기억'이라 불리는 것과 관련이 있다. 이것은 낱말과 사실(의미기억) 또는 사건(일화기억)을 의미하는 것이다. 언어 능력이 발달함에 따라 외현기억 저장소도 자란다.

에밀리가 온갖 질문으로 아빠를 긴장시키는 동안, 에밀리의 뇌는 아빠가 주는 새로운 정보를 저장하기에 바쁘다. 새로운 꽃의 이름을 들으면 그 정보는 단기 기억 저장소로 들어온다. 대뇌피질에 있는 장기 기억으로 옮겨질 때까지 해마가 몇 시간 또는 며칠 동안 그 정보를 가지고 있도록 도와준다.

다시 같은 꽃을 보게 되면 작동기억이 이전에 보았던 꽃의 이미지를 불러와 에밀리가 자신 앞에 지금 있는 꽃과 비교하는 동안 그 이름이 떠오르게 된다. 만 6세 아이들이 더 어린 아이들보다 두 범주 또는 다른 생각을 한꺼번에 더 잘 기억할 수 있어 새로운 정보를 가늠하는 데 그것을 더 잘 사용할 수 있다는 사실은 작동기억이 향상되었기 때문일지도 모른다.

작동기억은 그 자체로도 환상적이지만 기존의 기억 저장소에 무엇이 있는지도 중요하다. 실험에 따르면, 아이들은 이전 경험에서 얻은 지식을 사용할 수 있을 때와 문제 항목, 상황, 사용된 방법이 친숙할 때 문제를 더 잘 해결할 수 있다. 자라면서 뇌는 정보 처리를 더 빠르게 할 수 있고, 동시에 기억 저장소도 확장된다.

기억 형성에 깊이 관련된 해마는 걸음마 단계 동안 급속한 변화를 겪는다. 해마 속 뉴런들은 고도로 복잡한 수상돌기를 발달시키는데, 이 수상돌기는 특정한 종류의 전기 활동을 위해 특수화된 것이다. 게다가 만 2~3세 사이에 해마, 피질, 변연계 사이의 연결은 급속도로 수초화된다. 감정이 기억을 강화하는 역할을 하는 이유는 아는 것, 느끼는 것에 있어 중요한 영역들이 이렇게 연결되어 있기 때문이다. 물론 부정적인 경험 또한 기억을 강화시킨다. 에밀리는 자전거를 타다가 너무 빨리 방향을 돌려 자전거에서 떨어진 기억을 잊지 못할 것이다.

우리가 아이들이 적극적으로 기억하고 보고하는 것에만 집중을 한다면, 무의식적으로 일어나는 거대한 양의 학습은 무시할지도 모른다. 당신은 아마 TV에서 나오는 씨리얼 광고에 큰 집중을 하지는 않았겠지만, 가게에 가면 자동적으로 TV에서 본 씨리얼 상자에 손을 뻗게 된다. 이와 같은 기억은 '암묵기억'에 속한다. 암묵기억은 의도적으로 저장되거나 의식적으로 소급될 필요가 없는 기억을 의미한다. 암묵기억은 습관 형성에 강력한 영향을 미친다. 암묵기억은 외현기억보다 훨씬 많지만 두 형태의 기억 모두 아이의 행동에 영향을 미친다.

조지아와 노스캐롤라이나의 폴 피셔와 동료 연구진들은 실용적인 제안을 실어 암묵기억에 관한 연구를 보고했다. 연구자들은 아이들에게 다양한 인쇄물들에서 발췌한 상표 로고를 보여줬다. 이 로고에는 아동 소비자를 위한 것과 두 개의 담배 상표를 포함한 성인 소비자를 위한 로고가 포함되었다. 그러고 나서 로고가 적힌 카드와 광고된 상품이 있는 사진을 연결하도록 했다. 어떤 로고 카드에도 상품 자체를 보여줄 수 없다는 것이 중요하다. 예를 들어, 말보로 담배 상품의 남자는 담배를 피우고 있지 않다. 만 3세 아이들 중 3분의 1이 정확히 조 카멜과 담배를 일치시켰고, 만 6세 아이들의 90%가 맞췄다. 연구자들은 맥도날드의 아치 모양, 쉐보레와 포드 자동차 로고를 알아맞힌 것에 대해서는 크게 놀라지 않았다. 자동차 광고는 TV에서 자주 볼 수 있고 맥도날드에 가서 햄버거를 먹은 경험이 있을 것이기 때문이다. 하지만 담배 광고는 TV에 나오지 않는데도 만 여섯 살 아이들은 미키마우스를 알아보듯이 조 카멜을 알아봤다.

이 실험은 암묵기억의 힘을 설명한다. 아이들은 흔한 상표 로고를 구체적으로 학습한 적은 없지만 아마도 무의식적으로 그 정보를 가족이나 육아 도우미, 친구나 다른 사람들로부터 받았을 것이다. 같은 방식으로 자신의 역할 모델로부터 습관과 태도를 이어받을 것이다.

어린 시절에 대한 기억

최대한 가장 어렸을 때의 경험을 기억해보자. 사진에서 본 적도 없고 누구도 말해준 적도 없기 때문에 여러분만이 기억할 수 있는 경험, 아마 만 2세 이전의 기억은 아닐 것이다. 대부분 그런 기억은 만 3세에서 만 4세 때의 기억이 많고, 학교 다니기 시작한 때일 수도 있다. 앞에서 보았듯이 6개월 된 아기가 14일 동안 모빌 장난을 기억해서 기억을 형성할 수 있다. 그러면 아주 어린 아이들이 기억을 형성할 수 있는데 왜 성인이 되면 거의 기억나는 것이 없는 것일까?

우리가 의식적으로 몇 년이 지난 후 떠올릴 수 있는 지난 사건에 대한 기억이 형성되려면 많은 자료가 필요하다. 중요한 발달이 어린 시절에 일어난다. 자라면서 아이는 더 많은 기억을 저장할 수 있게 되고 더 많은 경험을 쌓는다. 자아인식이 이루어질 때 사건과 사람을 연결시킬 수 있게 된다. 복잡한 유추를 할 수 있는 능력이 커지면서 더 많은 연상 작용을 만들어 새로운 상황에 적용하도록 돕기 때문에 결국 기억을 상기시킬 수 있는 단서의 범위를 증가시키는 것이다.

언어를 사용할 수 있기 때문에 아이들은 자율적으로 더 쉽게 상기할 수 있는 형태로 인상을 분류하고 저장한다. 연구에 따르면, 아이가 사건이 일어난 때를 설명할 수 있다면 나중에 떠올릴 수 있는 가능성도 높아진다. 어른들과 경험에 대해 토론할 수 있다면 기억을 떠올리는 방식에 있어서도 기억을 더 잘 조직할 수 있다.

자전적 기억은 정신적 능력을 모음으로써 가능한데, 이 능력은 신경계에서 만들어진 토대를 바탕으로 생겨난 것이다. 생후 두 번째 해 동안 좌우반구가 집중적인 연결 양상에 있을 때 자아인식, 유추, 언어와 같은 능력이 한꺼번에 나래를 펴는 것이다.

미네소타 대학 아동발달연구소의 찰스 넬슨에 따르면, 아이들이 아주 어렸을 때를 기억하지 못하는 이유 중 하나는 약 만 4세가 될 때까지 전두엽피질과 측두엽피질이 필요한 정도만큼 성숙되지 못하기 때문이다. 그때쯤 연결이 잘 된 연락망이 각 반구 내의 피질 영역을 연결하는 것이다.

자전적 기억은 아이들에게 있어서는 단순히 앨범 속 이야기들의 모음 이상이다. 과거에 경험했던 사건들을 기억하는 것은 세상과 자기 자신에 대해 생각할 수 있는 토대인 것이다.

상상력

아이들은 언어 능력을 확장하고, 더 복잡한 사고방식을 개발하며, 점점 더 많은 기억을 쌓아감에 따라 상상력에 놀라운 박차를 가한다. 일곱 살 스티븐과 소냐는 화성을 탐사하기로 결심했다. 스티븐은 로켓 역할을 할 나무 의자 두 개를 설치한다. 소냐는 음식을 가져가려고 부엌에서 땅콩과 건포도를 가져 온다. 둘은 이제 자전거 헬멧을 쓰고 이륙 준비를 마친다. 카운트다운을 시작하고 로켓 소음을 만든다. 몇 초 안에 우주를 여행하고 새로운 행성 표면에 내린다. 다정하게 보이며 말이 통하는 외계인을 만난다.

스티븐과 소냐는 주위 환경의 한계를 초월할 수 있게 되었다. 세상이 넓어진 것이다. 세상을 넓히는 방식의 하나는 상징을 사용하는 것이다. 두 아이는 대체할 수 있는 물체를 사용할 줄 안다. 의자는 로켓이 된다. 두 아이는 단어 역시 상징으로 사용할 수 있다는 것도 알게 된다. 스티븐은 소냐에게 우리는 지금 우주로 왔으며 멀리에 빨간 행성이 보인다고 말한다. 소냐는 스티븐의 말이 상징하는 것을 알고 있기 때문에 스티븐의 말을 알아듣는다. 두 아이는 하나의 상상 세계를 만들기 위해 단어를 사용하고 시공간의 경계를 뛰어넘는 것이다.

나무 블록을 자동차처럼 밀던 14개월 스티븐과 곰 인형에게 밥을 주고 재우던 18개월 소냐는 이렇게 먼 길을 왔다. 만 3세가 된 두 아이는 상상 속 저녁식사를 준비하며 어른 행세를 한다. 이제, 만 6세가 된 스티븐과 소냐는 일상생활에서 보지 못한 일련의 행동을 보여주기 위해서 상상력을 이용한다. 실제가 아닌 그럴 듯하게 있을 수 있는 자신들만의 이야기도 지어낼 수 있게 된 것이다.

답 찾기

취학 전 아이들이 하나의 과제를 완수하려는 욕구만큼 세상에 대해 더 많이 알고 싶어 하는 충동도 강력하다. 그들은 모든 것에 숨겨진 이유를 밝혀내고 싶어 한다. 대략 만 4세에서 만 5세 사이의 시기를 '왜?'라는 질문의 시기라고 한다. 어떤 아이들은 질문으로 부모에게 도전하는 것을 결코 멈추지 않는다. "왜 디저트를 먹으면 안 돼요?"에서부터 몇 세기 동안 철학자들이 고민해왔던 삶의 미스터리에 대한 질문까지 다양하다.

아래는 유치원에서 성경 이야기를 들은 만 5세 반 된 남자아이와 그 엄마가 자연과학 주제에 대해 집에서 나눈 대화의 예다.

다니엘: 하느님은 누구예요? 하늘 높이에서 누가 나쁜 애인지 지켜 보는 사람이에요? 로켓을 타고 올라가면 볼 수 있어요? 키가 작아요? 망원경으로 볼 수 있을까요?

엄마: 아니, 하느님은 우리 주위에 있는 영혼이야. 우린 볼 수가 없어.

다니엘: 그럼 하느님은 기체예요?

부모님은 '왜'라는 질문을 격려하고 아이들의 이해 능력에 맞게 적절한 답을 줄 수 있다. 만 4세짜리 아이는 단순한 설명을 원한다. 만약 달이 왜 빛나느냐고 물으면, 그냥 태양이 비추고 있기 때문이라고 말하면 된다. 만 6세 된 아이는 가끔 혼자서 답을 생각해볼 수 있도록 북돋아 주고, 왜 수학을 배워야 하냐고 물으면 수학이 유용하게 쓰이는 상황을 생각해보게끔 질문을 유도하면 된다. 부모들은 질문을 다른 관점이나 또 다른 사람의 관점으로 볼 수 있도록 제안할 수 있다.

피질 영역 간의 소통

아이의 사고 과정이 점차 복잡해지는 이유는 대뇌피질의 다른 영역이 서로 의사소통할 수 있는 능력이 점차 커지기 때문이다. 의사소통이 증가하는 이유 중 하나는 긴 피질 연합 섬유가 수초화되기 때문이다. 수초화는 효율성을 높인다. 또 다른 이유는 서로 다른 영역 간의 전기 활동이 더 잘 연합하여 동시에 일어난다는 것이다.

현대 뇌파검사 기술을 통해 아이가 자라면서 어떻게 전기 활동이 보다 정확하게 동시에 잘 일어나는지를 볼 수 있다. 아기가 보는 법을 어떻게 배우는지 다루었을 때 감마파라는 특별한 전기 패턴이 자주 발생한다는 것을 언급한 바 있다. 흥미로운 점은 사람들이 사진을 볼 때 측정되는 감마파는 꿈을 꿀 때에도 관찰될 수 있다는 것이다. 감마파는 시각적 이미지를 함께 모을 때, 즉 전체 시각령과 관련된 과정에 있어 중요할 수 있다. 하나의 이미지를 구성하는 요소들은 청각연합령의 32개 영역까지도 등록된다. 뇌는 이 구성 요소들을 하나의 그림으로 묶어야 한다. 우리는 다른 구성 요소들은 다른 전기 회로에 저장된다고 여긴다. 다양한 회로의 뉴런들이 같은 리듬으로 동시에 나올 때, 그 그림의 구성 요소들은 함께 묶인 채 나오는 것이다. 마치 코러스에서 소프라노, 알토, 테너가 함께 노래할 때 일어나는 것과 다소 비슷하다. 이 동시적인 발사를 응집성이라고 한다.

이 응집성은 시각적 이미지를 함께 놓는 데뿐 아니라 다양한 특수 피질 영역에서 들어온 정보들 간의 연관성을 형성할 때 적용할 수 있다. 다른 피질 영역에 있는 뉴런 집단들은 같은 빈도로 동시에 발사된다. 만약 아이가 막 장난감에 손을 뻗치려 한다면 이 영역은 시각 영역과 운동 영역일 수 있고, 몇 주 전에 들은 음악 선율을 기억하려고 한다면 청각 영역과 전두엽피질을 의미할 수 있다. 뉴런 집단의 동시 발사 활동은 각 집단 내의 세포들 간의 시냅스를 더 강하게 만들고 다른 피질 영역에 있는 집단 사이의 장거리 의사소통을 더 효율적으로 만든다.

응집성이 증가하면 다른 피질 영역의 협동도 증가하고, 새로운 연합을 형성함으로써 학습을 위한 신경 기반이 마련된다. 아이들의 뇌파검사 측정을 통해 취학 전 기간과 취학 후 1년 동안 전두엽과 후두엽 사이의 응집성이 급속도로 증가한다는 것을 알 수 있다. 다운증후군 아이들은 응집성에 있어 약한 출발을 보이는데, 이는 피질의 연결이 영향을 받는다는 것을 의미한다.

동기

아이들이 문제를 해결하고 새로운 기술을 익힐 수 있도록 이끄는 힘이 무엇인지 생각하지 않고서는 취학 전의 사고와 행동에 대한 결론을 내릴 수 없을 것이다.

우리는 동기에 대해 생각해볼 수 있다. 동기는 '움직인다'는 뜻의 라틴어와 관련되어 있다. 동기는 아이가 어떤 일을 완수하고 발견하는 과정을 장려하는 원동력이다. 걸음마 단계 아기들은 이미 스스로 과제를 수행하고, 그럼으로써 어느 정도의 능력을 성취하고자 하는 욕구를 보여준다.

에밀리의 생일잔치 몇 주 후에 엄마들은 한 커피숍에서 만난다. 소냐의 엄마가 자랑스럽게 소냐는 시키지도 않았는데 혼자서 바이올린을 연습한다고 말하자 스티븐의 엄마는 한숨을 내쉰다. 스티븐은 생일 선물로 드럼을 사달라고 몇 달 동안 난리를 쳤는데, 지금 드럼은 먼지만 쌓여 구석에 있다. 스티븐 엄마는 스티븐이 어떤 일을 시작할 때 가진 에너지와 열정이 쉽게 사그라지는 것을 생각하면 한숨이 나온다. 소냐는 아마 타고났을 뛰어난 끈기를 보여준다. 소냐의 예는 막 학교에 들어가려는 아이들의 자신감 발달을 가장 분명하게 설명한다.

취학 전 아이들은 자신의 비평가가 되는 과정에 있다. 그들은 과거에 자신이 이룬 성과와 비교하여 현재의 성과를 평가하고 향상하는 자신의 기술에 대한 도전을 즐겁게 완수한다. 자신의 발전을 지켜보면 자신감이 생겨 새로운 일을 착수할 수 있도록 독려한다.

소냐는 자신의 활동 자체에서 강한 즐거움을 끌어낸다. 바이올린을 켜는 동안 올바르게 손가락을 움직이며 연주하는 것에 집중하고 음조 듣기에 집중한다. 즐거운 활동을 수행할 때 발산되는 집중력은 정말 놀랍다. 하고 있는 일에 완전히 심취되어 가끔 주위의 모든 것을 잊기도 할 정도이다.

성인의 창의성을 연구해온 미하일 칙센미하일은 이를 '몰입'이라 불렀다. 아이들이 어떤 즐거운 활동에 빠지면 그들이 경험하는 즐거움은 미래에 그 활동을 할 수 있도록 독려할 것이다. 반대로 해롭거나 시간을 허비하는 일들은 나중에 추구하지 않을 것이다.

인지적 · 정서적 · 행정적 체계의 긴밀한 연결이 동기에 있어 아주 중요하다. 이러한 연결은 훈련과 경험을 통해 강화된다.

생각해 볼 질문들

음악 교육을 위한 적절한 시기는 언제일까요?

조기 음악 교육이 다른 학습 기술 습득에 영향을 미치는지 아닌지에 대한 질문에 수많은 토론들이 집중됩니다. 이는 매우 흥미로운 질문이며, 물론 앞으로도 현대 영상기술과 결합된 행동연구를 통해 이 질문을 해결하고자 하는 노력은 계속될 것입니다. 지금으로서는 실용적인 면에서 구체적으로 추천할 만큼 분명한 과학적 증거는 없습니다. 그러나 우리의 개인적인 의견은 아이의 현재 발달 단계에 기반을 둔 음악 프로그램에 찬성합니다. 음악 프로그램 참여를 통해서 아이들은 리듬 감각을 향상시키고, 기억을 훈련하고, 과제에 집중하는 법을 배우고, 다른 아이들과 협동하는 것을 연습합니다. 가장 중요한 것은 아이가 음악을 만들거나 들으면서 경험하는 즐거움입니다. 음악은 목적에 대한 수단뿐 아니라 자신을 위해 즐겨야 하는 기본적인 인간 삶의 일부인 것입니다.

악기 지도를 결정할 때는 악기를 배우고 싶은 아이의 열망과 실력이 향상될 때 아이가 느끼는 만족감을 기준으로 하면 됩니다. 악기 연습은 손과 눈의 협동과 손과 손가락의 움직임 조절을 향상시킬 수 있습니다. 하지만 어떤 악기를 사용할지와 언제 지도를 시작할지는 미세한 운동 능력과 관련된 아이의 현재 발달 단계를 고려하는 것이 중요합니다.

한쪽 손만을 쓰는 경향에 대해 어떠한 조치라도 취해야 합니까?

아이가 왼손잡이인지 아니면 오른손잡이인지를 구분하는 것은 종종 어렵습니다. 밥 먹는 손과 연필을 쥐거나 공을 던지는 손이 다를 수도 있습니다. 아이가 계속 왼손만을 선호하며 사용한다면, 글씨를 쓸 때 가장 좋은 위치를 발견하도록 도와주세요. 아마도 부분적으로는 오른손잡이 중심으로 설계되었다는 사실 때문에 나온 결과이겠지만, 왼손잡이와 사고 위험 증가 사이의 조심스러운 상관관계를 보여주는 연구들이 있기 때문에 왼손잡이 아이가 칼과 왼손잡이용 특수 가위를 사용할 때 도와주고 안전한 사용 순서에 대해서 특별히 강조해야 합니다.

취학 전 선행학습을 해야 하나요?

수세기에 걸쳐 체계적인 학습을 처음 시작하기에 적당한 나이가 언제인지에 관한 태도가 바뀌어왔습니다. 미국의 청교도들은 어린 나이에 사망할 경우 구원받을 수 있도록 만 2세 아이들에게 반드시 성경을 가르쳐야 한다고 생각했습니다. 19세기의 유명한 교육자들은 의견을 달리하여, 이른 시기에 읽기를 하면 뇌 손상과 정신이상을 가져온다고 제언한 바 있습니다.

읽는 법을 배우려는 욕구는 아이로부터 비롯되어야 합니다. 스위스 학교 교육 연구소는 스위스와 리히텐슈타인의 도시 및 시골 지역에서 장기간에 걸쳐 흥미로운 연구를 시행했습니다. 연구자들은 조기 읽기 능력과 산수 능력의 영향을 연구했습니다. 연구에 참여한 23%의 아이들이 이 과목들의 1학년 진도 절반을 미리 학습하고 1학년을 들어갔습니다. 이 집단의 80%는 자진하여 배웠거나, 부모로부터 도움을 요청하면서 배웠거나, 형이나 누나를 따라하면서 어깨너머로 배웠습니다. 20%는 기본적으로 부모의 가르침하에 배웠습니다.

입학 후 3년이 지나자, 선행학습을 하고 입학했던 아이들의 60%가 여전히 선행학습의 이점을 가지고 있었습니다. 이 아이들의 대부분은 스스로 자진해서 공부했었던 학생들이었습니다. 약간 더 적은 수의 아이들이 형이나 누나를 따라하면서 배운 경우의 아이들이었습니다. 부모로부터 선행학습을 한 아이들의 극소수만이 선행학습을 아예 받지 않고 들어온 아이들보다 앞섰습니다.

아이가 스스로 즐기며 하는 것이 무엇인지 관찰하세요. 하나의 주제에 대한 특별한 관심은 그 주제에 대해 더 많이 알려고 하는 강력한 동기가 됩니다. 만약 아이가 공룡에 관심이 있다면 좋은 공룡 그림이 충분하면서 본문 내용은 많지 않은 책을 주세요.

주입식 교육보다 더 중요한 것은 배움에 대한 일련의 기본적인 태도 발달입니다. 부모의 솔선수범은 빠르게 아이에게 전달됩니다. 당신은 읽기, 그리기, 음악 듣기를 좋아합니까? 당신은 질문하고 그에 대한 답을 찾으려 노력합니까? 아이들은 어느 정도의 집중력과 노력을 요하는 도전적인 과제를 완수하는 것을 즐깁니다. 아이의 즐거움을 지속시키려면 아이의 정신 발달 단계에 맞는 수준으로 장애 요소들을 조정해주세요. 주사위를 가지고 하는 보드 게임이나 단순한 집중력을 요하는 게임과 같이 아이가 이길 수 있는 게임을 하는 것이 어려운 게임을 하거나 아이가 이기도록 게임 규칙을 바꾸면서 하는 것보다 좋습니다. 자신의 능력에 대한 확신이 새로운 과제에 다가갈 수 있는 자신감을 줄 것입니다.

지나치게 활동적인 아이를 위해 약물치료를 고려해야 하나요?

어떤 아이들은 가만히 앉아있거나 집중하는 것을 아주 힘들어합니다. 주의력결핍 과잉행동장애 진단을 내리기 전에 신중한 임상 진찰이 필요합니다. 부주의하거나 침착하지 못한 아이들 모두가 주의력결핍 과잉행동장애를 가진 것은 아닙니다. 이 장애는 모든 학교 아이들의 3~10%에게 영향을 미친다고 추정됩니다.

아이가 확실히 주의력결핍 과잉행동장애 진단을 받으면 초기 치료는 심리치료입니다. 조용하고 변화가 적은 환경을 제공한다거나 아이가 집중하는 법을 배우는 데 도움이 되는 행동 기술을 사용하도록 하는 것입니다. 만약 심리적 접근방법이 충분하지 않다면 약물치료가 필요할 수도 있습니다. 이 문제에 관해서는 부모의 열린 마음이 중요합니다. 아이가 학교에서 과제 수행을 잘하지 못해 좌절하거나 반 친구들의 놀림으로 당황하는 등 고통을 겪을 수 있습니다. 신중한 약물치료는 아이가 자신의 능력을 발달시키고 자신감을 가질 수 있는 기회를 줄 수도 있습니다. 그러나 의사가 약물 복용을 주의 깊게 확인하고 정기적으로 개별적인 아이들의 상태를 다시 평가하는 것이 매우 중요합니다.

어떻게 아이의 동기를 자극할 수 있을까요?

스티븐처럼 참을성이 부족한 아이들은 부모들이 어떻게 대처해야 할까요? 일단, 산만하게 하는 것들을 제한하세요. 아이가 무엇을 하는 것을 좋아하는지를 관찰하세요. 아이의 행동에 관심을 보이세요. 예를 들면, 행진하는 소리를 드럼으로 어떻게 치는지 보여달라고 해보세요. 최종 성과물의 질보다는 노력에 초점을 두어 반응해주는 것이 중요합니다. 칭찬을 해줄 때는 진심어린 칭찬을 해주어야 합니다. 너무나 관대하게 칭찬을 해주면 소용이 없어지거나 심지어는 해롭게 될지 모릅니다. 왜냐하면, 아이가 자신이 받은 칭찬이 응당하지 않다고 여기거나 아니면 칭찬에 의존하게 되기 때문입니다.

아이를 위해 노트북이 필요한가요?

우리가 개인적으로 컴퓨터를 좋아하든 아니든 간에 컴퓨터는 요즘 세상의 현실입니다. 긍정적인 면에서, 컴퓨터는 현대 생활의 도구입니다. 그리고 컴퓨터에 익숙하다는 것은 거의 책과 연필에 익숙하다는 것과 같습니다. 컴퓨터는 개별적인 교육 방법에 있어 큰 이점을 가지고 있습니다. 알파벳이나 기초 수학 과정을 어려워하는 아이들은 자신만의 속도로 연습할 수 있고 성공에 대해서 즉각적으로 보상받을 수 있습니다. 컴퓨터의 인내심은 무한하고 변덕스럽지 않으며 무엇보다도 공정합니다.

어떤 게임은 인지 과제(차이점 찾기), 기억(보물찾기), 집중력, 반응 속도, 눈과 손의 협동, 충동 조절과 관련이 있습니다. 두 명 이상 아이들이 함께 논다면 컴퓨터는 토론을 이끌어낼 수도 있습니다. 함께 전략을 토론하고 문제를 풀기 위해 언어를 사용하도록 장려하기 때문입니다.

부정적인 면 중 가장 확실한 것은 컴퓨터와 놀 시간에 대신 할 수 있는 다른 많은 중요한 일들이 있다는 것입니다. 책 읽기, 종이에 그림 그리기, 피아노 치기, 근육 운동을 할 수 있는 뛰기, 점프, 야외 놀이 등을 하는 시간을 뺏기는 것입니다. 아이들은 다른 아이들과 놀면서, 혹은 상상의 나래를 펼치면서 언어와 사회기술을 발달시킬 수 있는 기회가 필요합니다. 컴퓨터 게임이 시각과 움직임과 관련된 뇌 영역만을 자극하고 학습,

기억, 감정에 중요한 뇌 영역은 자극하지 않는다는 문제에 대한 연구가 진행 중입니다.

아이들의 시각 체계는 여전히 발달 중이기 때문에 단순히 버튼을 누르는 게 아니라 모든 종류의 손과 눈의 협동을 연습할 필요가 있습니다. 《연결 실패: 모든 상황에서 컴퓨터는 아이들의 정신에 어떤 영향을 미치는가?》(*Failure to Connect; How Computers Affect Our Children's Minds for Better or for Worse*)의 저자 제인 힐리는 아이들은 자신의 그림이 컴퓨터에 있는 그림만큼 멋지게 보이지 않기 때문에 펜이나 크레용을 가지고 그림 그리기를 원하지 않을지도 모른다고 말합니다.

부모는 아이들이 사용하는 프로그램과 게임의 내용을 모니터해야 합니다. 아이들이 어떤 메시지에 노출이 되어있는지를 살펴야 합니다. 많은 컴퓨터 게임에서는 폭력이 문제해결을 위한 쉬운 방법으로 제시됩니다. 또한, 속도는 행동의 결과에 대한 사고보다 더 중요합니다. 잔인함도 용납됩니다. 왜냐하면, 아이들에게 죽음과 부상이 희생자에 대해 아무런 동정심도 없이 노출되기 때문입니다. 이러한 게임의 성공 이면에는 상품이라는 이유가 있습니다. 소니 사 비디오게임부의 켄지 이노는 "공포가 사랑보다 훨씬 더 잘 팔린다."고 말합니다. 사회인으로서 우리는 우리 자신에게 물어야 하며, 부모로서 우리는 아이들과 오락 산업체에게 어떤 특정한 제품은 왜 받아들이기 어려운 것인지를 설명해야 합니다.

TV는 학습 능력에 어떤 영향을 미치나요?

컴퓨터와 컴퓨터 게임에 대해 우리가 말해온 많은 부분이 TV 시청에도 적용됩니다. TV 시청은 흉내 놀이, 함께 앉아 이야기 듣기, 친구들과 야외에서 놀기 등과 같이 그 연령에 맞게 즐겨야 하는 다른 많은 활동들을 대체해서는 안 됩니다. 좋은 언어 능력을 발달시키기 위해서는 단순히 수동적으로 듣는 것이 아닌 실제 대화를 통한 연습이 필요합니다. 이러한 이유로 2002년 미국 소아과 학회는 만 2세 이하의 아이는 TV 시청을 하지 못하도록 하고, 만 2세 이상은 하루 2시간 이내로 TV 시청을 제한하도록 권했습니다.

학교에서 주의력 문제가 증가하자 시애틀에 있는 워싱턴 대학의 크리스타키스와 동료 연구진들이 소아학지 2004년 4월호에 광범위한 미디어 관련 연구를 발표했습니다. 이전 연구들은 TV 시청 시 매우 자극적이며 빠르게 변하는 영상에 빈번하게 노출되는 것이 주의력결핍 과잉행동장애와 같은 주의력 결핍과 관련이 있는지에 대한 문제를 제기해왔습니다. 크리스타키스와 동료 연구진들이 실시한 대규모의 장기적인 연구에 따르면, 만 1~3세 때 아이들이 시청한 TV의 양에 따라 만 7세 때 주의력 결핍에 대한 위험이 증가한다는 것을 발견했습니다.

연구자들은 제한점과 더 많은 연구의 필요성을 강조했습니다. 그들은 이 연구가 주의력결핍 과잉행동장애에 대한 임상 진단을 포함하지 않는다며 다음과 같이 진술했습니다. "우리는 이러한 연관성으로부터 인과관계적인 결론을 도출할 수 없다. TV 시청으로 인해 주의력 문제가 생긴다기보다 주의력 문제로 인해 TV 시청을 할 수도 있는 것이다." 연구자들은 기질적으로 주의력 결핍이 되기 쉬운 아이들이 다른 활동보다 TV 시청을 선택할 가능성이 높다고 발표했습니다. 또한 산만하거나, 무심하거나, 또는 가족이 아닌 외부 일에 몰두하는 부모들은 자녀에게 과도한 TV 시청을 허용할 뿐 아니라, 주의력 문제를 악화시키는 더 정신없는 환경을 만들 수 있습니다. 연구는 TV가 없는 가정에서 자란 아이들은 포함하지 않으며, 아이들이 시청한 프로그램 유형과 내용에 대한 문제는 다루지 않았습니다.

TV 시청과 주의력 결핍, 폭력, 비만과의 연관성에 대한 축적된 증거들은 미국 소아과 학회의 지침을 뒷받침합니다. 그러나 우리는 부모가 TV 노출의 영향을 아이 발달에 있어 독립적으로 작용하는 요소로 여기지 말고, 대체적으로 가족 생활양식의 일부로 여길 것을 강력히 제안합니다.

미취학 아이들을 위해서 현대 아이들의 TV는 많은 것을 제공합니다. 철자법과 산수 같은 기본 학습을 재미있고 흥미롭게 보여줄 뿐 아니라, 일상생활 속 탐험과 발견을 위한 가치 있는 자극을 제공하고, 우리 주위의 세상에 대한 지식을 집으로 가져다줍니다. 대부분 아이들의 흥미, 집중 간격, 이해 수준에 부합되도록 주의 깊게 고안된 이야기들은 아이들에게 친숙한 등장인물들이 슬픔, 실망, 두려움, 행복, 자부심과 같은 전형적인 인간 감정을 보여주는 상황을 보여줍니다. 감정이입, 공정함, 갈등을 재치 있고 평화롭게 해결하려는 욕구 등과 같은 개념과 가치는 실제 현실 생활의 문맥을 벗어나지 않고 나옵니다. 이러한 프로그램들을 충분히 잘 활용하기 위해서는 부모들 또한 그 프로그램들을 시청하고 아이들이 그것에 대해 이야기할 수 있도록 독려해야만 합니다.

텍사스 대학의 라이트와 동료 연구자들은 조기 TV 시청과 학교 학습 능력 간의 관계에 대한 흥미로운 연구를 발표했습니다. 두 집단의 아이들이 각각 만 2~5세와 만 4~7세 때 3년 동안 본 TV 시청에 대한 일기를 썼습니다. 만 2~3세 사이에 어린이 대상 정보 프로그램을 본 어린이들은 나중에 학교에서 기본 학습 능력에 대한 시험을 잘 보는 경향이 있었습니다. 두 집단 모두에서 주로 일반 시청자 대상 프로그램을 시청한 아이들은 이후 시험에서 어린이 대상 정보 프로그램을 본 아이들보다 점수가 더 낮았습니다. 만 5세 때 학습 능력이 뛰어난 아이들은 어린이 대상 정보 프로그램을 선택해서 시청했고 초등학교 저학년 동안 만화 시청을 덜 했습니다.

어린 아이들의 TV 시청과 청소년기의 행동 간의 관계에 대한 연구는 TV 시청 내용의 중요성을 다시 한 번 확인시켜줍니다. 매사추세츠 대학의 앤더슨과 동료 연구자들은 TV 시청 연구에 미취학 아동으로서 연구에 참가했던 570명의 청년들에 대한 후속 연구를 실행했습니다. 연구자들은 취학 전에 일반인 대상 오락 프로그램보다 교육 프로그램을 시청했던 아이들이 더욱 높은 성적을 받고, 더 많은 책을 읽고, 성취에 더 많은 가치를 부여하고, 훨씬 더 창의적이며, 덜 공격적으로 행동하는 것을 발견했습니다. 취학 전 폭력적인 프로그램을 자주 시청했던 여자아이들은 이러한 프로그램을 덜 시청했던 아이들보다 더 낮은 성적을 받았습니다.

아이의 문제 해결 능력을 어떻게 길러줄 수 있을까요?

이따금 아이를 위해 문제를 해결해주는 대신 학습을 도와주는 조건만을 제공해줌으로써 아이를 독려합니다. 이를 가리켜 지지대, 즉 발판을 마련해준다는 의미로 '스캐폴딩'(scaffolding)이라고 합니다. 이 용어의 의미는 과제의 난이도를 아이가 극복할 수 있는 도전이 되도록 주의 깊게 바꾸고 아이의 독립적인 문제 해결 능력이 증가함에 따라 점차 부모의 도움을 줄인다는 것입니다. 다섯 살 아이가 자동차가 고장 났다며 가져왔다고 가정해봅시다. 아이가 고장 난 이유를 말하지 않는다면 무엇이 문제인지를 아이에게 물어보세요. 건전지 문제일 수도 있겠지요. 그러면 아이가 건전지를 교환하도록 하면서 지켜보세요. 아이는 이미 부모보다 건전지를 교환하려고 뚜껑을 더 잘 열 수도 있을 겁니다. 하지만 그렇지 않다 해도 일단 시도하게 두세요. 그래도 어려워하면 "뚜껑을 밀어서 열면 어떨까?" 하고 제시를 해줍니다. "배터리는 이쪽 방향으로 끼운단다."라고 말하는 대신, 혼자서 건전지를 넣고 차가 가는지 안 가는지 보게 하세요. 안 간다면 이제 어떻게 해볼지 물어봅니다. 부모는 아이가 끈기를 가지도록 격려합니다. 다음에 또 건전지가 다 닳게 되면 그냥 아이에게 새로운 건전지를 주고 그 나머지 일을 스스로 하도록 내버려두세요.

신체 활동은 얼마나 중요합니까?

많은 증거들을 통해 오늘날 아이들이 심신에 필요한 신체 운동을 하지 않는다는 것을 알 수 있습니다. 미국의학협회지에서 발표한 2003년 연구결과에 따르면, 비만은 어린이들에게 나타나는 가장 흔한 만성 질병의 하나로 미국 아이들의 14%에 영향을 미친다고 합니다. 이 아이들은 당뇨병과 같은 건강 관련 질병 위험에 노출되어 있을 뿐 아니라 건강 관련 삶의 질이 떨어지는 위험에 처해 있습니다. 비만인 아이들은 사회적응력, 운동능력, 감정조절 능력, 학업성취 등이 떨어지고 일반적인 자아존중감 상실로 고통을 받을 수 있습니다.

비만의 위험을 줄이는 두 가지 방법은 신체활동과 건강에 좋은 영양 섭취입니다. 연구들에 따르면 9~12개월 된 유아의 활동은 만 2세 때 피하지방의 양과 관계가 있습니다. 프레밍햄 연구는 만 3~5세 시기에 신체 활동량이 적을수록 지방이 더 많이 축적된다는 것을 보여줬습니다.

다른 서구 국가들과 연관이 있음직한 최근의 스위스 보고서는 이러한 추세에 경각심을 불러일으켰습니다. 만 6세 아이들의 50%가 던진 공을 받지 못하거나, 한쪽 발로

30초 동안 서 있지 못하는 등 운동 부족을 보인 것입니다. 10년 전에 비해 아이들은 균형 유지나 자전거 운전에 필요한 운동 조율 능력에 더 많은 문제점이 있습니다. 운동 조율 능력의 결핍으로 집이나 학교에서 또는 놀면서 더 많은 사고가 일어날 수 있습니다. 10대들은 자세 조절 능력이 떨어졌는데 이는 나중에 나이가 들었을 때 등과 목의 장애에 걸리기 쉽다는 것을 나타냅니다.

연구에 따르면 신체활동은 뇌의 뉴로트로핀 생산을 자극합니다. 뉴로트로핀은 뉴런의 생존과 발달에 중요합니다. 연구자들의 동물실험을 통해 장기적인 운동 활동은 운동피질의 혈류를 증가시키는 혈관을 형성시킨다는 것을 알 수 있습니다.

그렇다고 취학 전 자녀를 피트니스 센터에 서둘러 보낼 필요는 없습니다. 하지만 부모나 아이를 책임지고 돌보는 사람들은 아이가 좋아하고 아이의 연령에 맞는 적당한 신체활동에 참여하는지를 알기 위해 가능한 한 무엇이든 해야만 합니다. TV 시청 대신 스포츠 참여나 춤 교실도 좋습니다. 집에서는 바닥에 고무매트를 깔아 공중제비돌기, 한쪽 다리로 서기, 점프 등을 이용해 재미난 가족대항 게임을 할 수 있습니다. 줄넘기도 꺼내보세요. 아파트와 사무실 빌딩에서는 엘리베이터 대신 계단을 이용하세요. 멀지 않은 거리는 차 대신 걸어가세요. 걷기를 조금 더 재미있게 하기 위해서는 걸음을 세어주는 만보계를 사용하여 거리를 측정하고 비교해보세요.

09
함께 살기

"가서 모두를 만나자."

푸우가 말했다.

"왜냐하면 오랫동안 바람 속을 걷다가, 갑자기 누군가의 집으로 들어가면, '푸우, 어서 와. 마침 식사시간에 맞게 왔구나.'라고 말하기 때문이야. 나는 이런 날을 정이 넘치는 날이라고 해."

– 앨런 밀른(A. A. Milne), 《푸우 코너의 집》(The House of Pooh Corner)

푸우의 자발적이고 가슴 따뜻한 제안은 함께함에 대한 강력한 매력을 설명해준다. 걸음마 단계의 아이에서 학교에 다니는 아이로 자라면서 아이들은 다른 사람들과 함께 사는 삶에 참여하는 저항할 수 없는 따뜻한 느낌을 경험한다. 한 집단에 속하고자 하는 욕구는 사회적 행동을 결정한다. 주위의 언어를 적극적으로 흡수하여 새 친구를 사귀는 데 사용하고, 자신의 영역이 가족 이외의 더 많은 사람들을 포함하기 위해 확장됨에 따라 함께 사는 데 필요한 규칙의 개념들을 더 큰 집단에 적용시키는 법을 배운다. 동시에 점차적으로 부모의 통제를 줄여가면서 스스로의 행동을 이끌어나가는 법을 배운다.

집단에 속하기

걸음마 단계의 아이들이 이제 막 자신을 개별적인 존재로 인식하게 되는 반면, 취학 전 아이들은 스스로를 여러 다른 집단의 구성원으로 인식하게 된다. 심지어 특별한 옷을 입거나, 특정한 활동에 참여하거나, 비밀 언어를 만들어 내면서 다른 집단의 아이들과 자신들의 집단을 구별하기 시작한다.

이때가 우정이 싹트는 시기다. 다른 사람의 감정과 의도를 더 잘 이해할 수 있을 뿐 아니라, 다른 사람에 대해 말할 수 있는 언어 능력을 가지고 있기 때문에 친밀한 유대감이 가능한 것이다. 친구를 사귄다는 것은 자기 또래의 누군가가 자신을 지지한다는 것을 경험할 수 있는 기회이자, 친구를 사귀는 의미를 배우는 기회이다. 충실함과 서로 간의 의무에 대한 개념이 가족에서 새로운 집단으로 확장되는 것이다.

만 5~7세 정도의 아이들은 놀이 친구들을 힘, 덩치, 외모, 기술 및 자신의 친구로 어떤지에 대한 기준을 바탕으로 비교하기 시작한다. 아이들이 부모나 손위 형제들 간의 상호작용을 통해서 초기의 기준을 발달시켰다면, 이제 또래 집단에 대한 기준을 세워야 한다. 이 시기에 소속감은 아주 중요해지기 때문에 친구들의 의견에 아주 민감하다.

부모들은 가끔 이런 말을 하고 싶어 한다. "스티븐은 토미랑 자주 놀기 전까지는 아주 활달하고 잘 도와주는 아이였어요." 물론 아이들은 서로에게 배우며 친구의 행동을 따라 하기도 한다. 하지만 아이들이 자신의 친구를 고르는 데 적극적이라는 것을 잊지 말아야 한다. 부모는 토미가 하는 모든 것을 스티븐이 자동적으로 따라 해서는 안 되는 이유를 알 수 있도록 스티븐을 도와줘야 한다.

아이는 일상생활의 경험을 통해 더 큰 집단에 속하는 것이 가족이나 친구들과의 관계에서 경험하는 것과 많은 부분 같다는 것을 배운다. 번갈아가며 하기, 다른 사람과 나누기, 서로 도와 일 끝내기, 힘들 때 서로 위로하고 돕기 등이 그런 것들이다. 물리적으로 존재한다는 것만으로는 충분하지 않다. 일을 수행한다는 것만으로도 충분하지 않다. 최고의 만족은 자신이 필요한 존재라는 것에서 비롯된다. 가치 있는 구성원으로 집단에 참여함으로써 받는 내부적 보상을 경험할 기회를 갖는다는 것은 자아 존중감을 기르는 데 강력한 요소가 된다.

아이의 어떤 행동은 명백히 자기 이익에 기초한다. 번갈아가며 하는 것은 때가 되면 자기 차례가 된다는 의미다. 친구에게 선물할 때도, 자신과 함께 놀기를 바라거나, 나중에 비슷한 선물을 받고자 하는 어느 정도의 생각이 들어가 있을 수 있다. 이것이 통상 말하는 '가는 것이 있으면 오는 것이 있다'는 일상생활의 철학으로 어른들에게도 친숙하다. 하지만 아이들은 이타적인 행동, 즉 자신에게 눈에 보이는 어떤 이익도 없는 일도 할 수 있다. 다친 친구를 위로한다든가, 감기에 걸린 엄마를 위해 꽃을 꺾어 선물한다든가, 아빠의 열쇠를 찾아주려고 뛰어다니는 모습이 그렇다. 이런 반응은 다른 사람이 느끼는 것을 감지할 수 있는 능력, 즉 감정이입을 할 수 있는 능력이 선행되어야 한다.

감정이입과 더불어 아이들은 실제 '걱정'을 한다. 어떤 상황을 나아지게 하려는 무언가를 하고 싶어 한다. 적어도 일시적으로, 자기중심적인 관점에서 벗어나 더 큰 집단의 이익과 관련된 관점을 가지고 자신을 희생하고 다른 사람을 부각시킨다는 의미다. 데이비드 햄버그는 어린 시절 학습된 이타적인 사회적 행동은 평생에 걸친 건설적인 인간관계의 길을 열어준다고 역설한 바 있다.

이타적인 사회적 행동이 반드시 스스로 발달하는 것은 아니다. 그 어떤 이론보다, 10대 아이를 둔 한 친구의 이야기를 통해 부모가 지침을 제대로 주지 않을 경우 아이의 자기중심적인 태도가 얼마나 심해질 수 있는지를 더 잘 알 수 있었다. 친구의 아들은 용돈을 벌기 위해 방과 후에 식료품점에서 일을 했다. 아이에게 드는 비용은 모두 부모가 지불했고 대학 교육을 위해 많지 않은 수입의 일부를 따로 저축하고 있었기 때문에 아이는 자신이 번 돈을 먹는 데 썼다. 아이가 먹는 것을 꽤 좋아해서, 가끔 비싸서 부모님이 사주지 못한 크고 부드러운 스테이크를 샀다. 그 스테이크로 엄마가 요리를 해서 주면 가족들에게는 권하지도 않고 혼자 먹었다. 자기가 번 돈으로 샀기 때문에 혼자서 먹는 것을 당연하게 여겼던 것이다. 나는 부모가 이것에 대해 아무 말도 하지 않고 가족의 의미를 말해주지 않은 것에 대해 적잖이 놀랐다. 나눔과 보살핌은 연습이 필요하고 집뿐만 아니라 유치원과 학교에서도 적극 장려되어야 한다.

말하기와 듣기

언어 능력이 성장함에 따라 집단생활에 새로운 측면들이 늘어나고 더 친밀한 개인 관계가 만들어진다. 만 6세쯤 아이들의 말은 주위의 모든 사람이 이해할 수 있을 정도가 된다. 일어난 일에 대해 이야기를 하고, 내일 할 일에 대해 말함으로써 과거, 현재, 미래에 대한 개념을 갖게 된다. 이러한 능력을 통해 아이는 사건을 기억하고 경험으로부터 배운다. 아이들은 다양한 목적으로 언어를 사용할 수 있다. "지금 당장 화장실에 가야 되요!"라고 알려줄 때나, "케이크 한 조각만 더 먹어도 되요?"라고 부탁할 때나, "엄마, 이것 좀 봐요!"라고 관심을 끌 때, 농담을 할 때 등의 목적으로 사용한다.

만 6세 아이들은 감정, 의도, 인과 관계에 대해서 말할 수 있다. "지미는 아빠가 내일 집에 와서 기뻐해요." "수지는 인형이 망가져서 울어요." 같은 말을 할 수 있는 것이다. 아이의 언어 사용은 이제 아름다움, 바보스러움, 공평함 등과 같은 추상적인 개념에 관해서 말할 수 있을 만큼 충분히 정확하다. 게다가 단순한 도덕적 갈등에 대해서도 토론할 수 있다.

의사소통도 쌍방으로 이루어진다. 언어를 사용한다는 것은 말하는 것뿐 아니라 듣는다는 의미다. 아이들은 자신의 생각이나 감정을 표현하는 법뿐 아니라 다른 사람이 말하는 것을 해석하여 적절히 반응하는 법 또한 배워야 한다. 어른들과의 대화는 다양한 사회 상황에서 언어를 사용할 수 있는 능력을 길러준다. 언어를 자유자재로 사용할 수 있는 능력은 학교에서도 큰 이점이 된다. 불행히도 많은 아이들이 이런 이점 없이 학교에 들어간다.

독일의 연구자들이 만 3~7세 아이들의 독일어 능력을 조사했을 때 그 결과에 놀랐다. 아이들의 20%가 의학적 문제 때문이 아닌 다른 이유로 심각한 언어 장애를 보였다. 예를 들어, 조음도 형편없었고, 아주 단순한 세 단어로 이루어진 문장만을 사용했으며 "책상 위에 있는 책을 가져오세요."와 같은 단순한 명령을 이해하는 데 어려움을 가졌다. 연구자들은 이 아이들은 식사 시간 같은 때에 어른들과 함께 말하는 연습을 충분히 하지 않았을 것이라고 그 원인을 제시했다.

편견 극복

"마녀는 나쁘다." 이 말에 어떻게 대답하겠는가? 맞다고 할까? 아니라고 할까? 아니면 그럴 수도 있다고 얼버무릴까? 아주 어린 아이들은 바로 "맞아요."라고 할 것이다. 틀에 맞춰 생각할 수 있다는 것은 확실히 진화에 있어 도움이 되었을 것이다. 야생 곰이 나를 잡아먹을 것인지에 대해 생각할 시간이 없었을 것이고 막대기를 들고 다가오는 낯선 사람의 의도에 대해서 궁금해할 시간이 없었을 것이기 때문이다. 아기들이나 걸음마 단계의 아이들에겐 간단한 범주화는 세상의 모든 새로운 인상들을 알아가는 데 도움이 된다. 하지만 이러한 제한된 방식의 사고는 복잡한 세상으로 점차 나아가는 아이들에겐 점점 방해가 된다.

동화의 상황을 이용한 한 독창적인 실험에 따르면, 취학 전 기간 동안 아이들은 점차 엄격하고 단순한 고정관념에서 더 잘 멀어질 수 있게 된다. 위스콘신 매디슨 대학의 신시아 호프너와 조안 칸터는 그림 네 개를 준비했다. 첫 번째 그림은 사랑스럽게 팔에 고양이를 안고 있는 인상 좋은 통통한 할머니의 그림이었고, 다음 그림은 같은 할머니의 모습이지만 화난 표정으로 고양이의 목을 잡아 올린 그림이었다. 세 번째 그림은 날카로운 턱에 매부리코를 가진 마르고 못생긴 여자 그림으로 전형적인 마녀의 얼굴이었다. 이 그림에서는 친절한 표정으로 고양이를 사랑스럽게 안고 있었다. 마지막 그림에서는 두 번째 그림의 할머니처럼 고양이의 목을 잡아 올려 들고 있었다.

연구자들은 그 그림들을 아이들에게 하나씩 보여주면서 어떤 사람이 집으로 초대해서 쿠키를 줄 것 같으냐고 물었다. 아이들이 방문하고 싶은 사람이 있을까? 두 여인 모두 고양이의 목을 잡아들고 있었지만, 만 4세의 아이들은 통통한 할머니가 집에 초대해서 쿠키를 줄 것이라고 했다. 마녀같이 생긴 할머니가 고양이를 사랑스럽게 안고 있어도 아이

고정관념 테스트: 외모나 행동에 따라 '좋은' 사람과 '나쁜' 사람으로 판단하기

들은 항상 나쁜 사람이라고 생각했고 같이 있고 싶어 하지 않았다. 아이들은 외모만으로 판단을 한 것이다. 하지만 만 6세 아이들은 외모와 행동 모두를 더 고려해서 외모가 아닌 행동으로 판단하는 경향이 있었다. 만 6세 아이들이 보여준 이러한 사고의 유연성은 아이의 인지 능력에 있어 큰 발걸음으로 편견을 극복하는 근간이 된다.

단순히 아이들이 모순적인 증거로 표상되는 동화 속의 고정관념을 극복할 수 있는 정신적인 능력을 가지고 있다고 해서 자동적으로 현실에서도 그럴 것이라는 것은 아니다. 고정관념은 대부분 오랜 기간 무의식적으로 만들어진 관념들의 축적이다. 이러한 이유로 고정관념은 아주 안정적일 수 있다. 이러한 고정관념을 깨기 위해서는 이성적인 사고와 경험이 필요하다. 물론 편견을 극복하는 것은 아이의 고정관념을 바로잡는 것 이상의 문제이다. 그것은 평생 해결해야 할 문제다. 특히, 우리의 세계가 하나의 다문화 사회로 확장됨에 따라 편견을 극복하는 것은 중요한 문제다.

공정함

"토미가 때렸어요!", "에밀리가 펜을 뺏었어요.", "스티븐의 케이크 조각이 더 커요.", "불공평해요." 아이들은 대법원만큼 정의에 대해 많은 말을 하는 것 같다. 이런 말들은 단순히 어른들이 사용하는 말을 따라하는 것만은 아니다. 취학 전 아이들은 스스로 하나의 집단에서 함께 생활하려면 다른 사람들과 어울리기 위한 지침이 있어야 한다는 것을 발견하고 있는 것이다.

이를 알 수 있는 방법 중 하나는 경쟁적인 게임을 할 때 나타나는 아이들의 행동을 관찰하는 것이다. 아이들은 규칙에 대해 아주 잘 알고 있으며, 속인다거나 집단의 동의 없이 규칙을 바꾸는 것은 불공정하다는 것을 강조한다. 만약 한 명이 규칙에 순응하지 않으면 게임에 끼워주지 않을 수도 있다.

규칙을 배우는 동시에, 아이들은 함께하는 삶이란 규칙을 받아들이는 것 이상이라는 것을 배운다. 아이들은 도덕성을 발달시키기 시작하는 것이다. 도덕성이란 어른들이 지켜볼 때나 아닐 때나 상관없이 어떤 행동이 본질적으로 옳거나 그르다는 느낌이다. 또한 도덕적 갈등에 대한 권리와 필요성에 대해 생각하기 시작한다.

브린마워 대학의 킴벌리 캐시디, 준 추, 캐서린 달스가드는 취학 전 아이들에게 도덕적 결정을 내려야 하는 일련의 상황을 제시했다. 일례로, 병원 대기실에 앉아 있는 두 아이에 대한 이야기를 들 수 있다. 한 아이가 오랫동안 인내심 있게 자기 차례를 기다리고 있었는데, 간호사가 들어오라고 그의 이름을 부르려는 순간 팔이 베인 아이가 도착했다. 그 아이는 통증으로 신음하며 얼굴에는 눈물이 흐르고 있었다.

연구자들이 이 이야기를 들은 아이들에게 누가 먼저 의사를 만나야 할지를 물었다. 아이들은 모두 첫 번째 온 아이가 오랫동안 기다렸기 때문에 먼저 들어갈 권리가 있다고 언급하긴 했지만, 두 번째 아이가 의사가 더 필요하기 때문에 의사를 먼저 만나야 한다고 느꼈다. 아이들은 정의와 이타적인 관점 모두를 알 수 있었다. 규칙의 원리를 이해할 수 있는 동시에 상처가 심한 아이에게 무엇이 필요한지를 이해할 수 있었다. 여기에는 남아와 여아 간의 차이가 없었다.

두 아이의 이야기를 들은 아이들이 한 사람의 필요가 다른 사람의 권리보다 우선할 수 있다는 것을 기꺼이 받아들인다는 사실은 옳고 그름에 대한 아이들의 판단이 도움이 필요한 사람의 감정을 느낄 수 있는 감정이입에서 비롯된다는 것을 보여준다.

만 3~6세 사이에 아이들은 흔히 우리가 양심이라고 지칭하는 '내부의 소리'인 도덕적 기준을 습득하기 시작한다. 양심의 성장은 뇌 발달과 문화적 · 개인적 환경을 통한 경험 간의 상호작용의 결과다. 예시와 직접적인 지도로 성실, 정직, 도움이 필요한 사람을 도울 의무 등과 같은 개념을 발달시키는 것이다. 그래서 자신의 가치와 모순된 행동을 하게 될 때 불편함을 느낀다.

학교에 들어가면서 아이의 도덕성은 직접적인 관여를 통해 다른 사람에게 해를 끼치지 않게 할 수 있다고 깨달을 만큼 성장하게 된다. 더 약한 아이를 때리는 못된 아이를 보면 그 아이의 행동이 잘못되었다는 것과 맞는 아이가 도움이 필요하다는 것을 안다. 하지만 못된 아이가 훨씬 힘이 강하기 때문에 끼어드는 것을 두려워한다. 이런 경우 도움을 주지 못한 것에 대해 죄의식을 느낄 수 있는 것이다.

그라지나 코찬스카는 취학 전 기간이 도덕 발달의 중요한 시기라고 제언한 바 있다. 이 시기 후에 학습이 이루어질 수 없다는 의미는 아니지만, 이 시기에 친구나 따라하고 싶은 우상을 선택하는 데 영향을 미칠 중요한 습관이 형성된다.

아이들이 도덕적 기준을 깨닫는다고 해서 반드시 항상 그 기준에 따라 행동할 것이라는 의미는 아니다. 하지만 어떤 행동이 그르다는 것을 이해할 수 있어야 한다. 친구 중 한 명이 어렸을 때 인상적이었던 사건에 대해 말해준 적이 있다. 그 친구는 어렸을 적 동생의 장난감을 빼앗곤 했다고 한다. 이렇게 힘이 지배한다는 원리를 이용하는 이 친구를 보게 된 그의 아버지는 아들을 의자에 앉히고 똑바로 아들의 눈을 응시하면서 "생각해!"라고 말했다. 그 한마디의 말로 아버지는 아이가 스스로 자신의 행동을 돌아볼 수 있는 능력을 가질 수 있다는 신념을 표현했던 것이다. 이것이 아들이 결코 잊지 못하는 교훈이 되었다.

통제

토미의 유치원 선생님은 기운이 빠진다. 토미는 소란스럽고 쉴 새 없이 문제를 만들기 때문이다. 선생님이 수없이 토미에게 차례를 기다리라고 말하면, 선생님과 아이들에게 화를 내고 못된 말을 한다. 하지만 가끔 토미가 동물에 대해 물어볼 때 보면 주의 깊고 기억력도 좋다. 그리고 똑똑한 결론을 이끌어 내어 자주 선생님을 놀라게 한다. 일단 앉아서 그림을 그리기라도 하면 아주 역동적이며 상상력이 풍부하다. 선생님은 토미가 똑똑하고 재능이 있다는 걸 발견한다. 하지만 선생님은 경험으로 미루어 토미가 자아 통제 전략을 발달시키지 못했을까 걱정한다. 집단 생활은 타인에 대한 존중을 요구하기 때문에 주어진 일에 집중하고 완수하는 법을 배워야 한다.

성장하고 사람들과 어울리는 과정에서 중요한 부분은 우리 삶의 일부인 감정과 충동의 실타래 속에서 자신의 길을 발견할 수 있는 능력을 습득하는 것이다. 좌절을 극복하고, 충동을 조절하며, 공격성을 억제하고, 문제를 도전으로 여길 수 있는 자신감을 발달시킨 아이들은 상당한 이점을 가지고 시작하는 것이다.

좌절 극복

프로이트가 무의식이 인간 행동에 미치는 영향에 대한 이론을 제시한 이래로 좌절은 나쁜 무언가로 여겨지는 경향이 있었다. 왜냐하면 좌절은 자동적으로 나중에 신경성 행동으로 이어진다고 가정했기 때문이다. 결론은 좌절을 이끄는 상황은 무슨 일이 있어도 피해야 한다는 것이다. 하지만 이것은 프로이트 자신이 말했던 것은 아니다.

프로이트의 딸 애나는 1952년 하버드 대학에서 열린 강연에서 프로이트의 위치를 분명히 했다. 그녀는 아이들이 발달에 있어 아주 중요한 걸음을 내딛도록 돕는 데 있어 부모와 그 외 교육자들의 역할의 중요성을 강조했다. 만 3~5세 사이의 아이들은 자신의 즉흥적인 욕구에 반응하기 전에 멈춰서 생각하는 법을 배워야 한다. 나아가 그녀는 아이는 좌절을 피함으로써가 아닌 극복함으로써 내적 힘을 발달시킨다고 말했다. 이것은 단지 '버텨라'라는 식의 철학을 넘어서 좌절에 대처하는 법을 배울 수 있도록 해줘야 한다는 의미다. 왜냐하면 좌절은 인간 삶의 일부이기 때문이다.

만 5세인 스티븐은 울면서 자신이 그리려고 한 말 그림이 있는 종이를 찢기 시작했다. 말 그림이 형편없었고 게다가 에밀리가 그 그림을 비웃으면서 말이 아니라 돼지 같다고 했기 때문이다. 스티븐은 좌절했고 막 포기하려 했다. 스티븐의 엄마는 아이가 그림 그리는 재미를 잃고 화를 내게 되는 것을 원하지 않았다. 그래서 스티븐에게 말을 그려 주려고 연필을 잡았다. 하지만 이내 멈추고 스티븐이 다시 시도할 수 있도록 용기를 북돋아주었다. 이번엔 미소를 띠면서 말의 모양에 대해 스티븐에게 묻기 시작했다. 말은 네모 모양에 가까울까? 동그라미 모양에 가까울까? 아이는 자신이 말의 모양을 생각하기 위해 가만히 있는 대신 바로 손짓으로 동그라미를 그린다는 것을 알기 시작했다. 이러한 힌트는 스티븐이 좀 더 잘 시작하는 데 필요한 것이었다. 결국 스티븐은 자신이 그린 말에 꽤 만족한다. 스티븐은 새로운 전략을 시도하는 법을 배울 필요가 있었다. 그리고 이것이 성공할 수 있다는 것을 지켜보면서 더 많은 인내심을 배울 수 있고 자신감을 발달시킬 수 있는 것이다.

만족 지연

충동 조절 능력을 통해 아이는 잘못된 전략을 피하고 결국 더 성공적인 전략을 쓸 수 있을 만큼 충분히 오래 멈춰 돌아볼 기회를 갖게 된다. 충동 조절은 사고와 행동의 유연성에 있어 핵심이 된다. 충동 조절의 중요성은 단기간의 문제 해결에 국한되지 않는다. 그것은 언젠가 미래에 목표를 달성하기 위하여 순간적인 보상을 연기시키기 위한 전략의 발달로 이어질 수 있다.

유이치 쇼다, 월터 미셸, 필립 피크는 만 4세 아이들이 유혹을 참는 문제를 어떻게 다루는지 보기 위해서 일련의 실험을 했다. 아이 혼자 작은 방에서 종이가 있는 탁자 앞에 앉게 한다. 실험자는 이 아이가 특별히 좋아하는 마시멜로 같은 것을 탁자 위에 놓고 다음과 같이 말한다. "내가 다시 올 때까지 마시멜로를 안 먹고 기다리고 있으면 마시멜로 두 개를 줄게. 언제든 종을 울리면 올게. 하지만 그럴 경우, 마시멜로 대신 프레첼(아이가 좋아하지 않는 과자)을 줄 거야." 아이가 종을 울리지 않는 경우, 실험자는 15~20분 후에 돌아와서 마시멜로를 먹지 않고 그대로 두었으면 약속한 보상을 주었다.

어떤 아이들에겐 이 유혹은 저항하기엔 너무나 큰 것이어서 결국 마시멜로를 먹어버렸다. 하지만 어떤 아이들은 연구자가 돌아올 때까지 참았다. 대신 목적 도달을 도와주는 작은 전략들을 사용했다. 그 전략들은 눈을 감고 있거나, 멀리 시선을 돌리거나, 혼자 중얼거리거나 노는 것이었다.

연구자들은 이 마시멜로 실험의 중요한 메시지는 모든 상황에서 즐거움을 지연시킬 수 있는 능력이라고 결론을 내리진 않았다. 대신, 아이는 선택할 자유를 가져야 하고 자동적으로 충동에 따르도록 강요되어서는 안 된다고 제언했다. 어떤 아이들은 자신들이 몹시 원하는 것을 기다리는 것에 유난히 힘들어 했다. 이것은 부분적으로 아이의 기질에 따라 다르다. 하지만 아이들은 점차 좀 더 오래 참는 경험을 통해서 학습할 수 있는 능력이 있다.

충동과 비행 행동

충동 조절은 높은 충동성과 나중에 청소년기에 나타나는 비행 행동 간의 상호 관계성 때문에 특별한 주목을 받는다. 몬트리올 대학의 리처드 트렘블레이와 동료 연구자들은 유치원에서 특정한 행동 특성을 보인 남자아이들이 청소년기에 비행 행동을 보일 가능성이 더 높은 것을 발견했다. 높은 충동, 낮은 불안감, 어른들의 인정이나 불인정의 표시를 크게 염두에 두지 않음, 이 세 가지로 특성을 분류했다.

높은 충동성과 낮은 불안감을 보이긴 하지만 동시에 그들의 행동에 대한 어른들의 확인을 필요로 한 아이들은 비행 청소년이 될 가능성이 더 적은 것 같았다. 부모 및 자신을 돌보는 사람들과 아이의 관계가 행동을 판단하는 데 결정적인 요소일 수 있다는 것이다. 이 연구를 통해 연구자들은 가능성이 있는 취학 전 아이들에게 더 많은 관심을 기울일 것을 권장한다.

한 아이의 한 가지 행동뿐만 아니라 행동 전체와, 적어도 몇 달에 걸쳐 어떻게 발달하는지를 관찰하는 것이 중요하다. 강조되어야 할 것은 아주 어렸을 때 어떤 특성을 가졌는지가 반드시 나중에 커서 그에 상응하는 행동으로 이어지는 것은 아니라는 것이다. 호의적인 사회 환경이 나중에 커서 반사회적 행동을 할 위험성을 낮출 수 있기 때문이다.

공격성 제어

2003년 12월 15일 자 《타임》지의 한 기사는 유치원 또래의 아이들에게 나타나는 공격성, 욕설, 파괴적 행동에 대한 보고서에 관심을 두었다. 교육자들과 부모들은 이것이 단순히 어린아이들, 특히 사내아이에게 나타나는 경향이 있는 보통의 짓궂은 행동이 아니라, 다른 사람들에게 자주 고의로 위험을 주는 행동이라는 데 동의한다. 이 기사는 7세의 한 여자아이가 선생님이 장난감을 치우라고 요청할 때 소리를 지르기 시작한 것을 실감나게 묘사했다. 진정시키려 하면 완전히 통제를 잃고 소리 지르며 피난처를 찾는 겁먹은 친구들에게 책을 던졌다. 포트워스 아동 협력기관 조사의 사전 결과에 따르면 설문에 응답한 39개 학교의 93%가 오늘날 유치원 아이들이 5년 전에 비해 더 많은 정서적 · 행동적 문제를 가지고 있다고 주장했다. 나라마다 상황이 다양하지만, 다양한 사회적 환경에 있는 다수의 부모와 선생님들이 공격성, 불안함, 언어와 사회적인 능력의 결함이 증가하는 것을 인지하고 큰 염려를 나타내고 있다.

교실, 집, 운동장에서 보이는 행동의 이 불길한 변화를 설명할 수 있는 몇 가지 원인이 제시되어왔다. 부모가 더 오래 일하도록 부추기는 경제적 압박, 어린 아이들에게 가해지는 학업의 압박, 더 늘어난 육아 시설 이용 시간, 운동장 및 쉴 수 있는 시설의 부족, 증가하는 폭력과 TV에 나타나는 잔인성 등이 원인이 될 수 있다. 당연히 우리는 육아 시설의 질 향상, 아이들 개개인의 필요와 능력을 고려한 학교 프로그램, 더 나은 고용 기회, 더 좋은 운동장과 의료시설 향상을 위해 노력해야 한다. 하지만 이러한 변화에는 시간이 걸리니 지금 우리가 행동으로 옮겨야 한다.

시작은 집부터다. 취학 전 기간은 어른들의 직접적인 감시를 벗어나 스스로 전략을 배우는 시기다. 유치원에서 문제 행동을 보이는 아이들은 공통적인 특성을 가지고 있다. 자신의 행동을 이끌 통합된 효율적 통제 체계가 없어서 자신의 행동을 변화하는 상황에 적용할 수 없는 것이다. 대신 충동에 의해 지배를 받게 된다. 즉, 다른 사람에 대한 감정이입을 거의 혹은 아예 보이지 않고 사회적 신호를 이해하지도 또는 반응하지도 못하거나 꺼려하게 된다. 유치원 선생님들은 최선을 다해 아이들이 학교생활에 있어서나 다른 사람과의 관계에 있어 도움이 될 습관을 학습하도록 돕는다. 아이들은 이것을 모두 혼자서 할 수 없다. 특히 좋지 않은 습관들을 버려야 할 때는 더 그렇다. 부모가 아이와 보낼 시간이 거의 없을 때조차도 사회적인 능력을 학습할 수 있도록 도와줘야 한다. 지속적인 제한을 두고 그것을 실행하며 함께 이야기하는 시간을 마련하고 욕이나 음담패설은 허용하지 않도록 한다. 집안일에 책임을 주고 도와준 것에 대해 칭찬을 해준다.

TV는 성인이나 아이들 모두에게 폭력성 및 공격성 증가, 언어 능력 쇠퇴에 영향을 미치는 요소가 될 수 있다. TV 시청과 공격적인 행동 간의 직접적인 인과관계가 성립되진 않았지만, TV의 영향이 과소평가 되어서는 안 된다. TV를 육아 도우미로 사용해서는 안 된다. 아이들이 무언가 혼란스러운 것을 보았거나 친구에게 그것에 대해 들었다면 부모가 시간을 내어 그 프로그램을 시청해야 한다. 아이의 나이와 기질에 따라 그 프로그램의 장면을 선택하고 아이와 토론하는 것도 좋다. 실제 폭력성을 그대로 보여주지 않는 프로그램일지라도 종종 역효과를 가져오는 숨겨진 메시지를 포함한다. TV를 오랜 시간 시청한 아이들은 특히 혼자서 볼 때, 무능하고 비양심적이거나 바보스러운 모습으로 어른들을 보여주는 세계관을 받아들이게 된다. 이것을 흡수하면 살아가면서 어른들과 협동하지 않는 경향을 보일 수도 있다.

자신감 발달

기질 발달을 연구하기 위해 하버드 유아 연구팀에 의해 실행된 실험에 참여한 아이 중 만 4세 반 된 아이 한 명이 아주 인상적이었다. 실험자가 아이에게 그림을 하나 보여주면서 이렇게 말했다. “이건 내가 가장 좋아하는 그림이야. 난 이 사진을 정말 좋아해.” 그러고 나서 아이에게 그 아름다운 그림을 찢으라고 말했다. 나머지 아이들은 실험자의 말에 따라 즐겁게 혹은 의무적으로 그림을 찢었다. 하지만 이 아이에겐 그림을 찢는 것이 잘못된 것이었고 이 아이는 자신의 의견을 표현할 자신감을 가지고 있었다.

아이들은 다양한 상황에서 옳고 그름에 대한 자신의 감정을 존중하며 스스로 확신을 느낄 필요가 있다. 같이 가자고 하는 낯선 사람에게 싫다고 말할 수 있어야 한다. 또한 자기보다 약한 아이를 너무 심하게 대하는 친구에 맞서야만 할 수도 있다. 자신감이란 자신의 행동에 책임을 지는 법을 배우고 자신의 실수를 터놓고 말할 수 있는 용기를 갖는다는 것을 의미한다. 이것은 반드시 혼자서 발달시켜야 하는 힘은 아니다. 어른들의 지도와 예시, 그리고 많은 연습이 필요하다.

협동하는 좌우반구

조물주는 우리에게 상당한 양의 정보를 처리하고 인간 행동의 복잡성을 다루는 문제를 풀 수 있는 탁월한 해결책을 주었다. 이 해결책은 바로 각각의 전문 영역을 담당하는 뇌의 좌우반구다. 이 자원 창고는 거대한 통신망이 된다. 이 통신망은 각각의 반구의 합보다 훨씬 더 큰 잠재력을 가지고 있다.

좌우반구는 지속적으로 협동한다. 한쪽만 사용하려고 하는 것은 마치 한 발로 행진하려고 노력하는 것과 같다. 이 두 반구는 서로를 강한 다리처럼 연결해주는 뇌량을 통해 주로 소통한다. 하지만 다른 더 작은 연결로들 또한 존재한다.

지금까지 살펴본 두 반구의 역할의 상당 부분은 뇌 손상에 대한 연구를 통한 것이었다. 여기서 얻은 지식의 단점은 손상된 부분의 위치를 정확하게 나타내기 어렵다는 것이었다. 행동 연구가 실행될 때는 이미 뇌에서 보상적인 변화들이 일어났다. 이제 현대의 이미지화 기술을 통해 손상되지 않은 신경계에서 일어나는 정상적인 활동을 관찰함으로써 두 반구 간의 상호 활동에 대한 중요한 통찰력을 제공받을 수 있다.

지능이나 상상력으로 요약되는 많은 능력뿐 아니라 언어 이해, 기억, 또는 감정 표현과 같은 복잡한 임무를 수행하는 일은 두 반구가 각각 스스로 담당하는 것이 아니다. 대신 각 반구가 그 행동에 필요한 네트워크의 일부 구성 요소들을 제공함으로써 협동하는 것이다. 이것은 라디오와 비슷하다. 라디오 배터리를 제거하면 소리가 나지 않는다. 배터리는 라디오 기능을 위해 필요한 구성 요소이지만, 배터리가 음악을 만들어낸다고 말할 수는 없다.

언어와 같은 복잡한 행동은 많은 구성 요소들로 나뉠 수 있다. 말소리는 좌반구에서 주로 담당하여 분석된다. 좌반구의 언어 센터는 소리의 연결을 분석하여 기억에 저장된 말들에 접근하는 것을 돕는다. 그동안 우반구는 단어 흐름의 선율적인 요소들을 처리하여 감정적인 어조 파악에 기여한다. 언어와 음악이 중복되는 뇌 영역에서 처리된다는 것은 흥미롭다. 새로운 연구에 따르면, 음악에 대한 해석은 좌우반구 모두를 활성화시킨다.

뇌파검사 연구에 따르면 긍정적이고 부정적인 감정에 대한 인식은 두 반구에 의해 다르게 처리된다. 기억할지 모르겠지만 신생아에게 설탕물을 준 실험과 일시적으로 10개월 된 아기를 엄마와 분리시킨 실험이 있었다. 긍정적인 감정은 주로 좌반구에서 처리된 반면 부정적인 감정은 우반구를 주로 활성화시킨다. 우반구는 혼란스럽거나 고통스런 상

뉴런의 정교한 계획

좌반구의 주요 기능	구분	우반구의 주요 기능
그림의 세부	시각	그림 전체
사물의 이름	언어	사물의 이미지
단어 발음	말	말의 운율
사실	기억	사건
음조	음악	선율
주로 긍정적	감정	주로 부정적
추상적 처리	사고	구체적 처리

뇌의 두 반구는 비슷하지만 특별한 전문 영역을 담당한다.

황에 대한 몸의 반응과 더 밀접하게 관련되어 있다. 좌반구는 반응을 가라앉히고 빨리 진정할 수 있는 아이들에게 있어 더 활성화되는 경향이 있다.

신경전달물질 활동의 상대적인 양의 차이점은 좌우반구의 역할의 차이를 설명하는 데 도움이 된다. 경계 및 주의와 관련된 신경전달물질인 노르피네프린은 더 많은 수의 수용기를 가지고 있어 우반구보다 더 많은 활동을 보여준다. 세로토닌도 마찬가지다. 높은 세로토닌 활동은 고도의 충동 조절 및 낮은 공격 성향과 관련이 있으며 낮은 수치는 낮은 충동 조절과 높은 공격 성향과 연관되어 있다. 스트레스 상황에서 분비되는 호르몬인 코티솔 또한 우반구에서 더 높은 활동을 보인다. 작동기억과 복잡한 연상 작용에 있어 중요한 신경물질인 도파민은 좌반구에 더 많은 수용기가 있어 더 효율적인 충동 조절을 허용하는 인지적 기능에 영향을 미친다.

두 반구의 혈액 순환 차이를 비교해보면 어린 시절에 일어나는 뇌 기능의 변화를 알 수 있다. 약 만 3세까지 혈액 순환은 좌반구보다 우반구에서 더 활발히 일어나다가 이후에 좌반구에서 더 활발하게 나타난다. 이로써 우반구가 좌반구보다 일찍 발달한다는 것을 알 수 있다. 또한 이 변화는 감정적인 반응에서 비롯된 행동이 좌반구의 언어 및 보다 고차원적인 처리 영역에서 진행되는 발달에 영향받는 행동으로 강조점이 바뀌었음을 반영한다. 이때가 브로카 영역에 있는 뉴런이 급속도로 발달하고 전기적 응집력이 좌반구에서 증가하는 시기다. 아이 뇌의 사고 영역이 끼어들어 "가만, 다시 생각해보자."라고 말하는 것이다. 이를 통해 더 많은 사고의 유연성이 생기고 뇌의 자원을 더 많이 사용할 기회를 얻게 된다. 이에 따라 아이의 행동은 단순히 생각을 반영하는 반영적 행동이라기보다 점차 자신을 돌아보는 성찰적인 행동으로 설명될 수 있는 것이다.

만약 아이가 "모두들 그렇게 해"라고 하면 어쩌죠?

비록 다음에 어떤 일이 일어날지 항상 예측할 순 없지만, 무엇을 기대하는지에 대해서는 알 수 있습니다. 가끔 우리 아이보다 약간 위 또래 아이들의 부모들을 관찰함으로써 가장 큰 깨우침을 경험할 수 있을 것입니다. 남편이나 아내와 미리 문제에 대해서 이야기하고 얼마나 많은 토론의 여지를 받아들일 준비가 되어 있는지 알아야 합니다. 자녀가 기타 레슨을 받는다거나 자신만의 TV나 전화기를 산다고 용돈을 더 달라고 요구할 때, 어떻게 말하겠습니까? "다른 부모들은 다 그렇게 하는데."란 말에 흔들리지 마세요. 대신, 안 되는 경우 분명한 이유를 아이에게 말해주세요.

아이의 자신감을 어떻게 북돋울 수 있을까요?

자녀의 재능을 격려하고 일상 속에서 사회적 · 정서적 발달을 뒷받침해주는 것과 동시에 부모는 다른 사람들의 경험을 이용해야 합니다. 우리는 힘없는 개인, 즉 주로 어린이들이 나와 거인과 마녀 같이 더 힘센 존재들을 이기는, 즉 처음에는 이길 수 없는 장애물로 보이던 것을 성공적으로 극복하는 흥미로운 주제를 보기 위해서 가장 유명한 동화를 보기만 하면 됩니다. 하지만 아이들 자신에 대한 긍정적인 기대를 불어 넣어줄 이야기를 찾고자 항상 신화 속 인물을 볼 필요는 없습니다. 심리학자 제롬 케이건의 지적처럼, 과거나 현재의 가족에 대한 이야기들이 아이에게 가족 정체성을 강하게 느낄 수 있게 해줍니다. 가족 중 다른 구성원들이 어떻게 어려움을 극복했는지 알면 아이는 자신의 재능과 성공에 대한 자신감을 높일 수 있습니다.

형제 간 다툼에 대해 어떻게 대처해야 할까요?

둘 중 한 아이가 심각하게 불리한 입장에 있다면 당연히 중재해야 할 것입니다. 아이들은 자신의 힘에 대해 종종 알지 못하거나 의견의 차이를 해결하기 위해 물리적인 힘을 사용할 때 어떤 해를 끼칠 수 있는지에 대해서 알지 못합니다. 그러나 생각할 기회만 주어진다면 많은 경우 반대 입장에서 좋은 해결책을 찾을 수 있습니다. 예를 들어, 만 6세 쌍둥이 사내아이들이 2단 침대에서 누가 위층 침대를 쓸 지를 두고 싸운다면, 아이들에게 문제 해결 방안을 강구하도록 요청하세요. 아이들은 침대를 번갈아 가며 쓴다거나 한 사람이 침대 위 칸을 양보하는 대신 가지고 놀고 싶어 하던 장난감을 사용하도록 하는 방법들을 제안할지도 모릅니다. 아이들에게 자신들이 처한 갈등 상황을 해결하는 기회는 미래를 위한 귀중한 연습이 되며 자신의 결정에 따르는 법을 더 쉽게 배울 수 있게 합니다.

더 어린 아이(만 3~5세)들 사이의 작은 싸움에서는 종종 가해자와 피해자를 구분하는 것이 불가능합니다. 이런 경우 둘 다 잘못이 없다는 방법을 쓰면 부모의 신경 소모를 덜고 아이들이 평화적으로 자신들의 분쟁을 해결하도록 격려할 수 있습니다. 둘을 각각 다른 방으로 보내서 해결책을 찾고 다시 함께 놀 준비가 되었을 때 나오라고 합니다.

아이의 행동문제를 위한 약물치료는 어떨까요?

미국 의학 협회지 2000년 2월 23일 발행본에서 줄리 지토와 동료 연구자들의 논문은 취학 전 아이들에 대한 향정신성 약물 처방이 증가한다는 사실에 주목했습니다. 향정신성 약물은 시냅스에 있는 신경전달물질의 활동에 영향을 미치기 때문에 뇌 발달이 활발한 시기에는 이러한 물질들을 사용하는 데 상당한 주의를 기울여야 합니다. 하버드 정신의학과의 조셉 코일은 다음과 같이 말한 바 있습니다. "어떤 실험 증거도 아주 어린 아이들을 대상으로 한 향정신제 치료를 뒷받침하지 못한다는 점과 향정신제 치료가 발달하는 뇌에 해로운 영향을 끼칠 수 있다는 타당한 걱정을 고려해보면 실제 문제가 되는 이러한 변화들의 원인들이 규명될 필요가 있습니다."

개개의 아동과 아이의 부모의 요구를 직접적으로 전달하고 이웃, 육아 시설, 학교 등의 도움을 구하는 것이 중요합니다. 모두가 함께 잘 연계되면 약물의 도움이 없이 많은 일들을 할 수 있습니다. 그러나 모든 상황에 대한 종합적인 판단을 통해 의학적 도움이 아이에게 이로운지를 결정할 수 있습니다.

집에서 아이를 감당하지 못한다고 느낄 때 할 수 있는 선택은 무엇이 있나요?

만약 스스로 감당할 수 있는 능력의 한계에 도달했다고 느낀다면 가족들이 그 문제를 해결할 수 있도록 도와준 경험이 있는 친구들이나 전문가들을 통해 믿을 만한 조언을 찾는 것이 더 낫습니다. 한 가지 좋은 방법은 집에서 비디오로 훈련하는 방법입니다. 교육받은 사회복지사들이 8~10회 집을 방문하여 저녁식사나 가족 게임 같은 일상생활 활동을 10~20분간 비디오로 촬영해 기록합니다. 이를 토대로 토론하면서 부모가 어려운 상황들을 대하는 새로운 방법을 발견하도록 도와줍니다. 이러한 과정에서 부모는 긍정적인 순간들을 놓쳤다는 것을 알고 놀랄지도 모릅니다. 예를 들어, 아들에게 거절당했다고 느낀 한 아빠는 아들이 종종 존경의 눈빛으로 자신을 쳐다본다는 것을 갑자기 깨달을 수도 있습니다. 이렇듯 부모와 아이 간의 긍정적인 상호작용을 지적함으로써 교육자들은 갈등의 소지가 있는 상황을 다룰 때 부모가 자신감을 갖도록 도울 수 있습니다. 지역사회 기관에 의해서 제공된 프로그램은 부모들이 관심사를 토론하고 심각한 문제가 일어나지 않도록 도울 수 있습니다.

어떻게 우리 아이가 팀의 일원이라는 것을 느끼게 할 수 있을까요?

만 3세 아이들은 자신들을 팀의 일원으로 여기고 싶어 합니다. 아이들은 집안일 돕는 것을 즐기고 자신들이 한 노력에 대해 인정받는 것을 자랑스러워합니다. 아이들이 하면 시간이 더 오래 걸리겠지만, 이제 아이들은 잘할 수 있다는 격려를 받아야 합니다. 팀이라는 생각은 여러 방법으로 길러질 수 있습니다. 예를 들면, 전체 가족이 소풍을 갈 때 가족들 각자가 자기 점심뿐 아니라 피크닉에 필요한 음식을 나를 수 있습니다. 한 사람은 레모네이드를, 한 사람은 핫도그를, 한 사람은 냅킨과 성냥을 챙겨 들고 갑니다. 전체 팀이 함께 해야만 소풍이 완성되는 것입니다.

아이들은 자라면서 식사 준비, 쇼핑, 애완견 돌보기 등의 집에서 일어나는 활동에 대해 실제로 책임을 맡을 수 있습니다. 가정 행사에 함께 참여하는 것도 가족 간의 유대를 강화시키는 또 다른 방법입니다. 아이들의 생일뿐만 아니라 부모, 조부모의 생신 또한 축하를 위해 모일 수 있는 이유가 됩니다.

아이의 언어 능력을 어떻게 높일 수 있을까요?

식사 시간, 여행이나 산책 시간, 집에서 함께 일하는 시간이 최상의 기회입니다. 말할 때는 되도록 한 번에 한 사람씩 말하고 다른 사람은 듣도록 도와주세요. 아이에게 충분한 관심을 기울이고 대답할 시간을 주세요. 아이는 자신의 생각을 정리하여 명확히 말할 시간이 필요합니다. 자신의 경험에 대해 말할 수 있도록 북돋아주고 세세한 것들을 기억할 수 있게 도와주세요. 예를 들어, 동물원에 갔다 온 후에 원숭이가 무엇을 하고 있었는지 물어보세요.

아이들은 또한 감정을 말로 표현하는 연습을 할 수 있습니다. 이런 연습은 어떤 상황에 대해 이해하고 말로 표현할 때 도움이 됩니다. 아이가 상을 받지 못해서 화가 난 채 집에 온다면 그 실망감에 대해 말할 기회를 주세요.

언어는 아이가 다른 사람들의 행동을 이해하고 갈등을 일으키는 원인에 대해 말할 수 있는 수단입니다. 이렇게 할 수 있는 아이들이 신체적으로 덜 공격적인 경향이 있습니다.

무시, 학대, 충격적인 사건들이 아이의 뇌에 지속적인 영향을 미칠까요?

연구에 따르면 심리적 학대가 육체적인 상처만큼이나 깊은 손상을 일으킵니다. 우리는 그러한 학대가 일어나는 것을 방지하기 위해서 우리가 할 수 있는 모든 행동을 취해야만 합니다. 그리고 이미 고통을 받은 아이들은 가능한 한 빨리 치료해야 합니다. 치료할 경우 회복 가능성이 아주 높습니다. 왜냐하면 두뇌 발달이 집중적으로 일어나는 단계에 있기 때문에 회복 가능성 또한 가장 높기 때문입니다.

가족을 잃고 전쟁과 극심한 가난 속에서 사는 아이들은 사회적 · 정서적 능력 발달에 매우 중요한 지속적이고 반응적인 보살핌을 거의 경험하지 못했습니다. 이 아이들은 항상 한 집단에서 다른 집단으로 떠돌아다니고 자신의 요구에 반응할 시간과 동기를 가진 보호자가 없었습니다. 아이들은 계속되는 두려움 속에서 살며, 육체적 외상이나 학대로 고통을 받았을 것입니다. 아이의 기질, 가족, 이전의 삶의 행적에 대해 가능한 한 많이 아는 것이 중요합니다. 과학은 이제 막 학대나 무시로 인한 뇌 손상의 경로를 이해하기 시작하는 중입니다. 이러한 손상의 정도는 학대의 유형과 가혹한 정도, 학대가 일어난 시기, 개별 아동의 두뇌 발달 단계, 유전인자 등에 따라 다릅니다.

장기화된 충격은 계속되는 극심한 스트레스 상태로 이어질 수 있습니다. 극심한 장기 스트레스는 다방면으로 뇌에 영향을 끼칩니다. 이러한 스트레스는 코티솔 수준을 엄청나게 증가시키는데, 이 코티솔 수치 증가는 기억을 저장하는 해마의 능력에 영향을 미칩니다. 주의력 조절과 관련이 있는 소뇌 충부와 대뇌번연계(감정체계) 또한 영향을 받습니다. 두 반구 간의 정보를 통합시키는 데 필요한 뇌량은 기능을 적절하게 수행할 수 없습니다. 충격은 사고와 감정의 장소인 대뇌피질의 활동이 줄어드는 환경을 초래할 수 있습니다. 피질이 편도체에 미치는 영향은 줄어듭니다. 그에 따라 편도체는 더욱 민감해질 수 있습니다. 결과적으로 불안이 증가하고 경계심은 최고조에 달합니다. 대뇌번연계 피질 활동의 감소와 편도체 활동의 증가는 외상 후 스트레스 장애를 가진 환자들에게서 종종 나타납니다.

충격은 또한 전두엽피질에 영향을 미칩니다. 앞에서 언급했듯이, 긍정적인 느낌은 좌반구의 활발한 활동, 부정적인 느낌은 우반구의 활발한 활동을 통해 나타납니다. 충격은 우반구 활동을 증가시키고 좌반구에서 일어나는 활동을 감소시킵니다. 시간이 흐름에 따라 부정적 경험의 축적은 일반적으로 부정적인 견해나 불신을 가져올 수 있습니다.

전두엽 활동 불균형의 또 다른 결과는 우반구에 대한 좌반구의 통제력이 줄어든다는 것입니다. 좌반구는 새로운 전략과 가능성을 찾고 생각을 정리하며 새로운 상황에 적절하게 반응하는 것과 같은 대처 기제와 더 관련이 있습니다. 만약 이러한 기능들이 방해를 받는다면 새로운 환경에 적응하는 데 더 많은 어려움을 겪을 것입니다.

두 가지 예를 통해 유년기의 충격적인 사건을 대처하는 놀라운 뇌의 능력을 볼 수 있습니다. 하나는 18개월 된 여아 제시카의 경우인데, 구출되기 전 56시간을 깊고 어두운 우물에서 지냈습니다. 열 살 때 제시카는 이 끔찍한 경험을 기억하지 못했습니다. 다른 아이 타라의 경우는 네 살 때 납치를 당해서 10개월 동안 잔인한 취급을 참아냈습니다. 19세 때 타라는 정상적인 삶을 살았고 그러한 사건에 대한 어떠한 기억도 하지 못했다는 것이 보고된 바 있습니다. 사건에 대해 이야기하면서 타라는 그 사건이 다른 사람에게 일어난 것처럼 느꼈다고 이야기했습니다. 끔직한 사건에 대한 이 기억의 부재는 이 시기에 많은 기억 체계가 완전히 기능하지 못한다는 이유로도 설명이 가능합니다. 예를 들어 해마, 두 반구 간의 연결, 언어 영역, 피질 내의 긴 연결이 여전히 집중적인 발달 과정을 밟고 있습니다. 스트레스로 인한 높은 코티솔 수준 또한 해마의 능력을 방해하여 기억을 저장하지 못하게 할 수도 있습니다. 그러므로 기억들은 저장을 위해서 완전하게 코드화되는 것은 아닙니다. 두 경우에서 보았듯이 충격은 안전하고 잘 보살펴주는 환경 속에서 회복된 것입니다.

역사는 무서운 환경에서 살아남아 행복하고 성공적인 삶으로 이어진 아이들의 예로 가득합니다. 이제 연구는 이 사람들과 회복을 촉진하는 요소들에 더 많은 관심을 기울이고 있습니다. 이 요소들은 해로운 것을 막을 수 있는 기본적인 뇌 기제들을 이용합니다. 그 기제에 대해 더 많이 알수록 그것을 활성화시킬 수 있는 구체적인 전략을 찾는 데 도움이 될 것입니다.

뇌의 적응성은 특히 어릴 때 회복될 희망이 높습니다. 학대를 당하거나 무시받은 아이들을 아주 어렸을 때 따뜻하고 지속적으로 잘 보살피는 가정으로 데려오면 긍정적인 새로운 경험이 학대에 의해서 생겼던 예전의 경험들보다 점차 더 강하게 뇌 회로에 저장될 것입니다.

아이가 뉴스에서 본 충격적인 사건들에 대처할 수 있도록 어떻게 도와줄 수 있을까요?

9 · 11 사태가 일어난 지 두 달 후에 뉴잉글랜드 의학저널에 발표된 연구에 따르면 전국에 걸쳐 진행된 가족 인터뷰에서 아이들의 35%가 한 가지나 그 이상의 스트레스 증세를 보였고 자기 자신과 자신이 사랑하는 사람들의 안전에 대해서 걱정했습니다.

전 세계의 사건을 생생하고 선명한 색상으로 안방에 전달하는 TV의 능력은 어른과 어린이에게 모두 불안의 원인이 될 수 있습니다. 아이가 미디어에서 보이는 충격적 사건들에 어떻게 반응하는가는 아이의 사전 지식, 아이의 기질 — 어떻게 사건을 인지하고 자신의 감정을 얼마나 잘 대처할 수 있는지 — 그리고 가족이 주는 든든한 지원에 달려 있습니다. 비록 만 2세 이하의 아이들은 무엇이 일어나는지를 이해하지 못할 수도 있지만, 자신에 대한 사람들의 반응에 민감하기 때문에 사방에서 긴장감을 느낄 것입니다.

기질에 따라 약 만 2세 이상 된 아이들은 그들이 보고 듣는 것에 의해 어느 정도 영향을 받습니다. 또한 주위에 있는 어른들이 어떻게 반응하는가를 매우 주의 깊게 살펴봅니다. 교통사고, 총기사고, 방화, 지진, 전쟁에 대한 뉴스에 지속적으로 노출되면 아이에게 큰 불안을 주고 세상에 대해 한쪽으로 치우친 부정적 시각을 조장할 수 있습니다. 부모가 군대에 있거나 비즈니스 출장 중인 아이들은 자신의 안전에 대해 두려워할지 모릅니다. 살인, 방화, 아이들 공동체에서 일어나는 학교 폭력은 멀리서 일어나는 사건들보다 더 강력한 영향을 미칩니다.

뉴스의 상당 부분이 정서 면에서 자극적이고 아이들은 아직 그것을 통제할 수 있는 사고 전략이 발달되지 않았기 때문에 아이들의 프로그램 시청을 제한하는 것이 최상의 방법입니다. 우리는 나쁜 일이 일어나지 않는 척할 수 없습니다. 종종 친구들이나 친구의 부모나 다른 사람들로부터 비극적인 사건에 대해 들을 것입니다. 나쁜 일도 일어날 수 있다는 사실을 인정하세요. 하지만 아이를 위해서 당신이 있다는 것을 확신시켜주세요. 그 상황과 관련된 긍정적인 활동으로 아이의 주의를 돌려주세요. 예를 들면, 어떻게 낯선 사람들이 화재로 인한 희생자들에게 음식을 가져오고 잠자리를 제공하는가, 지진으로 피해를 당한 희생자들을 구하기 위해 어떻게 24시간 내내 훈련견과 함께 구조작업이 진행되는지 등을 말입니다. 아이가 소방대, 경찰대, 구급대원들과 말을 할 수 있도록 하는 것도 도움이 될 수 있습니다.

만약 아이가 자발적으로 자신이 가진 걱정거리에 대해서 이야기를 하지 않는다면 식욕 상실, 야뇨증, 악몽, 공격성 증가, 혼자 있거나 유치원에 가는 것에 대한 두려움 등 아이의 행동 변화를 관찰하세요. 아이가 자신이 무서워하는 것에 대해서 이야기할 수 있는 기회를 만들어주세요. 가장 좋은 시기는 아이와 함께 무언가를 하며 아이가 압박감을 가지지 않을 때입니다. 예컨대, 아이와 함께 책을 읽거나 저녁을 함께 만드는 때입니다. 함께한다는 느낌과 가족 삶에 활동적인 참여자가 된다는 것은 역경에 대한 강력한 완충장치가 됩니다.

10
인성의 형성

우리 이야기 속에 등장하는 아이들은 나중에 어떤 아이가 될까? 솔직히 예상하긴 어려울 것이다. 어떤 유리구슬도 우리를 미래로 데려가 아이의 인성이 성장하는 데 영향을 미치는 모든 요소들을 보여줄 수는 없다. 가끔 많은 사람들은 모든 것을 유전 아니면 환경 탓으로 돌리기도 하지만 심리학이나 유전학, 신경생물학의 최근 연구 결과는 상호 작용하는 요소들 간의 복잡하고 다원적인 퍼즐 맞추기 그림과 같다. 인성에 영향을 주는 요소들을 분류하는 한 가지 방법은 기질과 성격 두 가지로 나누는 것이다. 기질은 감정이나 신경계의 즉각적인 반응과 더 관련 있는 인성의 일부다. 기질적인 특징들은 초기에 나타나서 전 인생에 걸쳐 비교적 안정적인 채로 남아 있다. 반면 성격은 목표나 가치와 관련되어 있다. 목표나 가치는 사회 문화적인 환경과 자신의 경험에 의해 영향을 받기 때문에 성격은 오랜 세월에 걸쳐 형성된다.

기질

애나와 에밀리가 4개월 되었을 때와 21개월 되었을 때 새로운 것에 어떻게 반응했는지 기억해보자. 하버드 유아 연구팀은 에밀리와 애나처럼 낯선 것에 대한 반응 척도의 극과 극에 있는 아이들의 발달에 관심을 가졌다. 에밀리 같은 아이들은 익숙하지 않은 물체나 일들에 별 반응이 없었지만 애나 같은 아이들은 정반대였다. 몇 년에 걸쳐 연구팀은 실험 상황을 아이들 연령에 맞췄는데, 일례로 작은 집단의 아이들과 놀이 후 나중에 더 큰 집단 아이들과 파티 하는 것을 포함시켰다.

4개월 때 낯선 목소리와 모빌에 요동치며 몹시 성을 내고 14개월과 21개월에는 더 겁이 많았던 애나 같은 아이들은 유치원 시기에도 에밀리 같은 아이들보다 더 수줍음이 많은 경향이 있었다. 애나 같은 아이들은 겁이 많고 조용했다. 하지만 연구팀은 또한 이 아이들이 신중함이 요구되는 일에 실수가 적다는 것을 발견했다. 이런 아이들은 더 주의 깊고 어떤 문제에 있어서도 급하게 답을 내는 대신 문제에 대해 생각하는 데 시간을 썼다. 반면 에밀리 같은 아이들은 애나 같은 아이들에 비해 더 적극적이고 사교적인 유치원생들이 되어 낯선 사람들과도 편안하게 많은 이야기를 나누었다.

연구팀이 기질을 설명할 뇌 활동을 관찰했을 때 뇌가 시간이 갈수록 현저하게 안정되어 있다는 것을 발견했다. 뇌파검사 기술을 사용하여 연구팀은 아이가 소리를 들을 때 뇌간에서 일어나는 전기 활동을 측정했다. 4개월 때 소리에 대해 강하게 반응했던 아이들은 만 10세가 되었을 때 역시 소리에 대해 더 강한 반응을 보였다. 소리에 대해 강하게 반응하는 것은 뇌간을 활성화시키는 편도체의 감각이 더 커졌기 때문이다. 이 아이들의 신경계는 여전히 자극에 민감했다. 이 연구는 몇 가지 놀라운 점도 가지고 있었다. 애나 같은 아이들이 에밀리 같은 아이들보다 더 수줍음이 많은 경향이 있었지만, 대부분이 예상보다는 덜 수줍어했다는 것이다. 그들 역시 친구들과 노는 것을 좋아했고 학교에서도 즐거워했다.

우리는 애나가 결코 파티에서 분위기를 띄우는 사람은 되지 못할 것이라고 상상할 수 있다. 하지만 애나는 1학년 생활에 즐거워하며 선생님을 존경하고 학교에 있는 훌륭한 도서관을 발견해낼 것이다. 애나가 자라면서 사고가 이루어지는 부분인 대뇌피질은 많은 경험을 저장할 수 있게 되어 애나의 인성에 더 강력한 영향을 미치게 된다. 역사를 통해 우리는 극도의 수줍음을 극복하고 대중 연설자로서 혹은 무대 위에서 명성을 떨친 많은 사람들을 볼 수 있다.

활달하고 사교적이며 적극적인 걸음마쟁이였고 호기심 많고 열성적인 유치원생이었던 에밀리는 2학년이 되기를 고대하고 있다. 끊임없이 말하며 대화 속엔 웃음이 가득하다. 토미가 애나의 친구를 밀었을 때 감정이입 상태를 보여주고 생일잔치 후에 엄마가 청소하는 걸 즐겁게 도와준 에밀리다. 지금까지로 볼 때, 에밀리의 새로운 학교생활 역시 긍정적일 것이다.

아기였을 때 부모가 쫓아다니기 바빴던 동생 앤드루는 누나 에밀리보다 더 고집이 세다. 하지만 차례를 지키고 다른 사람의 권리를 존중하는 법을 배웠다. 에밀리처럼 그날 유치원에서 있었던 재미난 일들에 흥분하며 집에 돌아오진 않지만 친구들과 즐겁게 잘 논다. 부모는 앤드루가 별난 아기였던 것이 믿기 어려울 정도다.

스티븐의 엄마는 야단을 치면 한 귀로 듣고 한 귀로 흘리는 것 같았던 형과 달리, 스티븐이 종종 후회의 빛을 보인다는 것을 눈치챘다. 형제가 거실에서 공을 가지고 놀다가 골동품 꽃병을 깨서 야단쳤을 때, 스티븐의 형은 뒷걸음질쳤던 반면 스티븐은 자신이 한 행동을 후회하면서 꽃병을 가게로 가져가 고치거나 자신의 돈을 합쳐 새것을 사도록 도와주겠다고 제안했다. 중요한 것은 이런 차이가 단순히 부모의 육아 방식에 달려 있는 게 아니라, 아이의 기질과 경험 사이에서 일어나는 독특한 상호작용의 결과라는 것이다. 최근 연구들은 더 불안해하는 기질을 가진 아이들이 기준을 어겼을 때 죄의식을 느끼기 더 쉬운 이유를 탐구하고 있다. 한 가설은 아이의 신경계가 죄의식을 신체적인 불안감으로 처리한다는 것이다. 무언가 잘못했다는 것을 감지하면 불편하고 언짢은 기분이 드는 것이다. 이 아이들은 자신의 몸의 감정적인 반응을 보다 격하게 느낀다. 맥박이 빨라지고, 식은땀이 나며, 얼굴이 화끈거리고, 배가 땅기는 식으로 느끼는 것이다.

아이오와 대학의 그라지나 코찬스카는 엄마와 아이의 상호적인 대응성 및 아동의 의식 발달과 아이의 기질 사이에 나타나는 관계를 연구했다. 수줍음을 많이 타고 겁이 많은 걸음마 단계 아이들을 격려하여 부모의 기준에 맞게 하는 가장 효과적인 방법은 부드러운 훈육, 즉 따뜻하고 권위 있는 육아를 통한 것임을 발견했다. 더 대담한 아이들을 위한 최상의 조건은 엄마와 아이가 상호적으로 대응하고 협조적인 것이었다. 이러한 아이들은 엄마의 칭찬 및 반대에 민감했고 일반적으로 도움이 되고 싶은 욕구를 보였다. 일반적으로 말해 아이와 부모의 관계에 있어 서로 잘 맞는다고 판단될 때, 부모의 기준에 대한 아이의 존중은 취학 전 시기까지 지속된다.

1학년으로서 스티븐은 어떨까? 스티븐은 다소 공상적인 아기였고, 걸음마쟁이였을 때나 취학 전에도 쉽게 산만해졌으며 열정을 가지고 시작한 일에도 금세 흥미를 잃었다. 선생님은 스티븐이 읽기에 대한 생각을 하도록 하고, 글씨를 주의 깊게 쓰도록 손을 지도하는 데 인내심이 필요했다. 엄마는 스티븐의 문제를 알기 때문에 산만함을 통제하고 시작한 일은 끝내도록 부추겨줄 것이다. 스티븐의 뇌에서는 협조와 집중력의 향상을 돕는 많은 일들이 일어나고 있다.

소냐의 엄마는 에밀리의 첫 생일 날 엄마의 지갑을 집요하게 비우던 끈기 있는 소냐의 모습을 보았다. 소냐는 자기가 하고 싶은 것은 집중적으로 계속 했다. 뛰어난 음악적 능력이 음악가였던 부모 눈에 곧 들어왔다. 소냐는 자기만족적인 아이이자 높은 동기를 가진 바이올린 학습자이다. 새로운 학교생활도 즐겁고 좋은 친구들로 둘러싸여 있다.

매튜는 걸음마도 빨랐고 점프하기, 건너뛰기, 오르기, 세발자전거 타기에서도 다른 유치원 친구들보다 빨랐다. 에밀리의 일곱 번째 생일 잔치에서 매튜는 자신감에 차 있고 운동을 좋아하는 아이이다. 주장 역할도 쉽게 맡고 토미에게 서슴없이 소리 높여 말한다.

다른 어떤 아이들보다 더 걱정이 많이 되는 아이는 토미다. 걸음마 단계였을 때 토미는 다른 사람의 감정에 대해서는 생각하지 않고 충동적으로 행동하는 경향이 강했다. 1학년 때도 여전히 화를 참는 데 어려움이 있고 호전적이며 파괴적이다. 장기간에 걸친 연구에 따르면 이런 특징들은 나중에 나타나는 문제 행동과 연결된다. 하지만 문제는 아이의 기질만이 아니라, 아이의 기질과 커서까지 그렇게 될 가능성을 높이는 환경 조건들 간에 생겨나는 불협화음이다. 부모가 아이의 힘든 기질에 세심하고 적절하게 대응한다면 나중에 아이가 폭력적이고 파괴적이 될 위험을 줄일 수 있다.

불행히도 토미의 엄마는 아이에게 거의 영향을 주지 못한다. 토미가 화에 대처하고 다른 사람들과 협동하도록 돕는 법을 부모가 배운다면 자신의 장점과 능력을 개발할 수 있는 더 좋은 기회를 갖게 될 것이다.

성인의 기질을 연구하면서 로버트 클로닝거는 아이들에게서도 관찰될 수 있는 주요한 행동적 특징을 네 가지로 규명했다. 새로움 추구, 해가 되는 것은 피하기, 끈기, 보상 의존성이 그것이다. 새로움을 찾는 아이는 새로운 장소나 사물을 탐구하는 것에 열중하며 새로운 사람을 만나는 것을 좋아한다. 반면, 낯선 상황을 두려워하는 아이는 새로운 것을 피하는 특징을 가진다 할 수 있다. 끈기는 하나의 일에 매달려 포기하지 않는 능력이다. 보상 의존성은 보호자와 따뜻하고 친밀한 관계 및 보호자가 해주는 반응의 필요성을 의미한다. 이 네 가지 특성은 그 반대적인 특징과 함께 여덟 가지 요소가 된다.

기질과 신경전달물질

기질에 관련된 몇몇 신경전달물질은 특정한 종류의 행동과 일시적으로 연결되어 있다. 노르네프린은 경계심과 집중력을 증가시킨다. 높은 세로토닌 대사 활동은 강한 충동 억제와 관련되어 호전성을 줄인다. 낮은 세로토닌 활동은 좌절에 쉽게 상처받도록 하고 일반적인 부정적 기분을 만들 수 있다. 아주 낮은 세로토닌 활동은 충동 억제를 방해하고 호전성을 높이며 위험한 행동으로 이끌 수 있다.

신경전달물질인 도파민에 대한 연구들을 통해 이 전달 물질들이 어떻게 행동과 관련되어 있는지를 알 수 있다. 도파민은 뇌의 보상 체계와 관련되어 있다. 뇌의 특수 영역에 높은 도파민 활동이 나타나면 어떤 특정한 활동을 하는 동안 경험된 즐거움을 증대시켜 결과적으로 경험을 반복할 수 있는 동기를 증가시킨다. 신경전달물질이 무슨 일을 하는지에 대한 지식은 다른 종류의 연구들을 통해 나온다. 유전학 연구를 통해 새로움에 대한 추구의 성향이 높은 성인들은 특수한 종류의 도파민 수용기에 관여하는 유전자의 출현이 높게 나타남을 알 수 있다.

특히 강조하고 싶은 것은 신경전달물질이 특정한 행동에 연결될 수 있다고 해도 이 전달물질이 왜 어떤 사람이 어떤 특정한 태도로 행동하는지를 설명할 수는 없다는 것이다. 신경전달물질은 단순히 인간의 생물학적 단면에 있는 하나의 요소에 지나지 않는 것이다.

기질과 전두엽피질

인간의 감정을 처리하는 좌우반구의 특수화된 역할 관련 연구는 기질의 어떤 면이 뇌에 기반을 두고 있다는 증거를 제공한다. 위스콘신 대학의 리처드 데이비슨은 오늘날 감정을 관할하는 뇌 회로를 연구하는 신경과학자이다.

뇌파검사 연구를 통해, 데이비슨과 동료 연구자들은 전전두엽피질의 왼쪽은 목표 수립 및 성취와 관련된 긍정적이고 진취적인 감정을 처리할 때 오른쪽보다 상대적으로 더 활동적이라는 것을 발견했다. 그에 상응하는 오른쪽은 자신 없고 부정적인 감정 시 더 활동적이다. 지금 어떤 쪽이 더 활동적이냐에 따라 사람은 더 긍정적이거나 더 부정적인 느낌을 표현할 것이다. 이 차이는 또한 기질에도 반영된다. 왼쪽 전전두엽피질이 더 활동적인 사람은 일반적으로 더 낙천적이고 외향적인 경향이 있다. 반면 오른쪽 전전두엽피질이 더 활동적인 사람은 비관적이고 소심하다.

뇌파검사 기술은 전두엽의 활성화와 아이의 감정 조절 능력의 관계를 연구하는 데도 사용된다. 네이선 폭스와 동료 연구자들은 만 4세 아이들 집단에서 아이들이 함께 노는 것을 관찰했다. 그리고 그것을 비디오로 촬영했다. 연구의 목적에 대해 모르는 전문가들은 아이들의 행동에 대해 적었다. 그에 따라 연구자들은 극단에 속하는 30%의 아이들에게 주의를 돌렸다. 아주 적극적이고 외향적인 아이들과 아주 소극적이고 내성적인 아이들이다. 외향적인 아이들은 다시 '호전적인' 아이들과 '호전적이지 않은' 아이들로 나뉘었고 내성적인 아이들은 '겁이 많은' 아이들과 '겁이 많지 않은' 아이들로 나뉘었다.

2주 후, 집단 속 아이들의 행동에 대해서 모르는 연구자들이 아이들 뇌의 앞부분을 뇌파검사로 측정했다. 흥미롭게도 호전적 외향성을 가진 아이들과 겁이 많은 수줍은 아이들 두 집단에서 오른쪽 뇌파 활동이 상대적으로 더 강하게 나타났다. 반면, 호전적이지 않은 외향성을 가진 아이들과 겁이 많지 않지만 수줍음을 타는 아이들의 집단에서는 상대적으로 왼쪽이 더 활성화되었다. 전두엽피질은 자아 통제와 관련된 것으로 알려져 있다. 연구자들은 더 강하게 활성화된 왼쪽 반구는 언어와 인지 과정을 사용할 가능성을 시사한다고 생각했다. 오른쪽 반구는 이러한 과정에 접근성이 덜하기 때문에 오른쪽 반구가 더 활성화된다는 것은 자아 통제의 어려움이 더 크다는 것을 반영할 수 있다.

그렇다고 해서 평생에 걸쳐 아이의 행동이 항상 남아 있게 프로그램 되어 있다는 의미는 아니다. 하지만 어떤 아이들은 자신의 감정에 대처하는 법을 배울 때 보통 아이들이 필요한 양보다 더 많은 교육이 필요할지도 모른다. 자녀의 기질에 대해서 알면 아이가 미래에 소중한 습관을 기를 수 있도록 돕는 방법을 찾게 될 것이다.

감정과 느낌

그림 속의 개에 놀란 아이의 사진을 보면 위협하는 상황에 몸이 감정적으로 반응한다는 것을 볼 수 있다. 아이가 즐겁게 모래 놀이를 하고 있다

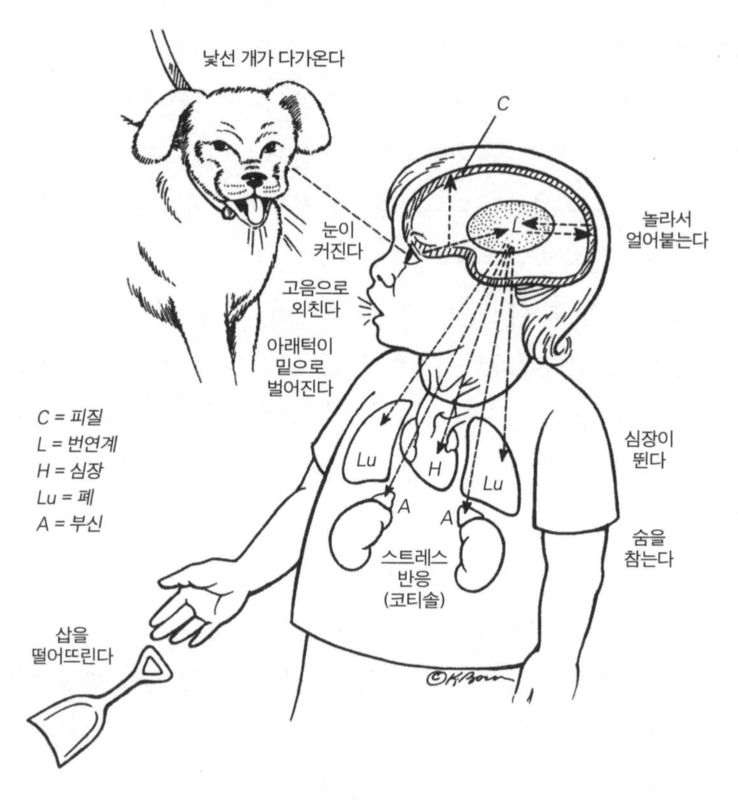

예상하지 못했던 사건은 변연계의 경고 체계를 활성화시켜 감정적 신체 반응을 유도한다. 피질은 이 반응을 인식하고 이를 무서움으로 해석한다.

가 갑자기 낯선 큰 개가 다가오는 것을 본다. 이 새로운 상황에 관한 정보가 아이의 눈과 귀에서 시상과 편도체로 간다. 편도체는 변연계, 즉 감정 체계의 일부로 기질에 관련된 중요한 역할을 담당한다. 편도체는 들어오는 신호의 강도를 조정한다. 신호가 강하면 아이의 반응도 강렬하다. 강도가 줄어든 채 신호가 들어오면 아이는 아마 더 약해질 것이다.

편도체가 신호를 기저핵에 보내면 기저핵은 아이의 몸을 얼어붙게 하고 손에 든 삽을 떨어뜨리게 한다. 편도체는 또한 뇌간에도 신호를 보내고 아이는 보다 경계한다. 눈은 커지고, 아래턱은 벌어지며, 입에서는 고음의 소리가 터져 나온다. 심장은 두근거리고, 잠시 숨을 멈춘다. 편도체는 또한 신호를 시상하부에 보내 부신피질을 자극하여 스트레스 호르몬인 코티솔을 분비하게 한다. 놀람, 얼어붙음, 소리, 심장 박동과 호흡의 변화, 코티솔의 증가, 이 모든 것이 감정적인 반응이다. 이 반응들은 관찰되거나 측정될 수 있다.

이제 대뇌피질은 상황을 파악하여 사건 자체와 아이의 감정적 반응을 해석한다. 개를 처음 보았을 때, 아이의 시상 또한 곧바로 대뇌피질에 메시지를 보내고 대뇌피질은 그 개를 아이가 아는 개와 이전에 개에 대해 경험했던 상황을 현재 상황과 비교한다. 아이는 심장이 뛰는 것을 느끼고 근육의 긴장을 감지하며 자신의 겁먹은 외침소리를 듣는다. 피질이 이 감정적 반응을 인식하여 느낌으로 바꾸면 아이는 무서움을 느낀다. 즉각적인 감정적 반응과 달리 아이의 느낌은 사적인 것이기 때문에 다른 사람에 의해 측정되거나 관찰될 수 없다. 뇌가 어떻게 감정적 반응을 개인적 느낌으로 바꾸는지는 여전히 수수께끼다.

대뇌피질은 정보를 받아 해석할 뿐 아니라 피질하 조직에도 영향을 미친다. 아이의 내부 기관과 미래에 비슷한 경우에 아이가 할 행동에도 영향을 주는 것이다. 아이가 개 때문에 심하게 놀랐다면 미래에 낯선 개를 마주치면 더 경계하고 기분이 나쁠 것이다. 하지만 개 주인이 개를 꽉 잡고 아이에게 개를 쓰다듬어주라고 한다면 시간이 지남에 따라 두려움을 극복하는 법을 배우게 될 것이다. 피질은 아이의 편도체의 즉각적인 반응을 조정할 수 있는 능력을 가지고 있기 때문에 아주 예민한 편도체를 가진 아이조차도 긍정적인 경험을 통해 불안을 감소시킬 수 있다.

기질과 건강

지금까지 보았듯이 기질은 감정적인 반응과 느낌의 강도만이 아니라 신체 기능의 조절에도 영향을 미친다. 즉, 기질은 아이의 건강에도 영향을 미친다. 고도로 예민한 신경계를 가진 아이들은 무던한 아이들보다 건강 문제가 있을 가능성이 더 많다. 그 이유는 민감하게 반응하는 사람들의 신경계는 빨리 '경고 모드'로 전환되어 그대로 유지되는 경향이 있기 때문이다. 위협적인 상황이 끝나면 스트레스 반응은 급속도로 감소하고 몸은 평소 상태로 돌아온다. 하지만 아이가 지속적으로 경계 상태에 놓이면 스트레스 반응은 고혈압, 순환 장애, 알레르기 등과 같은 이상 증세로 이어질 위험이 크다.

애나처럼 아주 예민한 아이는 반응이 둔한 아이보다 고열, 천식, 피부 알레르기에 노출될 확률이 두 배다. 이유는 편도체가 코티솔 호르몬 분비를 자극하도록 시상하부에 강한 신호를 보내기 때문이다. 오랫동안 높은 수준의 코티솔이 유지되면 아이의 면역 체계 활동을 저해할 수 있다. 즉, 아이가 감염이나 더 큰 알레르기의 위험에 저항할 힘이 줄어든다는 것이다.

코티솔 생산 증가에 덧붙여 편도체에서 자율신경계로 보낸 강한 신호는 내부 기관과 연락하는 신경을 자극해 때때로 소화불량이나 설사를 일으킨다. 혈관 수축은 두통을 일으킬 수 있다. 아이가 자주 긴장하거나 잠들기 힘들어 할지도 모른다. 뇌, 정신, 신체가 서로 연결된 이러한 학문을 '심신 의학'이라 지칭한다.

아이의 기질에 관한 지식은 실용적이다. 왜냐하면 부모들은 아이가 스트레스를 줄이거나, 막거나, 대처하도록 도와줄 수 있기 때문이다. 스트레스를 일으킬 수 있는 모든 상황을 피하기 위해서 유혹을 떨쳐버릴 수 있고, 지나친 반응이나 불안을 낮출 수 있다. 아이가 예방접종에 대해 미리 알게 하는 것도 한 예가 될 수 있다. 주사를 맞으면 잠깐 아프고 긴장을 풀고 숨을 깊이 내쉬면 덜 아프다는 것을 알면 갑자기 그런 상황에 놓이는 것보다 불안도 덜하고 지나치게 반응하지도 않을 것이다. 좌절, 짜증, 분노 또한 스트레스 반응을 일으킬 수 있다. 좌절이 없는 삶은 없기 때문에 아이는 좌절에 대처하는 법을 배워야 한다. 또한, 아이가 삶의 작은 자갈길을 인내심, 상상력, 유머로 받아들이도록 도와주어야 한다.

어떤 사건이 아이의 반응에 미치는 영향은 그 사건 차제의 본질에 기인할 뿐 아니라 아이가 그것을 어떻게 해석하느냐에 달려 있다. 새로운 집으로 이사하는 것은 어떤 아이에겐 충격적인 경험이 될 수 있지만, 어떤 아이에겐 하나의 모험이 될 수 있다. 수줍은 아이, 호전적인 아이, 예민하게 반응하는 아이는 사건을 스트레스 상황으로 인지하는 경향이 더 높다. 부모들은 수줍음 타는 아이에게 수줍음에 대처할 수 있도록 도와줄 수 있고, 호전적인 아이는 호전성의 대안을 찾도록 도와줄 수 있다. 또한 아이가 어떤 상황을 스트레스가 아닌 도전으로 여기는 법을 배울 수 있도록 도와줄 수 있다. 새로운 경험의 긍정적인 측면을 끄집어내라. 예를 들어, 새로운 마을로 이사를 가게 되면 새로운 친구들도 만나고 새 집을 갖게 될 것이라고 말해준다.

새로운 집단에 적응하기

보육 시설, 유치원, 학교에 처음 들어가는 아이들에게 가장 큰 도전은 새로운 친구 집단에 적응하는 것이다. 아이들마다 이에 대한 반응이 다른데, 이는 부분적으로 기질의 차이와 관련되어 있다. 메간 구나와 동료 연구자들은 아이의 기질에 따라 새로운 집단에 얼마나 쉽게 적응하는지에 대해 연구했다. 연구자들은 만 3~5세 취학 전 아이들을 관찰했다. 아이들의 행동을 기록하고 부모에게 아이의 기질에 대해 물어봤다. 새로운 환경에 아이의 신경계가 어떻게 반응하는지 보기 위해서 아이의 타액에 있는 코티솔을 측정했다. 높은 코티솔 반응은 아이가 스트레스를 받는다는 것을 나타낸다. 아이들이 서로 알게 될 때, 집단을 형성할 때, 집단이 형성될 시간을 어느 정도 가진 후, 이 세 기간 동안 샘플이 채취되었다.

아이들은 세 집단으로 나뉘었다. 첫 번째 집단은 첫날 높은 코티솔 반응을 보였지만, 일단 집단에 익숙해지자 평소의 코티솔 수치로 돌아갔다. 이 아이들은 적극적이고, 자신감 있고, 친구들 사이에서도 인기가 있었다. 추측컨대, 처음엔 새로운 경험에 흥분되었다가 곧 편안함을 느꼈던 것 같다.

두 번째 집단은 첫날 코티솔 반응이 증가하지 않았지만 수업이 익숙해지자 코티솔 반응이 높아졌다. 아마도 처음엔 새로운 경험에 대해 별로 흥분하지 않다가 실제 새로운 시설에 가니까 더 불안하게 된 것 같다. 세 번째 집단은 처음에 측정된 높은 코티솔 반응이 감소하지 않았다. 아마도 이 아이들은 겁을 먹고 진정되는 데 오랜 시간이 걸렸을 것이다. 두세 번째 집단에 속하는 아이들은 기분에 있어서도 더 부정적이고 집단에 어울리지 않는 경향이 있었다. 또한 자아 통제가 더 낮고 집중력도 더 짧았다. 이 아이들을 집단에 잘 어울리게 하려면 더 주의를 기울이고 격려해줄 필요가 있다.

연구에 따르면, 아이의 개별적인 코티솔 분비 패턴은 청소년기를 거치며 안정되는 양상을 보인다. 하지만 아이의 행동이 변할 수 있다. 아주 예민하게 반응하는 신경계를 가진 아이에게 마음을 편히 하는 법을 배우도록 도와주면 건강 상태도 개선되고 삶이 보다 즐거울 수 있다. 신체적인 활동과 휴식 사이의 균형을 잘 유지하도록 해준다. 매일 규칙적으로 운동하는 것이 중요하다. 특히 신선한 공기를 마시면서 할 수 있는 운동이 좋다. 마당에서 할 수 있는 정원 일 같은 것을 돕도록 하는 것도 좋은 방법이다. 아이가 특히 천식으로 고생한다면 소아과 의사와 상의하여 긴장을 푸는 운동이나 특별한 호흡 기술을 배워야 한다. 친구들과 함께 하는 음악, 춤, 그림 등도 긴장을 풀고 함께 하는 즐거움을 줄 수 있는 기회다. 식탁에 함께 앉아 아이가 그날 하루 있었던 일에 대해 이야기할 기회를 주어 집에서 스트레스를 줄여주는 것이 좋다.

부모의 격려와 예를 들어 설명해주는 방식은 아이가 새로운 상황에 대처하는 데 아주 중요하다. 아이가 자신의 두려움에 대해서 이야기하도록 도와줄 수 있다. 유치원 첫날 애나와 엄마의 대화는 다음과 비슷할 것이다.

애나: 유치원에 가기 싫어.

엄마: 왜 가기 싫은데?

애나는 말한 것을 반복하고 울기 시작한다. 대화는 더 이상 진행되지 않는다.

엄마: 처음에 어린이집 갔을 때 어땠는지 기억해?

애나: 울었어.

엄마: 맞아. 처음엔 울었지만, 멋진 장난감들을 발견했지. 존슨 선생님이 부엌에서 일을 도와줘도 된다고 했었잖아. 그때 어땠어?

애나: 재밌었어.

엄마: 그럼 지금 새 유치원에서는 앞으로 어떨 것 같니?

애나는 미소 짓기 시작한다. 애나는 자신이 두려워하는 사건이 결국

에는 긍정적인 결과를 가져올 수 있다고 생각하기 시작한다.

아주 수줍음을 많이 타고 불안해하는 아이는 한 번에 한 집단에 익숙해지도록 하는 게 좋다. 유도를 새롭게 배우기 전에 새로운 유치원에 익숙해질 때까지 기다린다. 아이가 새로운 사람을 만나는 것이 재밌다든가, 새로운 해결책을 찾으려 노력하면 문제를 성공적으로 해결할 수 있다는 것을 경험을 통해 배우게 한다면, 이러한 상황을 스트레스가 아닌 자신이 극복할 수 있는 도전으로서 대할 용기를 발견할 것이다.

요람 속 선물: 다중지능

만 3세가 되기 전에 소냐는 아빠가 첼로 케이스에서 첼로를 꺼내 대학 오케스트라와 콘서트를 위한 연습을 시작하자 아주 흥분했다. 주의 깊게 듣고 자기가 해보게 해달라고 부탁했다. 매튜는 같은 또래 아이들이 첫 단어를 말하기도 전에 문장을 사용했다. 만 5세가 되었을 때는 상당량의 어휘력을 가지고 인상적일 만큼 자유자재로 언어를 사용했다.

개인적인 기질적 특성과 함께 각각의 아이들은 자신의 인성에 기여하는 개별적인 능력을 가지고 태어난다. 이러한 재능 중 일부는 아주 어렸을 때 나타날 수도 있고 일부는 청소년기나 갓 성인이 되어서야 눈에 띄는 경우도 있다.

1980년대 초 하워드 가드너는 당시 지능 테스트로 측정된 언어적 · 수학적 능력에 대한 과도한 강조에 반기를 들고 '다중지능' 개념을 소개했다. 지능에 대한 가드너의 정의는 한 사회가 어떤 특정한 능력에 두는 가치를 염두에 둔 것을 포함했다.

가드너의 '지능'을 평가하는 후보 목록은 다음과 같은 능력을 포함했다. 언어적(언어 사용) 지능, 논리적 또는 수학적 지능, 공간적(건축가, 조각가) 지능, 음악적 지능, 신체적(스포츠, 수공예) 지능, 대인관계(어떻게 사람들이 서로 상호작용하는지) 지능, 개인 내면적(자신의 감정과 동기) 지능, 자연주의적(자연 환경에 대한 이해) 지능이 그 예이다.

가드너에 따르면, 지능은 특별한 능력에 대한 기반으로 출생 시나 생후 초기에 나타나는 핵심적인 과정들의 결합이다. 한 사람을 소리에 더 민감하도록 한다거나 다른 사람보다 더 손재주가 많게 한다거나 하는 신경계의 기초적인 설정인 것이다. 이러한 재능이 더 발달하기 위해서는 다른 감각계로부터 들어오는 입력, 끈기, 호기심과 같은 개인적인 특성, 아이의 사회에 대한 이해와 뒷받침이 영향을 미친다.

다중지능에 대한 가드너의 이론은 학교에 두 가지 결과를 가져왔다. 하나는 개인적인 장점과 단점은 독립된 시험 상황이 아닌 현실적인 배경에서 평가되어야 한다는 것이다. 예를 들어 학교에서 아이의 발전을 측정하는 수단으로 아이가 한 것을 종합적으로 모아 놓은 포트폴리오를 사용하는 것이다. 또 다른 결과는 개인의 장점은 다른 영역에 대한 아이들의 학습에 동기를 부여하고 뒷받침해주는 데 사용될 수 있다는 것이다. 예를 들어 운동에만 관심 있고 책 읽기에 관심 없는 아이는 아이가 좋아하는 스포츠 영웅의 이야기를 소개한 글을 읽게 함으로써 책 읽기를 장려할 수 있다.

많은 과학자들은 지능에 관한 질문에 다른 접근법을 적용한다. 이들은 복잡한 '지능'이라는 용어를, 기본적인 신경계의 절차에 관련된 행동들로 나눈다. 이런 행동에는 새로움 감지, 신경계의 처리 속도, 습관, 기억력, 유추 등이 있다. 이러한 기본적인 행동을 후에 아이들의 학업 성취와 비교한 연구들이 있지만, 이 행동들로 우리가 생각하는 '지능'의 전체적인 질을 측정한다고 여기기는 힘들다.

지능 척도로 유명한 데이비드 베쉴러는 지능은 지능 테스트에서 직접적으로 평가되지는 않지만 아이의 성과에 큰 영향을 미치는 '끈기, 열정, 충동 억제, 목표 인식'과 같은 특징을 포함하는 일반적인 자질이라고 조심스럽게 정의한다. 이것은 부모가 예를 들어 설명하거나 격려를 통해서 영향을 줄 수 있는 모든 자질이다.

음악 천재와 뇌: 모차르트의 예

우리는 아이의 보기 드문 천재성에 사로잡혀 모차르트의 특출난 천재성은 어디서 비롯되었는지 그 이유에 대해 고심하게 된다. 모차르트와 같은 시대에 살던 한 사람의 기록으로 그 이유를 짐작해볼 수 있다.

로잔느에서 유명한 의사이자, 유명한 시계 제작자들의 친척이었던 사무엘 티소(1728-1797)는 당시 공식적으로 만 9세였지만 아마 만 10세였을 어린 모차르트의 음악을 듣고 너무나 감동을 받아서 1766년 10월 11일자 학술지《아리스티드 시민》에 모차르트에 대한 관찰을 자세하게 정리한 글을 실었다. 그에 따르면 어린 모차르트의 음악적 재능은 부분적으로 뇌의 특별한 본성 때문이다. 뇌가 소리를 처리하는 방식이 처음에 모차르트를 더욱 음악에 주의 깊게 했고, 그로 인해 음의 높낮이와 하모니에 더 민감하게 됐다는 것이다. 하지만 소리를 처리하기 위한 체계의 그 특정한 민감성을 넘어서는 것이 더 있었다. 모차르트는 "마치 신비한 힘에 의한 것처럼 건반 악기에 이끌려 지금 그가 하고 있는 생각을 생생하게 표현한 음들에 의해 사로잡힌 것 같았다." 음악은 아주 깊고 독특한 방식으로 그를 움직이게 하는 힘을 가지고 있었다. 모차르트의 음악에 대한 사랑은 많은 시간을 연습하도록 만들어 그의 체계를 세밀하게 맞추는 데 영향을 미쳤다.

티소는 음악이 일상생활의 일부였던 가정에서 태어나지 않았더라면 모차르트의 음악적 천재성은 발전하지 못했을 것이라 언급했다. 모차르트의 두뇌가 특별히 민감하고 잘 조율된 청각과 미세한 운동 제어력을 가졌다 하더라도 연습과 교육은 필수였다. 모차르트의 성공에는 아들의 능력에 대한 아버지의 자신감, 지속적인 뒷받침과 격려가 상당 부분 작용했다. '재능'과 '끈기 있는 연습' 사이의 관계에 대한 최근 보고서 또한 아이가 가지고 있는 능력에 대한 자신감을 북돋아주고 더 높은 목표를 성취할 수 있는 끈기를 강조한다.

티소의 관찰은 어느 정도 오늘날의 부모와 관련되어 있다. 티소에 따르면 모차르트의 아버지는 아들에게 음악에 전념하라고 다그칠 필요가 없었다. 오히려 그는 최선을 다해 자신의 에너지의 균형을 유지하여 그 에너지를 추진력으로 삼았다. 모차르트와 그의 누나 난넬은 모두 아버지를 모델로 삼았고 아버지의 칭찬이나 반대에 수용적이었다. 모차르트를 어렸을 때부터 알았던 궁중 트럼펫 연주자 안드레아 슈하트너는 모차르트를 아주 생기발랄하고 열정적인 아이로 묘사했다. 그리고 모차르트가 그렇게 좋은 가정환경 속에서 자라지 않았다면 그토록 뛰어나지 못했을 것이라고 언급했다.

모차르트의 재능은 생물학적 요소와 개인적 경험이 특별하게 결합된 산물이다. 모차르트처럼 시작한 많은 신동들이 쉽게 잊힌다. 생상스나 멘델스존 같은 유명한 음악가들도 어렸을 때는 모차르트보다 뛰어났을지도 모르지만 모차르트와 같은 음악을 계속 만들어내지는 못했다.

아주 특출난 재능을 가진 아이들이 이룩한 뛰어난 성과를 뇌의 차이로 설명하려는 시도로, 과학자들은 레닌과 아인슈타인의 뇌를 연구했다. 그러나 결과는 불투명했다. 뛰어난 재능을 뇌의 차이로 설명할 수 있다면, 더 이상 살아 있지 않은 뇌에 대한 해부학적 연구에 의해 발견하지는 못할 것이다. 새로운 이미지 촬영 기술을 사용한 미래의 연구가 살아 있는 뇌에서 발생하는 생화학적이고 전기생화학적인 절차를 연구함으로써 인간의 제각기 다른 능력의 기반을 설명하는 걸 도울 것이다. 하지만 모차르트와 같은 천재성 현상은 여전히 미스터리로 남을지도 모른다.

타고나는 것일까? 길러지는 것일까?

흥미로운 뉴스가 과학계와 언론계를 통해 자극적인 반향을 일으켰다. 심지어 언론은 '지능 유전자' 부분에서 도를 지나쳤다. 프린스턴, 매사추세츠 공과대학, 워싱턴 대학의 과학자 팀은 기억력과 학습 테스트인 미로 찾기에서 더 성공적인 소질을 갖춘 쥐들을 생산하기 위해 유전자 하나를 변경했다고 발표했다. 인간 게놈 지도에 관한 뉴스와 함께 이 실험의 결과는 유전자가 지능을 향상시키거나 특별히 원하는 능력을 얻기 위해 조작 가능한지에 대한 고찰로 이끌었다.

여기서 중요하게 강조할 점은 유전자가 특정한 행동에 대한 직접적인 정보를 제공하지 않는다는 것이다. 유전자는 단지 특정한 단백질 생산에 필요한 정보를 포함하고 있을 뿐이다. 새롭게 형성된 단백질은 시냅스 안으로 결합될 수 있다. 이런 식으로 기존의 회로는 강화될 수 있고 새로운 회로는 만들어질 수 있다. 이로 인해 신경계의 기능이 바뀌어 궁극적으로 행동의 변화를 가져온다. 지능이나 호기심과 같은 복잡한 자질은 결코 단일 유전자의 부산물이 아니라 많은 유전자들의 정보가 함께 필요하다. 예외적인 상황에서만 단일 유전자의 변이가 변화를 가져오거나 심지어 삶을 불가능하게 만들 수 있다. 예를 들어, 중요한 신진대사 과정을 막는 변이가 그 예가 될 수 있다.

유전자의 공헌을 과소평가해서는 안 되지만 유전자만으로는 사람들의 행동 방식의 차이점을 설명하기엔 충분하지 않다. 타고난 것과 개인적인 활동 및 경험을 포함하는 길러진 부분 간의 상호작용이 이 차이를 설명할 것이다. 유전과 환경 중 어느 것이 더 중요하냐고 질문을 받았을 때, 신경과학자 도날드 헵은 이런 질문을 던졌다. “직사각형의 크기에는 무엇이 더 중요합니까? 길이입니까? 폭입니까?”

유전자와 경험

2002년 아동 학대의 영향과 관련하여 유전자와 경험의 상호 작용에 대한 통찰력을 제공하는 중요한 논문 한 편이 《사이언스》(*Science*)지에 실렸다. 1,037명의 만 3~26세 사이의 남자를 관찰한 장기적인 연구였다. 이 중 8%의 아이들이 만 3~11세 사이에 극심한 학대로 고통받았다. 하지만 학대받은 남아 중 소수만이 나중에 반사회적 행동을 보였다. 이 집단에서 연구자들은 도파민과 아드레날린 대사 활동의 선천적인 장애를 발견했다. 반대로 이 신경전달물질의 대사 활동이 높은 아이들은 학대를 받았음에도 불구하고 반사회적인 경향이 현저히 낮았다. 이 결과가 첫 번째 집단의 구성원들의 특정한 유전적 구성이 반사회적인 행동을 이끈다는 것을 의미하는 것이라기보다 학대 상황하에서 더 상처받기 쉽게 만든다는 것이다.

국립 아동보건과 인간발달 연구소의 스티븐 수오미는 최근 긍정적인 양육이 '위험' 유전자의 부정적인 영향을 줄인다는 것을 보여주는 연구 결과를 발표했다. 몇몇 붉은털원숭이의 경우 세로토닌 전달자 유전자의 변이가 호전성을 높이고 충동 억제를 낮추는 것 같다. 이 원숭이들은 술을 흥청망청 많이 마시는 경향이 있어 다른 원숭이들에게 받아들여지지 않는다. 하지만 같은 유전적 변이를 가지고 있는 원숭이가 엄마 원숭이와 아주 친밀하게 지내는 등 좋은 환경에서 길러진 경우, 붉은털 원숭이 서열에서 높은 지위를 만들어가는 데 있어 위험 유전자가 없는 다른 원숭이들보다 훨씬 더 성공적이었다. 이렇게 향상된 환경은 타고난 취약성을 긍정적인 행동 자산으로 바꾸었다.

유전자와 환경 간의 상호작용은 쌍둥이와 입양아들에 대한 연구에서 광범위하게 연구되었다. 일란성 쌍둥이가 자신들의 게놈의 100%를 공유한다면 어떤 면에선 자연적인 복제인간이라고도 할 수 있는데, 특히 그들이 각각 다른 집에 입양된 경우 둘의 발달을 추적해보면 환경의 영향에 대한 중요한 통찰을 할 수 있다. 이란성 쌍둥이와 다른 형제들은 보통 50% 정도의 유전자만을 공유한다. 이 연구의 전반적인 결과는 유전과 환경이 개인의 행동 차이에 미치는 기여도는 50 대 50이라고 보여준다. 하지만 유전적 기여도의 중요성은 모든 행동에 동일하게 적용되지 않고 나이에 따라 다를 수 있다.

일란성과 이란성 쌍둥이를 비교한 쌍둥이 연구를 통해서 로버트 플로민과 동료 연구자의 추정에 따르면, 유전은 언어 능력에 있어 나타나는 차이의 약 60%를 설명하고 공간 능력에서 나타나는 차이의 약 50%를 설명한다. 외향성과 내향성 같은 기질의 특징들은 유전적 영향을 보인다. 일란성 쌍둥이들은 이런 면에서 비슷하다. 이란성 쌍둥이는 같은 집안에서 크더라도 이런 유사점을 보이지 않는다.

같은 가족의 아이들이 왜 그렇게 다른가?

왜 같은 가족에서 태어난 두 아이가 많은 아이들 중에서 무작위로 뽑은 두 명의 아이만큼이나 다른 것일까? 쌍둥이뿐 아니라 모든 아이에게 적용되는 설명은 같은 가족 안에서 산다는 것이 같은 환경에서 산다는 것을 의미하지 않기 때문이란 것이다. 자라는 아이들은 주위 환경에 대해 공유하는 특색과, 공유하지 않는 특색 둘 모두를 경험한다. 이것이 아이들의 발달 과정에 영향을 미친다. 공유되는 부분은 주변 공동체의 문화, 부모의 교육 수준, 가족의 전통 등을 포함한다. 하지만 최근 연구는 공유하지 않는 특색에도 초점을 둔다.

같은 집에서 자라는 형제, 심지어 쌍둥이들조차 초기부터 아주 다른 환경을 경험한다. 자궁에서조차 일란성 쌍둥이는 자양분을 섭취하는 자세가 다르기 때문에 완벽하게 동일한 환경을 공유하는 것은 아니다. 그래서 일란성 쌍둥이가 출생할 때 체중 차이가 나는 것도 이와 관련이 있다. 이후 쌍둥이는 같은 한 가족 내에서도 부모나 다른 형제자매들과 각자의 독특한 인간관계를 형성한다. 각각의 아이는 주변에서 일어나는 일들을 해석하는 자신만의 방식을 갖게 되는데, 중요한 것은 일어나는 일 그 자체보다 이러한 경험인 것이다. 아이들은 책, 영화, 친구를 선택하는 데 있어서도 개인차를 보여준다. 일란성 쌍둥이를 뺀 모든 형제는 처음부터 모두 다른 유전적 구성을 가진다. 모든 아이들은 주위 환경을 자기 자신만의 방식으로 경험한다. 그러므로 그들이 다른 것은 당연한 것이다.

유전적 특질과 활동은 어떻게 협동하는가?

유전자는 임신기간에만 역할을 하는 것이 아니라 평생 동안 활동한다.

하지만 어떻게, 어디서 영향을 행사하는 것일까? 예를 들어, 우리가 새로운 것을 배우고 새로운 기억을 형성할 때 무슨 일이 일어나는 걸까? 지난 몇 년간의 연구는 어떻게 타고난 것과 길러지는 부분이 상호작용하는지에 대한 몇 가지 비밀을 밝혀왔다. 이것은 단일 뉴런, 세포 배양, 바다 달팽이, 고등 동물 등 많은 수준에서 얻은 지식과 관련되어 있다. 폴 그린가드와 에릭 칸델은 이 분야에 대한 성과로 21세기 첫 노벨상을 수상했다. 유전학과 활동의 접점은 뉴런의 핵에 있다. 신경전달물질을 사용하면서 신체적 · 정신적 활동은 복잡한 생화학적 과정을 일으킨다. 이 과정에서 핵 속의 유전자는 새로운 단백질을 생산하기 시작하도록 자극받는다. 이 과정을 '유전자 발현'이라고 한다. 위에서 언급했듯이, 단백질은 시냅스로 결합되고 기존의 회로를 강화하거나 신경세포가 새롭게 연결을 만들도록 돕는다. 그래서 모든 정신적인 활동은 신경 활동에 수반되어 일어나는 것이다. 하지만 많은 질문들이 여전히 해결되지 않은 채 남아 있다. 우리는 신경계의 활동이 어떻게 정신적 이미지를 이끄는지 모른다. 어떤 종류의 자극이 유전자 발현을 촉진하는 데 필요한지에 대해서도 더 많이 알 필요가 있다.

평생 동안 유전자는 환경과 개인적인 활동과 지속적으로 상호작용하면서 일한다. 이 상호작용으로 아이들 각각이 독특한 인성을 가지게 되는 것이다.

생각해 볼 질문들

아이의 인성에 대한 지식이 어떻게 육아에 영향을 줄 수 있나요?

모든 아이들은 자신만의 기질과 상황에 반응하는 개별적인 방식을 가지고 세상에 태어납니다. 때로 부모는 그에 따라 육아 방식을 적용시킬 필요가 있습니다. 심지어는 같은 가족 안에서도 아이들을 다르게 대할 필요가 있습니다. 예를 들면, 상처를 마음에 담아두는 아이는 자신감 있고 대담한 아이보다 더욱 많은 격려가 필요하고 더 부드러운 방식으로 접근할 필요가 있습니다.

그러나 아이의 기질이 유일한 요소는 아닙니다. 전체적인 환경이 맞아야 합니다. 즉, 아이와 아이를 아끼는 어른들도 조화로워야 합니다. 아이의 인성이 최상으로 길러지기 위해서는 부모의 기대, 요구, 가능성이 아이의 기질, 동기, 능력과 상통해야 하는 것입니다. 아이의 인성과 뇌 발달 단계를 이해하는 것은 부모들이 현실적인 목표를 세우고 아이들이 이를 성취할 수 있게 도와줍니다.

수줍음을 많이 타는 아이는 어떻게 하는 것이 좋을까요?

오늘날 우리는 모두가 외향적이고 열의가 있는 지도자가 되어야 한다고 생각합니다. 정작 그렇게 된다면 세상은 피곤해질 뿐 아니라 지루해질 것입니다. 여러분의 자녀가 파티의 꽃이 될 필요는 없습니다. 아이에게는 소수의 좋은 친구들이 있을 수 있습니다. 내향적인 사람들은 적극적인 사람들보다 종종 더욱 주의 깊고 사려가 깊습니다. 내향적인 아이들은 뛰어난 상상력을 가질 수 있으며 매우 창의적일 수 있습니다.

그러나 아이가 수줍음 때문에 괴로워한다면 아이가 다른 사람들과 긍정적인 경험을 하도록 도와주세요. 그래야 나중에 집단의 일원이 되는 것이 더 쉬워질 것입니다. 아이가 친구 한두 명을 초대하여 기차 트랙이나 쿠키 장식을 만드는 것과 같은 일을 함께 할 수 있도록 격려해주세요. 어른 손님들이 방문할 경우, 아이에게 인사할 때 그냥 "안녕" 하고 짧은 인사만 먼저 하고 어느 정도 시간을 두고 아이에게 다시 다가가라고 부탁하세요. 그러고 나서 손님들은 아이가 흥미로운 정보를 줄 수 있는 주제에 대해서 질문을 할 수 있습니다. 예를 들어, 만약 아이가 햄스터 애완동물을 가지고 있다면 "햄스터들은 밤에 잠을 자니 아니면 노니?"라는 질문을 할 수 있습니다. 자신감과 도울 수 있다는 느낌이 아이로 하여금 수줍음을 잊게 만들 수 있습니다. 가끔 아이의 수줍음을 이야깃거리로 만들어 과도하게 주의를 기울이지 말고 아이에게 수줍은 사람들이 어떻게 세상에서 성공했는지에 관한 이야기를 해주세요. 가능하다면 아는 사람들 이야기를 해주세요.

어떤 아이들은 일이 잘못되었을 때 스스로를 비난하며 너무 많이 마음에 새기는 경향이 있습니다. 이러한 감정들에 대해 숨김없이 이야기하는 법을 배우면 나중에 우울증 증세를 초래할 수 있는 가능성을 막는 데 도움이 될 수 있습니다. 아주 적은 수치이긴 하지만 수줍음이 많고 움츠러드는 아이들 중 소수가 화와 분노를 안으로 억누르면서 폭력적이거나 잔인한 행동으로 터져 나올 수 있는 적대감을 쌓아갑니다. 이러한 아이들을 초기에 발견해서 속에 쌓아두지 않고 표현하도록 도와주며 갈등을 긍정적인 방식으로 푸는 방법을 배우도록 도와주는 것이 중요합니다.

식사 때나 산책 시 또는 함께 방 청소 할 때 등 평상시의 편한 시간에 아이의 경험, 바람, 관심사에 대해 이야기할 수 있는 기회들을 잘 활용해보세요.

자주 부정적인 기분을 보이는 아이를 위해 어떻게 해야 하나요?

어떤 사람들은 유리잔의 물이 반이나 있다고 하고 어떤 사람들은 반밖에 없다고 합니다. 기본적인 기분은 생물학적인 데 기초를 두며 기질의 일부지만 경험에 의해서 영향을 받을 수 있습니다. 만약 아이가 "난 정말 여기에 소질이 없나 봐."와 같은 말을 자주 사용한다면, 아이가 할 수 없을까 봐 겁먹는 것인지, 끝내지 못할까 봐 그러는 것인지, 하기가 싫어서 그러는 것인지 알아내도록 노력해보세요. 첫 번째 경우라면 아이가 확실히 할 수 있는 일을 주고 문제를 해결할 수 있는 새로운 전략들을 시도할 수 있도록 격려해주세요. 두 번째 경우라면 짧은 시간에 끝낼 수 있는 문제들을 연습할 수 있도록 해주세요. 그러고 나서 점차적으로 좀 더 오래 걸리는 문제들을 주세요. 세 번째 경우에는 아이가 즐거워하는 활동과 연결시킴으로써 동기를 자극시켜주세요.

우리 아이가 특별한 재능이 있나요?

아이들 모두는 특별한 장점을 가지고 있고 그것을 발견하고 지원해주는 것이 중요합니다. 하지만 가끔 어떤 아이는 아주 어린 나이에 평균 이상의 능력을 보입니다. 아이가 어떤 활동을 스스로 하는지 관찰하세요. 장기간 인내심과 열정을 보여주나요? 자발적으로 연습하거나 어떤 특정한 주제에 대해 더 많은 정보를 얻기 위해 노력하나요?

관심을 보여주고 아이의 성취에 대해 함께 기뻐하세요. 하지만 아이를 신동으로 대하진 마세요. 그리고 정말 특별한 재능을 포함한 많은 재능들이 학교 다니는 시기에 나타나기 시작한다는 것을 잊지 마세요.

유전자가 운명을 결정하나요?

개별적인 유전자들이 장애와 관련이 있는 아주 드문 경우를 제외하고는 유전자 청사진은 아이의 발달에 있어 유일한 결정적 요소는 아닙니다. 앞서 유전자 발현에 대해 살펴보았듯이 유전자 발현은 유전자와 환경 및 활동이 결합된 결과입니다. 유전자를 변화시키지 않고도 우리는 최적의 환경을 제공하거나 활동을 자극하는 기회를 제공함으로써 유전자가 발현되는 방식에 영향을 줄 수 있습니다. 게놈에 의해 지정된 일반적인 틀은 평가절하 되어서는 안 될 잠재력을 내포하고 있습니다.

11
부모를 위한 열 가지 지침

때때로 당신은 자신이 부모라는 깊은 숲 한가운데 갑자기 착륙한 것처럼 느껴질 것이다. 지도는 혼란스럽고 안내원도 없고, 심지어 어디로 가고 있는지도 모른다. 급속도로 변하는 오늘날 이런 느낌은 당연하다. 경제적 · 정치적 · 사회적 변화들은 역사상 그 어느 시대보다 빠른 속도로 일어나고 있고 현대 의사소통 기술 덕분에 사람들은 자신에 대해 훨씬 더 많이 자각한다. 인간 공동체는 다른 문화 구성원들과 점점 더 많은 연락을 하며 소위 지구촌이 되어 가고 있다.

방대하고 다양한 출처에서 정보를 얻기가 훨씬 쉬워졌기 때문에 많은 전통적인 가치들이 도전을 받아왔다. 부모들은 어떤 가치들을 아이에게 물려줄까를 걱정할 뿐만 아니라 자신들의 역할에 대해서도 확신이 서지 않는다. 부모들은 가능한 모든 가족 구조 속에서 자신의 중요성에 대해 재확인할 필요가 있다. 가능한 모든 가족 구조에는 엄마, 아빠, 생물학적 형제들로 구성된 가족, 입양한 아이들을 가진 가족, 의붓자식이 있는 가족, 조부모, 이모, 삼촌이 있는 대가족, 부모 중 한 명만 있는 가족

등 모두를 의미한다.

뇌 발달에 대한 우리의 경험과 지식을 사용해서 우리는 부모들과 아이를 돌보는 사람들에게 지침이 될 만한 열 가지 공식을 만들었다. 이 기본적인 태도와 능력은 최상의 학교생활을 만들고 사춘기와 청소년기를 좌절과 스트레스의 시기 대신 신나는 도전의 시기로 만들 수 있게 하기 위한 좋은 기반이 된다.

열 가지 지침

1. 개인적인 관계 형성하기

2. 감정이입

3. 대화에 참여하기

4. 가치를 발달시키기

5. 목표를 설정하고 성취하기

6. 좌절에 대처하기

7. 경험을 통해 배우기

8. 수동적 소비자보다는 창의적 활동을 즐기기

9. 자신과 타인에 대해 책임지기

10. 보다 넓은 관점 가지기

우리는 이 지침이 어린 시절뿐만 아니라 우리 삶 전체를 통해 상당히 중요한 행동을 대표한다는 것을 알 수 있다. 이 중 몇 가지는 조지 베일런트가 그의 최신 저서 《나이 잘 먹는 법: 랜드마크 하버드 성인 발달 연구를 통해 본 보다 행복한 삶을 위한 놀라운 지침》(*Aging Well: Surprising Guideposts to a Happier Life form the Landmakr Harvard Study of Adult Development*)에 나온 요소들과 같다는 것은 놀라운 일이 아니다. 스트레스에 대처하는 능력, 평생 학습을 즐길 수 있는 능력, 친밀한 개인 관계를 유지할 수 있는 능력은 어린 시절에 형성된 것을 기반으로 커질 수 있는 능력이다.

각 지침을 아이 행동의 한 중심적 특색을 대표하는 이정표라 생각하라. 이 목록은 중요도 순이 아니기 때문에 다른 순서로 나열할 수 있다. 물론, 이 지침은 아이가 10대나 성인에게 기대되는 특정한 행동과 같은 수준 행동에 도달한다는 것을 의미하지 않는다. 하지만 이 지침을 통해 아이가 향하고 있는 방향에 대한 생각은 얻을 수 있다. 광범위한 개인차를 염두에 두면 아이의 나침반이 언제 수선이 필요한지 알 것이다.

뇌가 발달하기 때문에 아이들이 이정표에 설명된 행동을 할 수 있는 능력을 갖게 된다는 사실은 아이들이 반드시 모두 스스로, 동시에 그 능력을 발달시킨다는 의미는 아니다. 아이의 사회적 환경에 대해 아는 것이 중요하다. 이는 모국어를 습득하는 아이들의 방식과도 비교할 수 있다. 아이들은 언어 능력을 가지고 태어나지만 어떤 언어를 사용할지 그 언어를 얼마나 잘 말할 수 있는지를 결정하는 것은 경험이다.

발달의 상당 부분은 만 5~6세 이후에 일어난다는 것을 잊어서는 안 된다. 하지만 많은 기본 사회적 · 정서적 패턴을 다시 프로그래밍 하려면 많은 노력이 필요하다. 자녀의 행동을 가능한 한 객관적으로 보자. 어떤 능력이 발달했다고 생각하는가? 어떤 행동이 걱정스러운가? 그런 행동을 하는 이유가 어디에 있는가? 아내나 남편, 우리 아이를 돌봐주는 다른 사람들과도 이야기를 해보자. 아마도 이미 답을 알고 있을 수도 있다. 확실치 않으면 전문가에게 조언을 구하도록 한다.

지침 1: 개인적인 관계 형성하기

아이들은 어른들에게 완전히 의지해야 하는 세상에 태어난다. 하지만 자라면서 어른과 아이의 관계는 상호적이다. 상호성은 협동을 높이고 규율의 필요성은 줄인다. 그냥 사랑한다고만 하는 말은 충분하지 않는다. 좋은 관계는 일상생활에서 끊임없이 상호작용하면서 형성되는 것이다. 상호성은 다른 사람을 존중하고 필요할 때 도우며, 평화적으로 갈등을 해결한다는 뜻이다. 예를 들어, 밥상을 차리거나 치울 때, 엄마를 돕지는 않고 오로지 엄마가 모든 시중을 들어주기만을 바라는 아이의 경우, 뭔가 고칠 점이 있다는 것을 나타낸다.

만 5~6세 정도 아이들은 진실한 첫 우정을 만든다. 이 관계를 통해 아이의 사회는 가족 밖의 사람들로 확대된다. 가정에서처럼 아이들은 신뢰와 상호성을 경험할 수 있고 언어 사용도 연습할 수 있다. 아이들은 갈수록 자신만의 친구나 놀이 집단을 고르는 데 적극적이다. 친구들의 행동을 모방하고 친구에게 찬성하는지 반대하는지 물어보기도 한다. 하지만 아이들은 여전히 부모의 행동에 민감하니 안내자로서 부모의 역할을 포기해서는 안 된다. 용납되지 않는 행동에는 분명한 신호를 주고 아이의 친구에게도 관심을 가지며 긍정적인 활동을 하도록 독려하라.

지침 2: 감정이입

개인적인 관계를 형성하는 데 필수 조건은 감정이입, 즉 다른 사람이 어떻게 느끼는지 이해할 수 있는 능력이다. 아이들은 가족이나 친구가 기쁘거나 슬플 때를 알아채고 동정한다. 만 5~6세 아이들은 심지어 격려나 위안이 필요한지, 그냥 잠깐 혼자 있길 원하는지도 구별할 수 있다. 형이 상을 타면 어떻게 반응하는가? 엄마 손이 문에 끼었을 때 뭐라고 말하는가? 몸이 안 좋다고 말하면 어떻게 반응하는가?

아이가 동물을 다루는 것을 보면 감정이입을 하는지 알 수 있다. 다섯 살 난 아이는 이따금 고양이의 꼬리를 잡아당기거나 파리 날개를 뗄 것이다. 대부분 호기심 때문이거나 다른 아이의 행동을 따라서 하는 것이다. 이 나이 또래 아이들 대부분은 동물이 고통스럽다고 말해주면 이해한다. 그래서 미안해하며 다시는 안 그러겠다고 약속한다. 동물에게 일어나는 고통을 인식하지 못하거나 호전적인 행동을 즐기면 이것은 위험 신호다. 동물의 고통에 지속적으로 무관심하고 재미있어한다면 청소년기에 반사회적 행동을 보일 가능성이 더 많다.

아이가 감정이입을 적게 하는 것 같으면 부모는 어떻게 할 수 있을까? 어른들이 강점이입 하는 것을 보는 기회가 주어져야 한다. 부모는 이런 순간을 지적하여 다른 사람이 어떻게 느낄지에 대해 아이와 이야기를 나눌 수 있다. 때로 이야기를 통해 메시지를 전달하는 방법도 효과적이다. 다른 사람의 필요에 둔하거나 서로 나누거나 번갈아가며 하는 것 등에 어려움을 느끼는 것 같은 아이들은 역할 바꾸기를 해서 다른 사람이 되어 보도록 해준다. 아이가 동물을 잔인하게 대하면 동물이 어떤 느낌일지 환기시켜준다. 동물을 보살피고 보호하게 하는 것도 좋다. 고양이에게 밥을 주는 책임을 맡길 수도 있고 고양이가 아플 때나 예방접종이 필요할 때 엄마와 함께 동물병원에 데려갈 수 있게 한다. 이를 통해 자신이 아닌 다른 이에게 긍정적인 무언가를 해줌으로써 받는 기쁨을 경험해야 한다. 아이가 꽃을 한 다발 가져오거나 감기 걸렸을 때 힘내라고 말해주면 기쁨을 표시해주고 장난감 가게에 데려가서 장난감 사는 걸 도와주고 아픈 친구에게 선물하게 하는 것도 좋다.

수줍음을 타는 아이들은 외향적인 아이들보다 감정이입을 덜 하는 것처럼 보일 수도 있다. 하지만 반드시 그런 것은 아니다. 수줍어하는 아이들은 두려움 때문에 다른 사람에게 다가갈 때 망설이는 경향이 더 많다. 이런 아이들에게는 느낌을 말로 표현하게 하거나 다른 사람을 격려하고 위로할 기회를 많이 주는 것이 좋다.

지침 3: 대화에 참여하기

많은 부모들은 갑자기 아이가 말이 많아졌지만 실제 의사소통하는 것은 아니라는 것을 깨닫는다. 전혀 듣지도 않으면서 단어를 마음대로 쓰거나, 서로 연결도 안 되는 문장을 만든다. 의사소통이란 말하기와 듣기 둘 다를 의미한다. 이런 방식으로 생각을 교환하고 느낌에 대해 말하며 일을 함께 계획한다. 언어를 통해 아이는 세계의 역사와 가족과 문화의 가치를 이해하게 된다.

만 6세쯤 아이의 어휘는 3,000~5,000개 정도다. 어휘력이 풍부할수록 자신을 표현하고 오해를 피할 수 있는 능력도 커진다. 대화에 참여하는 것은 자신의 경험을 말로 연습하고 다른 사람의 의도와 필요를 더 잘 이해할 수 있는 기회를 준다. 또한, 집단에서 자신의 의견을 말할 수 있는 자신감을 준다. 언어는 또한 유머 감각을 북돋아주어 아이가 유머 있는 측면의 상황을 알아채게 한다. 적절한 언어 능력이 없으면 아이는 신체적인 힘을 사용할 수도 있다. 연구에 따르면, 학교에서 호전적인 아이들은 항상 언어 결함을 보여준다.

구두 언어는 읽기와 쓰기를 위한 중요한 기반이다. 아이가 말을 불분명하게 하면 단어를 읽고 소리를 글자로 옮기는 데 있어 더 큰 어려움을 가질 것이다. 그러므로 부모는 어디서나 좋은 언어 능력을 키워줘야 한다. 식사 시간이나 차 안에서, 부엌을 같이 청소하면서, 책을 읽어줄 때 등 좋은 기회를 활용한다.

이 시기에 아이들은 다른 언어를 너무 쉽게 배우기 때문에 모든 아이들이 다른 외국어를 배울 기회를 갖는 것이 좋다. 오늘날 다른 언어를 학습하는 것이 실용적이기도 하지만 다른 문화를 접할 기회를 주고 사고의 유연성을 기르며 세상 사람들을 더 가깝게 인식하도록 돕는다. 가족이나 이웃 중 다른 언어를 말하는 사람을 이용하라. 외국어 놀이 집단을 조직하라. 부모도 새로운 언어를 즐겁게 배울 수 있다. 너무 늦었다고 생각할 때가 시작할 때다.

지침 4: 가치를 발달시키기

만 4~7세쯤 중요한 발달 단계가 일어난다. 아이들은 일상생활, 집, 학교, 운동장, 교회, 회당, 사원 등에서 경험을 통해 쌓은 가치에 따라 점점 더 행동하기 시작한다. 이런 가치에는 정직, 정의, 공정성 등의 개념이 속한다. 뇌는 주위 환경으로부터 받은 사회적 신호를 처리하고 개인적인 가치를 구축하기 위한 전자회로와 같다. 하지만 그 가치의 내용은 아이의 커가는 인성과 주위 환경의 영향 간의 상호작용에 달려 있다. 부모는 자신이 아이들의 역할 모델이며 아이의 기질과 뇌 발달 단계를 살펴 아이가 그에 맞는 적절한 태도로 기준을 습득하도록 도와야 한다.

취학 전 기간 동안 아이는 기준과 가치를 내재화하고 어른이 없을 때도 그에 따라 행동하는 연습을 하기 시작한다. 원리에 따른 행동은 종종 충동이나 즉각적인 욕구를 억제하고 나눔과 가치에 기초한 대안으로 대체하는 것과 관련되어 있다. 예를 들어, 유치원생 두 명이 점심을 먹으려고 앉아 있다. 그중 한 명인 로라는 아주 배가 고파서 빨리 도시락을 열어 자신이 제일 좋아하는 샌드위치, 바나나, 초콜릿을 먹고 싶다. 그런데 옆자리에 앉은 케빈의 도시락을 보니 치즈가 조금 들어간 얇은 빵 한 개만 있다. 로라는 맛있는 샌드위치를 한 입 꽉 물어 먹고 싶은 충동에 사로잡혔다가 잠시 망설인다. 그러고 나서 샌드위치를 반으로 잘라 케빈에게 준다.

오후에 운동장에서 케빈이 찰스를 본다. 찰스는 항상 목소리가 크고 공격적이다. 찰스는 케빈의 친구를 밀어 땅에 넘어뜨리고 발로 찬다. 케빈은 찰스가 자기 말을 듣지 않고 자기도 때릴까 봐 걱정되어 가만히 있는다. 하지만 나서지 않은 것이 마음에 계속 걸려 혼잣말을 한다. "내가 왜 안 도와줬지?" 중요한 것은 케빈이 어떤 행동이 잘못된 것이고 그런 경우 무엇인가 행동을 했어야 한다는 것을 깨닫기 시작했다는 것이다. 부모와 선생님은 케빈과 같은 아이들이 비슷한 상황에 대처하는 전략을 연습하도록 도와줄 수 있다. 예를 들어, 한두 명 친구들을 불러 모아 못된 친구 주위를 둘러싸는 것 같은 전략이 그런 것이다. 하지만 케빈이 친구를 돕지 못했다는 것을 후회하지 않는다면 어떻게 해야 할까? 이런 경우는, 부모가 케빈을 그 친구의 입장이 되어 옆에 친구가 도와주지 않으면 어떨지 느끼도록 해보는 것이 좋다.

자라면서 아이들의 도덕적 가치의 개념은 더 복잡해진다. 윌리엄 데이몬은 공정성에 관한 발달을 연구했다. 만 4세 이하의 아이들은 자신의 필요와 욕구로부터 가치를 이끌어내는 경향이 있다. 만 5~6세 아이들의 기준은 평등성에 더 기반을 두는 경향이 있다. 만 8~9세 아이들은 더욱 세분화된 공정성의 개념을 가지고 있다. 이 아이들은 성취 등과 같은 것도 고려하지만 나이, 재능, 가난, 장애와 같은 준거도 고려한다. 또한 더 어린 아이들에 비해 공정성에 대한 자신의 개념을 더 지속적으로 실제 상황에 적용한다.

편견 극복과 관련된 부분에서 어떻게 아이들이 한 번에 여러 측면으로 사람들을 판단하는 걸 배우는지에 대한 예가 있었다. 만 4세 아이들은 이야기 속에 등장하는 할머니가 부엌에 들어간 고양이를 어떻게 다루든지 상관없이 할머니를 항상 좋게 생각했다. 만 6세 아이들은 마녀와 할머니를 외모가 아닌 행동을 기준으로 판단하여 공정성을 적용했다. 하지만 편견을 극복하기 위해서는 실제 일상생활 상황 속에서 많은 연습을 해야 한다. 다른 사람들에게 함부로 말하지 말고 아이가 사람을 나이, 성, 종교, 민족, 국적 등이 아닌 그 사람의 업적이나 다른 사람을 대하는 그 사람의 태도를 기준으로 판단하는 법을 배우도록 도와준다.

지침 5: 목표를 설정하고 성취하기

현실적인 목표를 세우고 그 목표에 도달하는 것은 아이에게 자신감과 성취감을 준다. 목표는 다양할 수 있다. 피아노에 맞춰 노래 부르기, 친구를 위한 생일 카드 만들기, 모래성 만들기, 가족을 위해 상 차리기 등이 목표가 될 수 있다. 점차 아이들은 많은 작은 단계들이 하나의 목표가 된다는 것을 배운다. 이야기 한 편을 읽기 위해선 글자와 단어를 배워야 한다.

아이가 전기 기차 철로를 놓거나 쿠키를 장식하는 것을 본다면 아이의 집중력이 얼마나 대단한지 볼 수 있을 것이다. 아이들은 목표를 가지면 주위에 일어나는 모든 일을 잊는지도 모른다. 아이들은 자신의 과제를 끝냈을 때 성취감을 느낄 뿐 아니라 과제를 계획하고 일을 하면서 재미를 느낀다. 자신만의 창의적 활동이 재미있다는 것을 배우는 것이다. 어떤 아이들은 중도에 포기하는 경향이 있다. 이 경우, 부모들은 그 일을 끝낼 수 있도록 격려하여 일을 완수했을 때의 만족감을 경험할 수 있게 해줄 수 있다.

아이가 목표를 세우고 싶어 하지 않는 경우는 목표를 계속 너무 높게 세워 결과적으로 실망했기 때문일 수 있다. 부모는 아이가 현실적이면서도 도전적인 목표를 세우도록 도와줄 수 있다. 도전 극복은 아이들의 정신적 성장을 돕는다.

지침 6: 좌절에 대처하기

좌절은 살아 있다는 사실이기 때문에 좌절을 피하기보단 극복하는 법을 배운 아이가 미래에 더 잘 갖춰진 아이가 된다. 그러한 아이들은 인내를 배우고 이따금씩 찾아오는 실패에도 넘어지지 않게 된다. 좌절을 피하면 따분하게 되고 그러면 도전을 맛보기 위해 대신할 수 있는 새로운 재미에 기꺼이 응하게 된다. 즉, 그것은 위험을 감수하는 건강하지 못한 모험의 길이다. 청소년들은 마약을 하는 이유를 삶의 지루함과 좌절감 때문이라고 한다.

감정에 대처하는 것은 좌절을 다루는 법에 대한 학습의 일부다. 아이들은 가끔 자기 뜻대로 되지 않으면 소란을 피우는 경우가 있다. 아마 카드 게임에서 졌거나 형제들이 창가에 다 앉아버려서 가운데 앉아야 할 때 등이 그렇다. 이 경우 아이들에게 화내서는 안 된다고 말하는 것은 명목이 없다. 왜냐하면 우리가 이해할 수 있는 이유를 가지고 있기 때문이다. 하지만 부모는 형제를 때리거나 카드를 찢어버리는 행동은 화를 푸는 방법이 아니라는 것을 분명히 해줘야 한다. 동생에게 사과하게 하거나 혼자 앉아서 가족들이 카드놀이를 하는 것을 지켜보게 할 수도 있다. 그러고 나서 나중에 잠자리에서 부모의 어린 시절 이야기를 해줄 수도 있다. 어렸을 때 오빠의 기차를 가지고 놀지 못하게 해서 소란을 피웠더니 아빠가 기차를 다루는 법을 먼저 배우지 않으면 부서질 수도 있다고 설명하신 후 충분히 가지고 놀 수 있는 나이가 되면 바로 보여주겠다고 약속했다는 일화 등을 말해주면 된다. 화를 이겨내는 법을 배우는 아이가 된 엄마를 생각하면 아이는 아주 재미있을 수 있다. 어떤 상황에 대해 웃을 수 있다는 것은 긴장을 풀고 적절한 관점으로 보도록 해줄 수 있는 좋은 방법이다.

지침 7: 경험을 통해 배우기

일상생활에는 아이들이 자신의 행동과 그에 따른 결과에 대해서 배울 기회가 가득하다. 만약 이것을 배울 수 있다면 미래에 자신들의 행동에 대해 책임질 가능성이 더 많다. 결과에 대해 일반적인 인식을 한다면 10대에 위험한 행동에 연루될 가능성이 더 적을 것이다.

위험하지 않은 상황에서 실수를 하도록 해서 스스로 결과를 느낄 수 있는 기회를 줘라. 예를 들어, 너무 춥지 않은 날 우비를 입지 않겠다고 고집을 부리면 잠시 그냥 젖게 놔둬라. 선택하는 것을 연습하는 것도 중요하지만 결과를 경험하게 해야 한다. 아이가 딸기 아이스크림을 주문했는데 나중에 초콜릿이 아니라고 안 먹겠다고 해도 당신의 초콜릿 아이스크림을 주지 않는 게 좋다.

지침 8: 창의적 활동 즐기기

모든 아이들은 미술, 음악, 춤, 연기를 즐거워한다. 예술 활동에 적극적으로 참여하면 아이들이 탐험할 새로운 세상이 열린다. 이러한 활동들은 상상력을 자극하고 창의성의 기쁨을 경험하고 자신을 말 이외의 수단으로 표현할 수 있는 기회를 준다. 보편적인 인간의 요소들이 예술에 표현되어 있기 때문에 프랑스의 신경과학자 샹그는 예술은 세계의 많은 다른 문화들을 이해하게 해주는 열쇠가 될 수 있다고 시사한 바 있다.

아이들은 주위 사람이나 TV에서 본 사람들을 모방하면서 배운다. 그리고 스스로 많은 활동들을 시도할 기회를 필요로 한다. 예를 들어, 아이가 엄마의 실크 스카프를 흔들면서 방에서 춤을 출 수도 있고 자신이 지금 하고 있는 것에 대해 자신만의 노래를 지을 수도 있다. 어떤 아이들은 색칠을 하거나 모형 진흙으로 물체를 만드는 것을 좋아한다.

아이들은 항상 스스로 수많은 생각들을 떠올린다. 아이가 스스로 어떤 활동을 수행하기보다 TV를 보는 데 너무 많은 시간을 쓴다면 TV 시청 시간을 줄이고 다른 대안을 제공해주고 싶을 것이다. 콘서트에 아이를 데려가서 음악가 한 명을 만날 약속을 잡아보자. 근처에 아이들을 위한 음악, 그림, 춤 프로그램을 찾아볼 수도 있다.

많은 돈을 들이지 않고도 창의적인 활동에 참여할 방법은 많다. 사실, 집 주변에 있는 물체를 사용하여 도전하면 아이의 상상력을 자극할 수 있다. 간단한 손가락 인형을 사거나 만들어서 인형극을 해보자. 반죽을 만들어 아이만의 빵을 만들게 해라. 머리빗 위에 티슈를 얹고 연주하는 법을 보여줘라. 아니면 다른 양의 물이 채워진 병들을 불어 연주할 수도 있다. 연극을 위한 의상은 오래된 커튼이나 수건으로 만들 수 있다.

지침 9: 자신과 타인에 대해 책임지기

학교 갈 나이가 되면서 아이들은 자신만의 행동에 더 많은 책임을 지는 법을 배운다. 아이들에게는 스스로 다룰 수 있는 상황에서 배울 기회가 주어져야 한다. 여섯 살 아이는 너무 어려서 TV를 보는 양에 대해 책임질 수 없다. 하지만 다음날 유치원 갈 때 입을 옷을 준비하는 책임은 맡을 수 있다.

세계 여러 곳에서 아이들이 어린 동생들을 돌본다. 만 6세 이하의 어린이들도 종종 동생들을 돌보며 물시중을 들거나, 설거지를 하거나, 심부름을 한다. 자신들이 필요하기 때문이라는 것을 알기 때문에 매번 칭찬받을 필요도 없다. 인간에게 있어 소속감과 성취감은 생애에 걸쳐 필요한 것이다. 기술이 거의 없는 농업 사회에서는 모든 연령대의 아이들이 일을 찾기가 더 쉽다. 하지만 현대 사회에서는 유용하게 사용될 수 있는 기회와 학습과 놀이를 위한 기회를 결합하는 데 더 많은 상상력이 든다. 그러나 우리 아이들을 과소평가해서는 안 된다. 아이들은 가족의 삶에 참여하려는 내재된 요구를 지니고 있고 그들의 공헌은 중요할 수 있다.

아이들이 책임감을 발달시킬 수 있게 하려면 장기간 규칙적으로 집안 허드렛일을 시키는 게 중요하다. 이렇게 함으로써 아이들은 자신의 노력이 인정받는다는 것을 배울 뿐 아니라 자신에게는 아마도 재미없는 일일 테지만 이러한 집안일이 더 큰 목적의 일부라는 것을 배운다. 갈수록 많은 부모들이 밖에서 일을 하면서 집안일에 관련된 일에 투자할 시간이 줄어든다. 아이들이 자라면서 책임도 늘어난다. 예를 들어, 만 3세면 식탁에 그릇을 가져갈 수 있다. 만 4~5세가 되면 샐러드를 만들 수 있다. 좀 더 크면 일주일에 한 번 가족을 위해 식사를 계획하고 준비할 수도 있다. 만 6세 때는 세탁물을 분리하고, 쓰레기를 처리하고, 청소기를 돌릴 수 있다.

집안일을 돕도록 동기를 높이는 방법은 돈이 아닌 중요함을 느끼게 하는 것이 좋다.《뉴스위크》지 1999년 10월 18일 발행본에 실린 만 8~14세에 관한 기사에 따르면 점점 더 어린 아이들이 식사 준비, 정원 일, 부모님을 위한 컴퓨터 일 등과 같은 집안일로 돈을 벌고 있다. 그렇게 해서 몇십억 달러로 수입을 늘린다. 하지만 집안일로 돈을 지불하는 것은 함께 사는 삶에 대해 배울 수 있는 중요한 교훈을 던져버리는 것이다. 돈에 대해 배우게 하려면 용돈을 다 쓰면 일찍 채워주거나 하지 말고 규칙적인 양의 용돈을 주는 것이 좋다.

지침 10: 보다 넓은 관점 가지기

2003년 9월 위험에 처한 아이들을 위한 위원회에서 아동 건강보험 의사들, 연구과학자들, 청년서비스 전문가들은 최근 상당수의 미국 아이들이 우울, 불안, 주의 결핍, 품행 장애, 자살에 대한 생각 등의 정서적 문제와 행동 문제로 고통받는 것에 심각한 우려를 토로했다. 미국의 YMCA, 다트머스 의대, 미국 가치 연구소의 후원을 받는 이 위원회는 국립연구위원회의 보고서를 인용해 미국에서 적어도 약 25%의 청소년이 생산적인 성인의 세계로 편입되지 못할 심각한 위험에 처해 있다고 발표했다. 보고에 따르면 만 9~17세 아이들의 21%는 진단 가능한 정신장애나 중독 증세를 가지고 있고, 8%의 고등학생들은 임상적 우울로 고통받으며 약 20%의 학생들은 과거에 심각하게 자살을 고려해본 적이 있다. 위험에 처한 아이들을 위한 위원회는 이러한 문제를 해결하기 위해 고립된 아이들의 사회와의 '연결성'을 높이기 위한 하나의 전략을 제공한다. 《연결: 권위 있는 공동체들의 사례》(*Hardwired to Connect: The Case of Authoritative Communities*)에서 이들은 시간이 지날수록 서로에게 헌신하며 좋은 사람이란 무슨 뜻인지를 보여주는 사람들로 이루어진 집단에 아이들을 더 많이 참여시킬 것을 주장한다.

위원회의 보고서는 '권위 공동체'는 아이들이 있는 가족 집단, 모든 시민 집단, 교육 집단, 취미 집단, 공동체 서비스 집단, 사업 집단, 문화 집단, 만 18세 이하의 아이들을 포함한 종교 집단도 될 수 있다고 적고 있다. 이러한 기관들은 따뜻하고 잘 보살펴야 하며 분명한 경계와 제한을 세워야 하고, 다세대로 구성되어야만 하고, 장기적인 초점을 가지고 있으며 도덕성 발달을 북돋아야 한다. 또한 이 공동체는 철학적으로 모든 인간은 존엄하다는 원리와 이웃에 대한 사랑의 원리에 기초해야 한다.

우리 의견 중에서 가장 중요한 것은 이 공동체들이 그들이 사는 사회에 확고히 엮여 있다는 것이다. 즉, 자신의 문화적 정체성을 포기하지 않고 그 사회의 기본 가치에 따라 수용하고 행동한다는 의미이다. 통합과 다양성에 대한 존중은 집단 간의 차이에 초점을 두는 것이 아니라, 그들이 공통적으로 가지고 있는 가치를 추구함으로써 길러질 수 있다. 황금률의 변이들, 즉 자신이 대접받고 싶은 대로 다른 사람을 대접하라는 말씀은 유대교, 기독교, 이슬람교, 불교, 자이나교, 유교, 그리고 많은 아프리카 종교 등에도 존재한다.

만 6세 정도가 되면, 대부분의 아이들은 주위의 존재하는 환경 이상에 관심을 가질 수 있다. 자신만의 관심을 넘어서 생각할 수 있게 되어 더 큰 집단에 관심을 가진다. 권위 공동체는 더 넓은 시각을 갖도록 뒷받침해줄 수 있으며 아이들이 자신감을 높일 수 있는 책임 있는 과제 수행의 기회를 제공할 수 있다.

가족은 아이의 첫 번째 '권위 공동체'로 유대감이 강한 가족들은 상호적인 뒷받침과 책임의 연결고리를 제공한다. 아이에게 책임을 지우고 가족생활에서 구성원으로서 참여하도록 하는 것과 더불어 부모는 아이가 더 큰 관점을 발달시킬 수 있도록 독려해야 한다. 아이들은 종종 불이익을 당하거나 아픈 사람들에 대해 상당한 걱정을 표한다. 바쁜 도시의 거리에서 본 노숙자에 대해서 물을지도 모른다. 긴 설명으로 아이를 벅차게 하지 않고 아이의 감성을 사회적 문제에 대한 감성으로 키울 수 있다. 예를 들어, 노숙자 보호 시설에서 일하는 사람들과 이야기를 나누게 할 수 있다. 아이들은 주변의 자연 세계에 대해 배우고 자연을 존중하고 보호하는 법을 배울 수 있다. 애완동물이나 식물을 보살피게 하거나, 정원 일을 해보도록 하거나, 농장이나 동물원에 가보는 것으로 시작한다. 할아버지, 할머니, 증조할머니, 증조할아버지, 또는 그 이전 세대의 다른 가족들과 나누는 대화는 노인들의 필요성을 느끼게 해주고 과거, 현재, 미래에 대한 감을 발달시키는 데 도움이 된다. 옛날이야기는 가족의 가치와 삶의 어려운 상황을 항해하기 위한 전략을 전달한다.

소속감은 가족과 더불어 상당히 다양한 권위 공동체에서 길러질 수 있다. 선택은 아이의 능력과 동기 그리고 가족의 믿음에 달려 있다. 중요한 것은 어떤 개별적인 기관이든 그곳의 목표는 아이들을 그들의 공동체 생활과 총체적으로 연루시키는 것이다.

학교에 들어가기 전에 많은 아이들은 이미 육아 시설, 놀이 집단, 유치원 등에서 상당한 시간을 보냈지만 학교 입학은 아이의 세상을 확장시키는 중요한 이정표로, 확장하는 공간들은 아이의 정신적 성장에 영향을 미친다. 이제부터 아이는 점차적으로 어른들의 직접적인 감독에서 벗어나고 스스로의 행동과 결정에 더 많은 책임을 지게 된다. 새로운 변화, 위험, 책임이 수반되는 이 전환기는 좋은 기반이 필요하다. 여기서 논의된 지침들의 기본 능력을 개발하면 당신의 자녀는 멋진 인생을 위한 멋진 출발을 하게 될 것이다.

부록

지도와 이정표

뇌지도: 신경계에서 길 찾기

신경계에서 길을 찾는 것은 처음 방문한 도시에서 길을 찾는 것과 같다. 지도에 있는 주요 특징들로 시작해서 작은 거리와 골목길의 미로를 찾은 다음 각각의 빌딩으로 좁혀가는 것이 길을 찾는 데 도움이 된다. 우리의 몸을 수직적으로 볼 때 신경계는 중추 신경계와 말초 신경계 두 가지로 구성되어 있다. 중추신경계는 뇌, 뇌간, 척수로 구성된 말 그대로 '중추'이다. 이 조직들과 외부적으로 연결된 모든 신경 결합들이 말초 신경계에 속한다. 여기서는 중추 신경계에 대해서 주로 살펴보겠다. 하지만 잊지 말아야 할 것은 모든 신경계가 함께 전선처럼 연결되어 있다는 사실이다.

뇌의 주요 특징은 두 반구가 수직으로 나누어져 있다는 것이다. 이 현상은 이미 수정 후 약 4개월 후면 나타난다. 좌우반구는 많은 기능들을 공유하지만 서로 같은 모습은 아니다. 각 반구는 각기 맡은 전문 영역에 충실하면서 함께 일하는 것이다.

대뇌피질

뇌를 둘러싼 바깥 부분을 대뇌피질이라고 한다. 대뇌피질은 몇 밀리미터 두께밖에 안 되지만 면적은 아주 넓어서 두개골 내부에 맞게 주름져 있다. 인간 진화의 과정에서 특히 이 부분은 발달을 계속해왔다.

대뇌피질은 정확히 경계선이나 벽이 가로막고 있진 않지만 전문 영역으로 나누어져 있다. 뒤쪽의 한 영역은 시각을 맡고 있고 옆쪽의 한 영역은 청각을 맡고 있다. 위쪽 중간 영역은 운동피질로 근육의 자의적인 움직임을 맡고 있다. 운동피질 근처에는 신체 감각을 맡고 있는 감각운동피질이 있다. 이 모든 전문 영역들은 일차적이고 고차적인 영역으로 나뉜다. 일차적인 영역이 신호를 받아 고차적인 영역으로 보내는데 여기서 이 신호를 해석하여 행동 명령을 내리는 운동 영역으로 보내는 것이다. 어떤 기능들은 통제 통로의 교차 현상을 보여준다. 예를 들어, 오른쪽 운동피질이 몸의 왼쪽 움직임을 지시하고 왼쪽 운동피질은 몸의 오른쪽에 명령을 보낸다. 비슷한 교차 현상이 감각운동 통로에서도 일어난다.

대뇌피질에는 언어와 담화를 담당하는 전문 영역들이 있다. 대부분의 사람들은 좌반구에 정확히 이 영역들이 위치해 있다. 언어를 이해하는 전문 영역은 베르니케 영역이다. 브로카 영역도 언어 이해와 관련이 있지만 주로 단어 소리를 만들기 위한 근육에 순서를 정하는 역할을 한다.

전전두엽피질의 역할 중 하나는 저장된 기억과 현재의 상황을 비교하는 것이다. 또 다른 역할은 그러한 상황을 실행에 옮기기 위한 전략들을 계획하고 평가하는 것이다. 전두엽피질에는 안와전두엽피질이라는 특별한 부분이 있는데 이 부분은 뇌의 감정적인 부분들과 긴밀하게 연결되어 사건을 감정적으로 인지하는 역할을 담당한다. 우리의 감정, 그

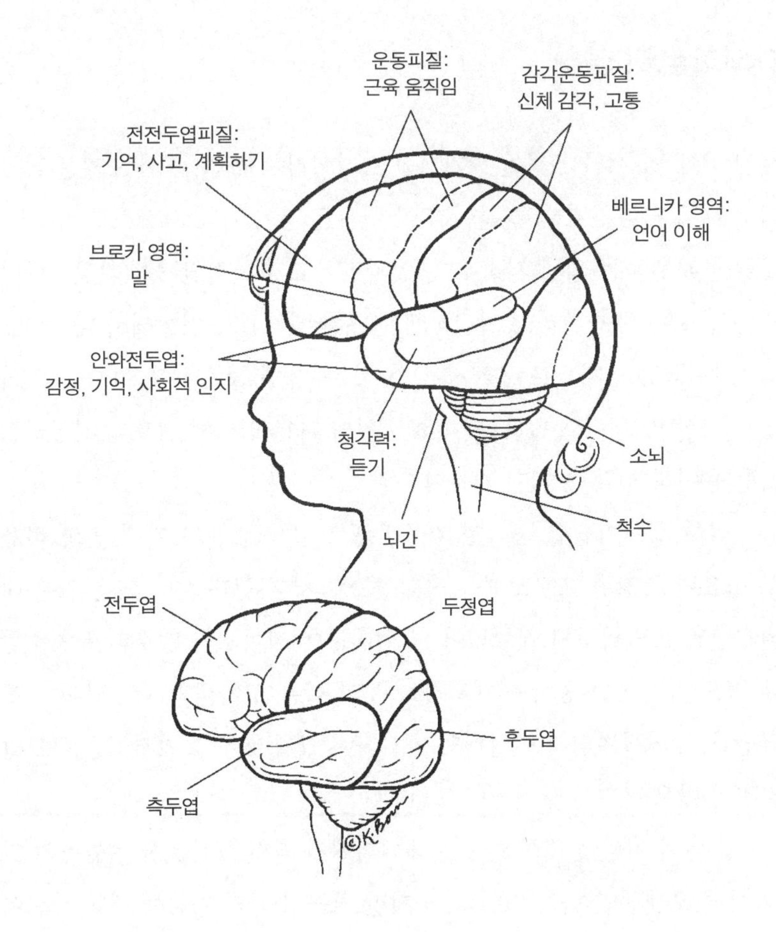

감정에 대한 사고와 행동 사이에 균형을 확립해주기 위한 중요한 기반이 되는 것이 바로 이러한 연결에 의한 것이다.

우리가 배의 방향을 묘사할 때 좌현과 우현이라는 용어를 사용하는 것처럼 뇌 구조의 위치를 나타나기 위해 특별한 단어들을 사용한다. 전두는 이마 쪽에 있는 영역을 의미하고 후두는 머리 뒤쪽을 가리킨다. 측두는 관자놀이의 뒷부분에 있는 영역을 말하고 두정은 전두, 후두, 측두 영역 사이에 있는 영역을 가리킨다.

대뇌피질 아래

피질 아래 있는 뇌 조직들을 피질하 조직이라고 한다. 해마 모양을 닮았다고 해서 해마라고 이름 붙여진 이 조직은 장기 기억 저장소로 가는 정보들을 보관하는 임시 저장소다. 일차적이고 고차적인 감각피질로부터 받은 정보는 해마 그리고 밀접하게 관련된 영역들로 이동해서 대뇌피질에 있는 특정 영역으로 옮겨지기 전 몇 주 동안 보관된다. 해마는 임시 창고 이상이 될 수도 있다. 왜냐하면 뇌의 다른 영역에 정보를 저장하는 것을 용이하게 할 수 있기 때문이다.

기저핵은 학습된 동작을 자동적으로 실행할 때와 자세 변화 적응 시 필요한 특정한 프로그램을 선택적으로 켰다 끈다. 기저핵은 또한 대뇌피질과 광범위하게 결합되어 있기 때문에 피아노의 멜로디를 연주할 때 필요한 복잡한 동작을 계획하는 것과 같은 고차적인 측면의 동작을 담당한다. 연합피질과 변연계가 연결되어 있기 때문에 기저핵은 사고와 감정의 많은 측면들과 관련이 있다.

소뇌의 기능에 대한 연구는 대뇌피질의 역할을 강조하는 뉴스의 그늘 아래 오랫동안 묻혀 있었다. 하지만 최근 소뇌의 기능에 대한 시선이 달라지고 있다. 소뇌는 두 대뇌 반구와 긴밀하게 연결되어 있으며, 대뇌피질과도 다각도로 연결되어 있다. 여기에는 연합 영역과 주위 변연계 영역도 포함되어 있다. 이러한 연결의 의미는 소뇌가 운동 기능뿐 아니라 인지 능력, 언어 및 감정적 반응과도 연관될 수 있다는 것이다. 임상적 관찰 역시 이 방향을 향한다.

시상은 대뇌피질과 피질하 센터들 사이의 주요 중계국이다. 또한 감각 기관에서 들어온 정보가 뇌로 들어오는 입구로서 기능한다. 뇌간은 호흡, 순환과 같은 핵심적인 기능에 있어 중요하다. 특히, 뇌간의 일

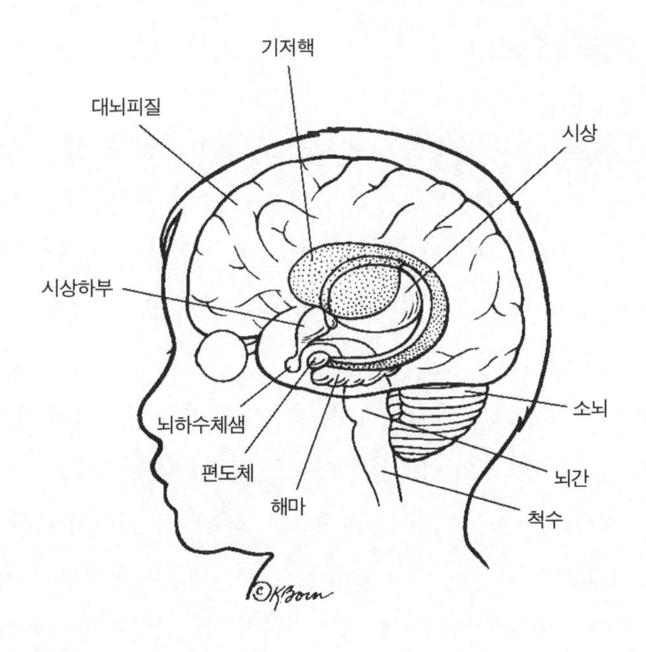

부인 망상체는 경계와 주의와 관련되어 있다. 시상은 수면 주기에서 중요한 역할을 한다. 시상과 뇌하수체샘은 호르몬 생산을 조정한다. 자율신경계와 함께 우리의 내부 기관들의 기능을 조정한다. 그래서 시상과 뇌하수체샘은 스트레스와 감염에 대처하는 데 중요하다.

아몬드 모양의 편도체는 변연계의 일부로 진화 초기에 나타난 특징이다. 변연계는 위험에 즉각적으로 반응하도록 신체를 경보 모드로 맞추기 때문에 기본적인 생존에 있어 중요하다. 높은 주의를 기울이게 하고 몸이 빨리 반응하고 견딜 수 있도록 준비시키는 과정을 자극한다. 인간에게 있어 편도체는 또한 사건에 대한 감정적 중요성에도 기여한다. 진화 과정 동안 인간의 대뇌피질은 상당히 발달했으며 변연계과 더욱 긴밀하게 연결되어왔다. 즉, 대뇌피질은 더 많은 정보를 주어 뇌가 상황을 분석하고 그 상황에 대처할 더 쉬운 방법들을 찾을 수 있도록 도와준다.

신경세포들의 연결

신경세포, 즉 뉴런은 신경계의 기본 단위다. 뉴런은 축삭이라고 하는 긴 가지가 달린 세포체와 곁가지로 된 거대한 왕관, 즉 수상돌기로 구성되어 있다. 보통 축삭을 가리켜 신경이라고도 한다. 축삭은 자극을 보내고 수상돌기는 자극을 받는다. 어떤 축삭들은 0.1mm 정도로 짧으며 어떤 축삭들은 거의 2m가 될 정도까지 뻗는다.

서로 의사소통을 하기 위해 뉴런은 축삭을 따라 옆 뉴런에 전기 자극을 보내어 연락한다. 이 이동이 일어나는 지점을 시냅스라고 한다. 어떤 시냅스에서는 전류가 직접 옆 뉴런으로 흘러간다. 다른 종류의 시냅스에서는 전송하는 세포의 축삭 끝과 수신하는 세포의 수상돌기 사이에 틈이 있다. 이 틈새를 건너기 위해서는 자극이 신경전달물질이라고 하는 화학 전달자를 필요로 한다. 그래서 자극을 보내는 세포가 신경전달물질을 틈새로 흘려보내면 거기서 수신하는 뉴런의 수상돌기에 있는 수용기가 신경전달물질을 받아들여 이 자극은 다시 전기 자극으로 바뀐다.

이 신경전달물질들은 한 세포에서 또 다른 세포로 이동되는 신호의 힘을 증가 또는 감소시킨다. 전달물질 각각의 종류는 자신만의 특별한 정박지, 즉 수용기를 가지고 있는데, 거기서 하나의 신경전달물질이 여러 유형의 수용기를 가질 수도 있다. 상당한 차이를 보여주는 이 다양성 때문에 가지각색의 복잡한 행동들이 생기는 것이다.

만약 당신이 주고받는 이메일 통신자들의 목록이 길다면 그 목록을 뉴런 한 개의 연락망과 비교해보라. 당신의 뇌에는 하나의 신경세포가 다른 뉴런들과 2만 개만큼 많이 연결되어 있다. 즉, 뇌에 있는 수 조(兆)의 시냅스들이 전체적으로 지구상에서 알려진 구조 중 가장 복잡한 구조를 만든다는 것이다. 뉴런 각각은 다른 뉴런들과 엄청나게 많이 연결

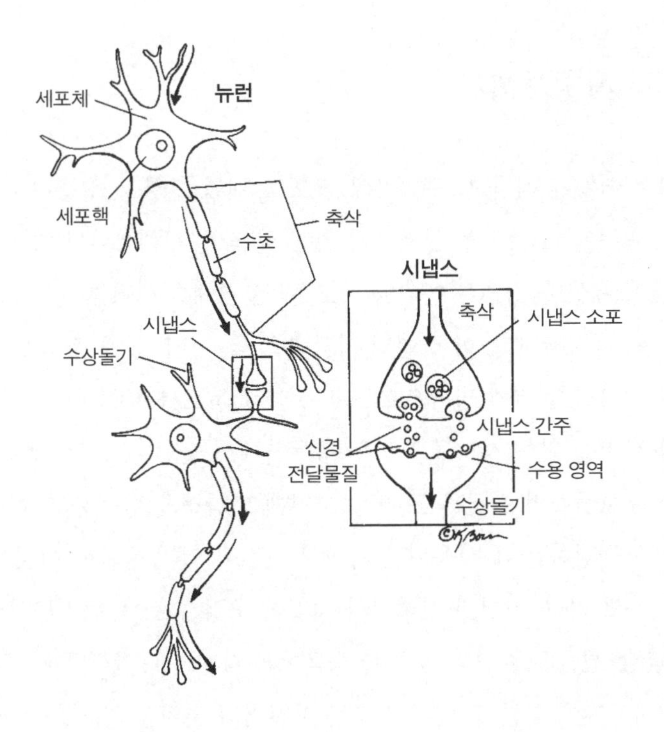

될 수 있기 때문에 정보는 뇌의 거대한 망 안에서 광대하게 분산될 수 있다. 만일 성인 뇌의 모든 연결을 한 개의 긴 사슬로 줄 세운다면 지구의 적도를 몇 번이나 감을 수 있을 것이다. 비록 뇌지도가 뉴런들이 다른 뉴런들과 연락하고 있다는 것을 보여주지만 신경세포들은 또한 근육과 분비선과 같은 다른 목적지와도 연락한다.

뉴런의 축삭들은 수초로 둘러싸여 있다. 수초는 절연체이기 때문에 전기 자극이 보다 빠르고 효율적으로 이동할 수 있다. 연구에 따르면 수초화는 전기 자극이 축삭 위를 이동할 때만 발생한다. 그래서 뇌 활동은 수초화를 자극한다. 이것은 상호적인 과정이다. 즉, 더 많은 활동은 더 많은 수초를 의미하고 더 많은 수초는 활동을 증가시킨다. 비록 수초가 상당히 중요하지만 어떤 전류는 수초 없이 통과한다. 예를 들어, 내부 기관과 연락하는 축삭과 같은 몇몇 연결들은 결코 수초화되지 않는 것이다.

인지에서 행동까지

우리는 어떻게 뇌가 정보를 함께 모으고, 계획을 짜고, 행동하도록 신호를 보내는지 그 과정을 살펴보기 위해 한 작은 사내아이와 자전거를 예로 들기로 했다. 장면은 아이가 차고 문 옆 벽에 기대어 자신의 자전거를 보는 데서 시작된다. 이 소년의 시각령은 색, 형태, 깊이, 동작을 위한 각각의 경로들을 거쳐 망막으로부터 투영된 정보를 분석한다. 색 인지와 모양 감지를 위한 경로들은 모두 측두엽에서 끝난다. 모양 감지를 위한 체계는 사물들의 윤곽과 그 세부 모양에 민감하게 반응한다. 이 체계가 사물을 규명하는 데 사용되는 특징과 관련이 있기 때문에 이것을 '사물 경로'라고 한다. 자전거 이미지의 개별적 구성 요소들, 즉 색, 바퀴의 모양, 안장, 핸들은 소년의 뇌에 함께 들어와 자전거로 인식된다.

시각계에 있는 또 다른 경로는 자전거의 위치를 결정한다. 이 '위치 경로'는 사물들 간의 공간적 관계와 공간에서 한 사물의 움직임을 감지한다. 이 경로는 두정엽에 반영된다. 두정엽은 시각령으로부터 받은 신호들을 해석하여 소년의 집 앞에 있는 도로에 자전거를 위치시킨다. 이 '사물 경로'와 '위치 경로'는 전전두엽에서 모인다.

전전두엽은 정보를 통합하여 과거 상황들과 비교한다. 소년은 차고 옆에 서 있는 자전거를 알아본다. 그 자전거는 생일 선물로 받은 것이다. 그것은 반짝이는 검은 타이어와 특별한 종을 가진 밝은 빨간색 자전거이다. 자전거의 모습이 도로에서 페달을 밟을 때의 재미와 아스팔트 위를 부드럽게 돌아가는 바퀴의 느낌을 상기시킨다. 그리고 계획을 세운다. 그러고 나서 헬멧을 쓰고 안장 위에서 균형을 잡을 수 있도록 안정된 수평 자세를 유지하면서 핸들을 잡는다. 전전두엽은 소년의 의도를 전운동피질로 보내면 전운동피질은 필요한 동작을 위해 명령을 준비시킨

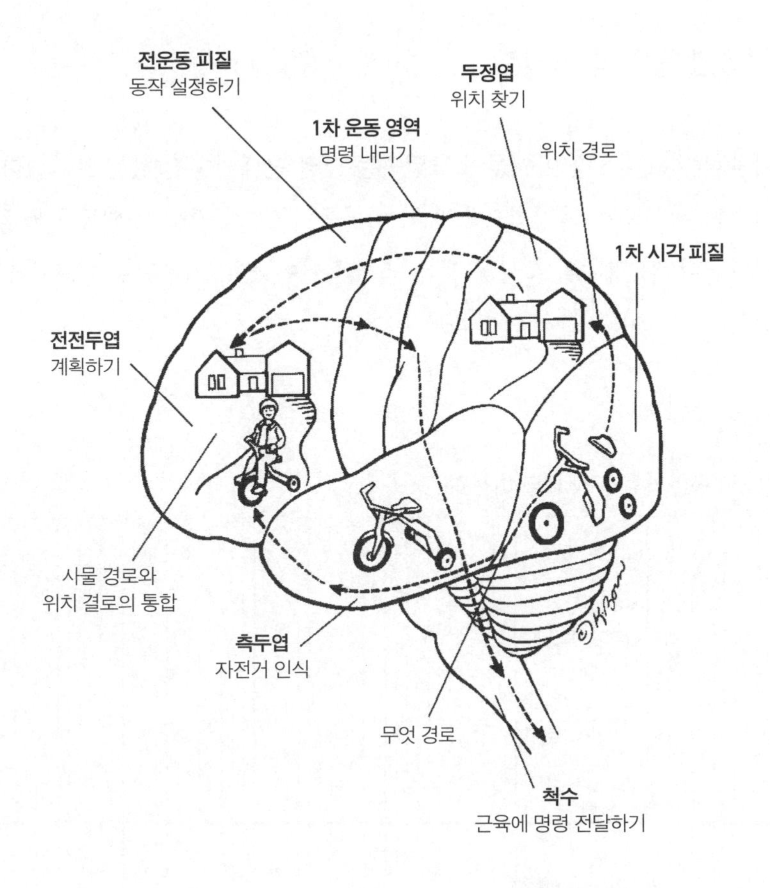

다. 거기서 신호는 1차 운동 영역으로 간다. 1차 운동 영역은 척수의 뉴런에게 이 신호를 보낸다. 그러면 뉴런은 이 명령을 행동에 옮길 수 있게 근육에게 보낸다. 소년은 페달을 밟기 시작하고 타이어는 도로를 미끄러져 달린다. 소년의 전정계는 균형을 유지할 수 있도록 돕고 소뇌는 지속적으로 근육의 움직임을 감시한다. 이렇게 순환이 마무리된다. 소년의 뇌는 세 가지 주요 기능을 수행하고 있다. 정보 수집, 수집된 정보에 대해 감 잡기, 행동으로 옮기기가 그것이다. 이것을 곰곰이 생각하는 동안 소년은 행복하게 우리의 시야를 벗어난다.

첫 6년 동안의 이정표

다음 막대그래프는 아이들이 도달하는 발달 단계의 다양성을 보여준다. 막대는 왼쪽부터 시작되고 25%의 아이들이 그 시기에 그 행동을 함을 나타낸다. 각 막대의 오른쪽 끝은 95%의 아이들이 그 특정한 지표에 도달하는 시기이다. 출처는 다음과 같다.

첫 6년 동안의 큰 동작 발달 이정표

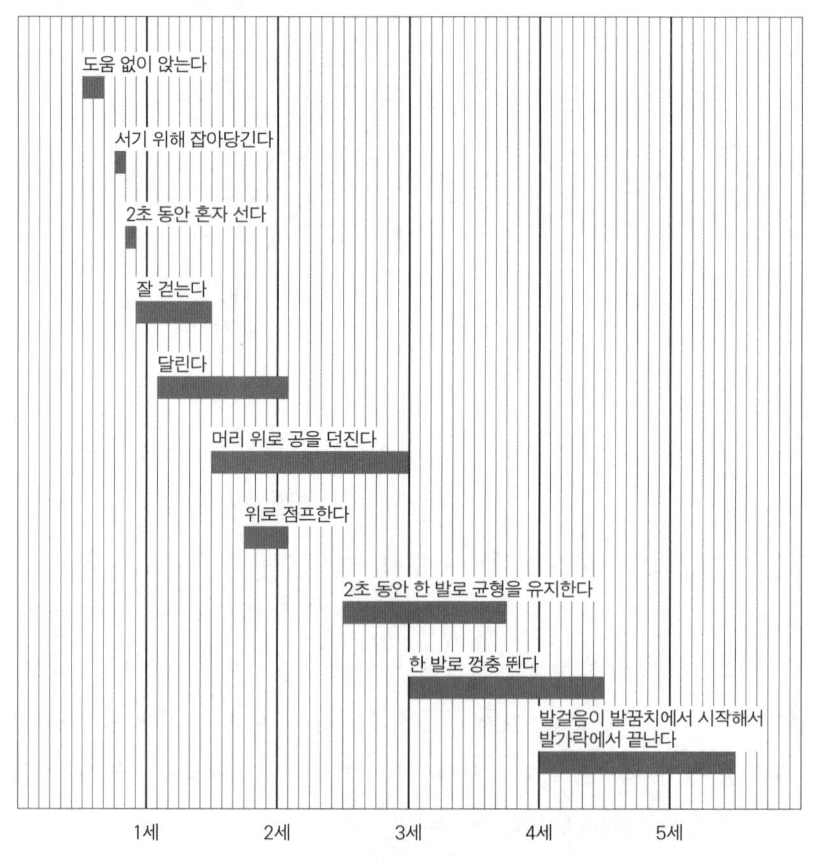

W. K. Frankenburg et al. (1992). "The Denver II: A major revision and restandardization of the Denver Developmental Screening Test." *Pediatrics 89*: 91-97, 그리고 M. D. Levine, W. B. Carey, A. C. Crocker, eds. (1999). *Developmental-Behavioral Pediatrics*, 3rd edition. Philadelphia: W. B. Saunders.

첫 6년 동안의 작은 동작 발달 이정표

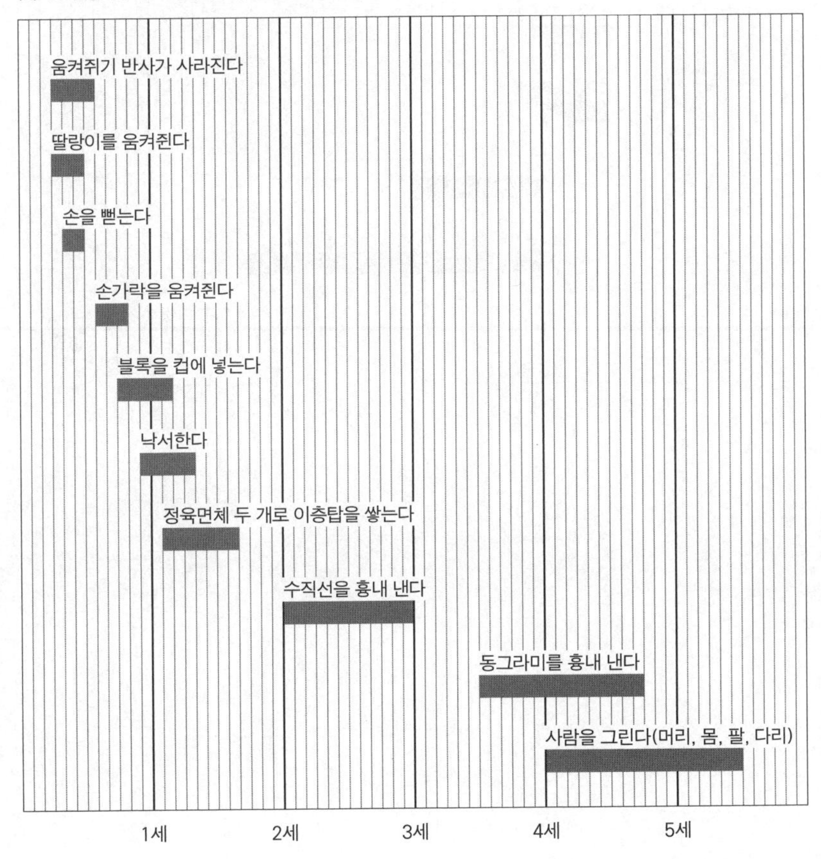

첫 6년 동안의 언어 발달 이정표

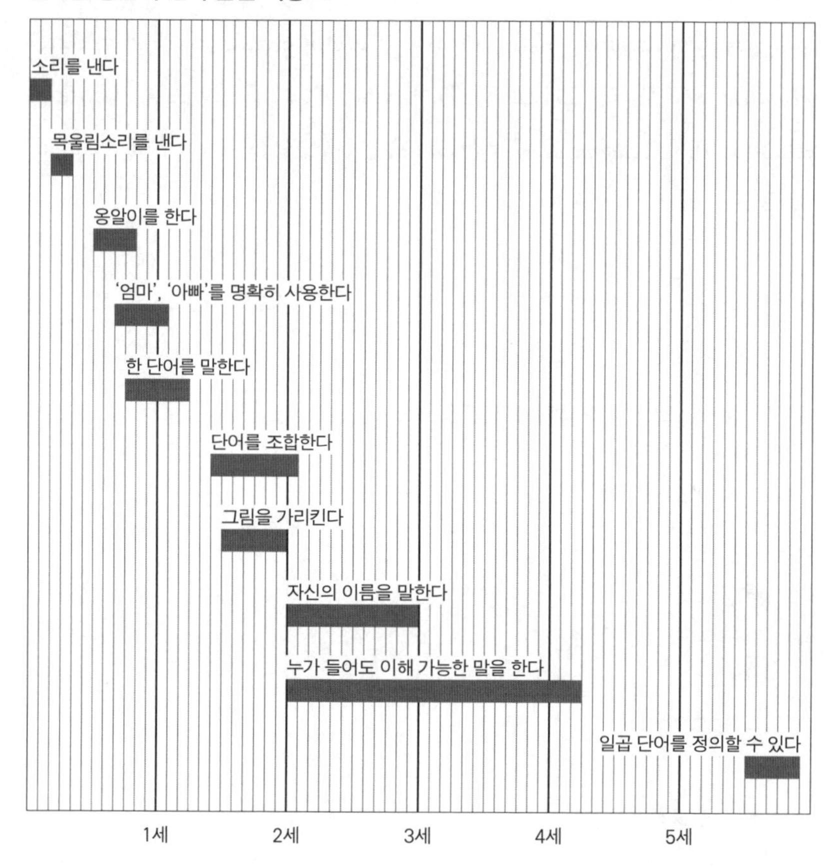

첫 6년 동안의 놀이 및 일상생활 이정표

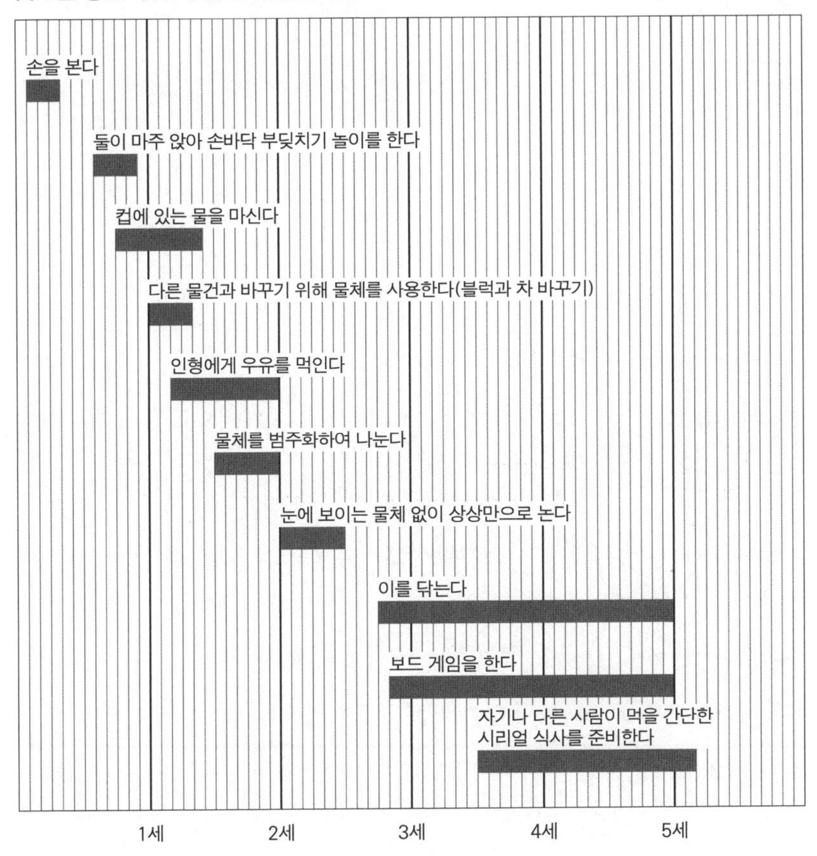

용어정리

가소성(Pasticity) 환경 변화에 적응할 수 있는 뇌의 능력으로, 일생 동안 지속됨(예: 학습이나 회복).

기저핵(Basal ganglia) 운동, 인지, 감정 기능과 관련된 피질하 조직

뉴런(Neuron) 신경 세포. 신경계의 기본 단위로 세포체와 축삭, 수상돌기로 구성됨. 유일무이한 속도와 정확한 소통이 뉴런의 특징임. 신체의 다른 세포와 달리 대부분의 신경 세포는 평생 남아 있음.

뇌간(Brainstem) 대뇌피질과 척수를 연결하는 피질하 조직으로 근육 움직임, 의식 상태, 자율 기능과 같은 기능 조절

뇌량(Corpus callosum) 뇌의 두 반구를 연결하는 두툼한 신경 뭉치

뇌파검사(EEG: Electroencephalography) 뇌의 전기 활동을 기록하는 기술

뇌하수체샘(Pituitary gland) 뇌의 아래에 작은 조직으로 신체 성장, 젖의 분비, 성적인 성숙, 스트레스, 일반적인 신진대사 과정에 관련된 호르몬을 생성하도록 다른 분비 기관들을 자극함. 뇌하수체샘에 의해 생성된 호르몬의 분비는 시상하부에서 통제함.

대뇌변연계(Limbic system) 모든 형태의 감정적 행동 및 사고, 학습과 기억 형성, 신체나 자율 신경계에 대한 감정적 반응과 관련. 편도체, 시상하부, 시상과 대뇌피질 일부로 구성됨.

대뇌피질(Cerebral cortex) 신경세포체들(회백질)로 구성된 뇌의 외층. 감각 영역, 운동 영역, 연합 영역이 상호 연결되어 각기 특수화된 기능을 함. 다른 뇌 조직들뿐만 아니라 몸 전체와 소통함.

반구(Hemispheres) 뇌의 좌우반구

베르니케 영역(Wernicke's area) 언어 이해와 관련된 대뇌피질에 있는 연합 영역

백질(White matter) 뉴런의 수초성 축삭들을 포함하고 있는 대뇌피질 아래에 있는 영역

브로카 영역(Broca's area) 언어 이해, 발화를 위한 근육 움직임의 준비와 관련된 피질 영역

렘수면(Rem sleep) 빠른 눈 움직임이 특징인 수면 상태로 꿈과 연관됨.

말초신경계(Peripheral nervous system) 뇌와 척수로부터 갈라져 나온 신경계

망상체(Reticular formation) 깨어 있는 상태나 근 긴장도와 같은 일반적인 뇌의 활동을 통제하는 뇌간의 중심핵

멜라토닌(Melatonin) 뇌에서 생산되는 화학 물질로 밤과 낮의 길이 및 수면 각성주기와 관련됨.

사건관련전위(ERP: Event related potentials) 자극에 반응하는 대뇌피질의 전기 활동

성상세포(Astrocyte) 혈액으로부터 뉴런에 '연료'(주로 당분)를 전달하며 뉴런의 노폐물을 제거하고 뉴런의 활동을 통제함.

소뇌(Cerebellum) 움직임의 강도와 범위를 조절함. 운동기술 학습 및 인지, 감정 기능과 관련됨.

송과체(Pineal gland) 24주기 리듬(circadian rythem)을 조절하는 장치와 관련된 뇌 조직

수상돌기(Dentrite) 뉴런의 가지 모양의 '안테나'로, 다른 뉴런들로부터 자극을 수신

수용기(Receptor) 시냅스의 수용 영역으로 신경전달물질을 위한 정박지

수초(Myelin) 축삭 주위의 절연막으로 신경을 따라서 자극을 전달하는 속도를 증가시킴.

슈반세포(Schwann cell) 말초신경계의 축삭 주위에 수초막을 형성함.

시냅스(Synapse) 신경세포 연결 부위로, 화학 신경전달물질(간접적)이나 직접적인 전기 자극에 의해 대체될 수 있음.

시상(Tahlamus) 감각들의 정보가 들어오는 뇌의 입구이자 대뇌피질과 피질하 중추 사이에 있는 주요 중계소로 운동, 연합, 대뇌변연계 영역과 연결되어 있음.

시상하부(Hypothalamus) 자율 기능, 내분비 기능, 면역 기능을 조절하는 피질하 조직으로, 수면을 위해 중요함. 대뇌변연계의 일부로 뇌하수체샘과 가깝게 연결되어 있음.

신경전달물질(Neurotransmitters) 뉴런이 서로 연락할 때나 목표 기관에 연락을 하게 하는 화학 전달 물질로, 도파민, 글루탐산, 감마아미노뷰티릭산(GABA: gamma-amino-butyric-acid), 세로토닌, 에프네프린 등이 있음.

양전자방사단층촬영(PET: Positron emission tomography) 빠르게 붕괴하는 방사성 물질의 소량을 이용하여 뇌의 활동 영역을 이미지로 만들어내는 기술

응집성(Coherence) 다른 회로에 있는 뉴런들이 동시에 같은 리듬으로 반응하는 상태. 이로 인해 일시적인 개체 구성 요소들이 전체로 연결됨.

유전자 발현(Gene expression) 새로운 단백질을 생산하기 위해 유전자에 포함된 암호가 활성화되는 것

유추(Inference) ① 하나의 사물 또는 사건이 또 다른 사물 또는 사건과 일시적인 연상 작용을 일으켜 유사점을 발견하게 되는 능력 ② 몇 가지 비슷한 상황을 관찰하여 어떤 일반적인 원리를 끌어내는 능력

임신기(Gestation) 배아나 태아가 자궁에서 보내는 시간

자기공명영상법(MRI: Magnetic resonance imaging) 자기장에 바탕을 둔 기술로 엑스레이를 사용하지 않고 뇌구조를 화상으로 나타내는 데 사용됨. 기능성 MRI(fMRI)는 어떤 특정한 활동이 이루어지는 동안 활성화되는 영역을 보여줌.

자율신경계(Autonomic nervous system) 혈압, 호흡, 장운동, 방광 기능, 발한, 체온 등 내장 기관의 기능을 통제함. 주로 반사적으로 반응하며 소화계 내의 신경망과 교감, 부교감신경계로 구성됨.

전정계(Vestibular system) 자세, 균형 및 평형 유지에 있어 중요한 역할을 담당함.

중추신경계(Central nervous system) 뇌와 척수

축삭(Axon) 신경세포체에 연결된 긴 가지로 목표 대상에게 정보를 전송. 신경이라고 불리기도 함.

편도체(Amygdala) 감정적인 반응(특히 두려움) 시 활성화되는 아몬드 모양의 뇌 조직. 자율신경계와 호르몬계와 밀접한 관계가 있음. 대뇌변연계에 속함.

피질하 조직(Subcortical structure) 대뇌피질 아래 위치한 뇌 조직

해마(Hipocampus) 기억과 학습에 중요한 피질하 조직으로 대뇌변연계의 일부

희돌기교세포(Oligodendrocyte) 중추신경계에서 수초를 생산하는 세포

참고문헌

더 읽을거리

Astington, J.W. 1993. *The Child's Discovery of the Mind.* Cambridge: Harvard University Press.

Barnet, A.B. and R.J. Barnet. 1998. *The Youngest Minds.* New York: Simon & Schuster.

Brazelton, T.B. 1992. *Touchpoints.* Reading, Mass.: Perseus Books.

Bruer, J.T. 1999. *The Myth of the First Three Years.* New York: Free Press.

Chess, S. and A. Thomas. 1989. Know Your Child. New York: Basic Books.

Damon, W. 1988. *The Moral Child.* New York: Free Press.

Damon, W. 1996. *Greater Expectations.* New York: Free Press Paperbacks.

De Loache, J. and A. Gottlieb. 2000. *A Wold of Babies: Imagined Childcare Guides for Seven Societies.* Cambridge, UK: Cambridge University Press.

Eisenberg, A., H.E. Murkoff, and S. Hathaway. 1996. *What to Expect: The Toddler Years.* New York: Workman Publishing.

Eliot, L. 1999. *What's Going on in There?* New York: Bantam Books.

Gardner, H. 1991. *The Unschooled Mind.* New York: Basic Books.

Goleman, D. 1995. *Emotional Intelligence.* New York: Bantam Books.

Greenspan, S.I. 1997. *The Growth of the Mind.* Reading, Mass.: Addison-Wesley.

Harris, J.P. 1998. *The Nurture Assumption.* New York: Touchstone, Simon & Schuster.

Kagan, J. 1984. *The Nature of the Child.* New York: Basic Books.

Kagan, J. 1987. *The Emergence of Morality in Young Children.* Chicago: University of Chicago Press.

Kagan, J. 1994. *Galen's Prophecy.* New York: Basic Books.

Karmiloff-Smith, A. 1995. *Baby It's You.* London: Ebury Press.

Postman, N. 1994. *The Disappearance of Childhood.* New York: Vintage Books.

Small, M.F. 1998. *Our Babies, Ourselves.* New York: Anchor Books.

Sternberg, R.J. 1996. *Successful Intelligence.* New York: Simon & Schuster.

각 장의 참고문헌

01. 자궁 속 생명

Buitelaar JK, A.C. Huizink, E.J. Mulder, P.G. de Medina, G.H. Visser. 2003. Prenatal stress and cognitive development and temperament in infants. *Neurobiology of Aging Supl 1*: S53-S60.

Eskenaze, B. 1999. Caffeine: Filtering the facts. *New England Journal of Medicine 341*:1688-1689.

Etzel, R.A. 1997. Noise: A hazard for the fetus and newborn. *Pediatrics 100*: 724-727.

De Weerth D., Y. van Hees, J.K. Buitelaar. 2003. Prenatal maternal cortisol levels and infant behavior during the first 5 months. *Early Human Development 74*(2): 139-151

Groome, L.J., M.J. Swiber, S.B. Golland, L.S. Bentz, J.L. Atterbury, and R.R. Trimm. 1999. Spontaneous motor activity in the perinatal infant before and after birth: Stability in individual differences. *Developmental Psychobiology 35*: 20-24.

Hepper, P.G. 1992. Fetal memory: Does it exist? What does it do? *Wcta Pediatrica Suppplement 416*: 16-20.

Hepper, P.G., E.A. Shannon, And J.C. Dornan. 1997. Sex differences in fetal mouth movements. *Lancet 350*: 1820.

McCartney, G. and P. Hepper. 1999. Development of lateralized behavior in the human fetus from 12 to 27 weeks' gestation. *Developmental Medicine and Child Neurology 41*: 83-86.

Peiper, A. 1925. Sinnesempfindungen des Kindes vor seiner Geburt. *Monatsschrift für Kinderheilhunde 29*: 236-241.

Penn, A.A. and C.J. Schatz. 1999. Brain waves and brain wiring: The role of endogenous and sensory-driven neural activity in development. *Pediatric Research 45*: 447-458.

Teixeira, J.M. and M.N Fisk. 1999. Association between maternal anxiety in pregnancy and increased uterine artery resistance index: Cohort based study. *British Medical Journal 318*: 153-157.

Weinstock, M. 1997. Does prenatal stress impair coping and regulation of hypothalamic-pituitary-adrenal axis? *Neuroscience and Biobehavioral Reviews 21*: 1-10.

02. 신생아

Butterworth, G. and B. Hopkins. 1988. Hand-mouth coordination in the new-born baby. *British Journal of Developmental Psychology 6*: 303-314.

DeCasper, A.J. and W.P. Fifer. 1980. *Of human bonding. Science 208*: 1174-1176.

Dondi, M., F. Simion, and G. Caltran. 1999. Can newborns discriminate between their own cry and the cry of another newborn infants? *Developmental Psychology 35*: 418-426.

Eyer, D.E. 1992. *Mother-infant bonding: A scientific fiction*. New Haven: Yale University Press.

Fox, N. and R. Davidson. 1986. Taste elicited changes in facial signs of emotion and the asymmetry of brain electrical activity in human newborns. *Neuropsychologia 24*: 417-422.

Haith, M.M. 1986. Sensory and perceptual processes in early infancy. *Journal of Pediatrics 109*: 158-171.

Hanke, C., A. Lohaus, C. Gawrilow, I. Hartke, B. Kohler, A. Leonhardt. 2003. *European Journal of Pediatrics 162*: 159-164.

Johnson, M.H., S. Dziurawiec, H.D. Ellis, and J. Morton. 1991. Newborns' preferential tracking of face-like stimuli and its subsequent decline. *Cognition 40*: 1-19.

Kagan, J. 1994. *Galen's Prophecy*. New York: Basic Books, 204-205.

Karmiloff-Smith, A. 1995. Annotation: The extraordinary cognitive journey from foetus through infancy. *Journal of Child Psychology 36*: 1293-1313.

Koller, H., K. Lawson, Rose, S. A., I. Wallace, C. McCarton. 1997. Patterns of Cognitive Development in Very Low Birth Weight Children During the First Six Years of Life. *Pediatrics 99*: 383-389.

Kuhl, P. 1994. Learning and representation in speech and language. *Current Opinion in Neurobiology 4*: 812-822.

La Pine, T.R., J.C. Jackson, F.C. Bennett. 1995. Outcome of Infants weighing less than 800 grams at birth: 15 year's experience. *Pediatrics 96*: 479-483.

Landry, S.H., K. E. Smith, P.R. Swank. 2003. The importance of parenting during early childhood for school-age development. *Developmental Neuropsychology 24*: 559-591.

Lewis, M. 1992. Individual differences in response to stress. *Pefiatrics 90*: 487-490.

Locke, J.L. 1997. A theory of neurolinguistic development. *Brain and Language 58*: 265-326.

Meltzoff, A.N. 190. Towards a developmental cognitive science. *Annals of the New York Academy of Science 608*: 1-31.

Ment, L.R., B. Vohr, W. Allan, K.H. Katz, K. C. Schneider, M. Westerveld, C.C. Duncan, R. W. Makuch. 2003. Change in cognitive function over time in very low-birth-weight infants. *JAMA 289*: 705-711.

Molfese, D.L., L.M. Burger-Judisch, and L.L. Hans. 1991. Consonant discrimination by newborn infants: Electrophysiological differences. *Developmental Neuropsychology 7*: 177-195.

Molfese, D.L., R.B. Freeman, Jr., and D.S. Palermo. 1975. The ontogeny of brain lateralization for speech and nonspeech stimuli. *Brain and Language 2*: 356-368.

Porter, R.H. and J. Winberg. 1999. Unique salience of maternal breast odors for newborn infants. *Neuroscience and Biobehavioral Reviews 23*: 439-449.

Rochat, P. 1998. Self-perception and action in infancy. *Experimental Brain Research 123*: 102-109.

Schaal, B., L. Marlier, and R. Soussignan. 1998. Olfactory function in the human fetus: Evidence from selective neonatal responsiveness to odor of amniotic fluid. *Behavioral Neuroscience 112*: 1438-1449.

Slater, A. and R. Kirby. 1998. Innate and learned perceptual abilities in the newborn infant. *Experimental Brain Research 123*: 90-94.

Sommerfelt, K. T. Markestad, B. Ellertsen. 1998. Neuropsychological performance in low birth weight preschoolers: a population-based, controlled study. *European Journal of Pediatrics 157*: 53-58.

Sugimoto, T., M. Woo, N. Nishida, A. Araki, T. Hara, A. Yasuhara, Y. Kobayashi, and Y. Yamanouchi. 1995. When do brain abnormalities in cerebral palsy occur? and MRI study. *Developmental Medical Child Neurology 37*: 285-292.

Taddio, A., J. Katz, A.L. Ilersich, and G. Koren. 1997, Effect of neonatal circumcision on pain response during subsequent routine vaccination. *Lancet 349*: 599-603.

Thompson, J.R., R.L. Carter, A.R. Edwards, J. Roth, M. Ariet, N.L. Ross, M.B. Resnick. 2003. A propulation-based study of the effects of birth weight on early developmental delay or disability in children. *American Journal of Perinatology 20*: 321-332.

van der Meer, A.L.H., F.R. van der Weel, and D.N. Lee. 1995. The functional significance of arm movements in neonates. *Science 267*: 693-695.

Victorian Infants Collaborative Study Group. 1997. Improved outcome into the 1990s for infants weighing 500-999 gat birth. *Archives of Diseases of Childhood 77*: F91-F94.

Volpe, J.J. 1998. Neurologic Outcome of Prematurity. *Archives of Neurology 55*: 297-300.

03. 시작

Glotzbach, S.F. and D.M. Edgar. 1995. Biological rhythmicity in normal infants during the first 3 months of life. *Pediatrics 94*: 482-488.

Sandyk, R. 1992. Melatonin and maturation of REM sleep. *International Journal of Neuroscience 63*: 105-114.

Shimada, M. and K. Takahashi. 1999. Emerging and entraining patterns of the sloop-wake rhythm in preterm and term infants. *Brain and Development 21*: 468-473.

van den Boom, D.C. 1994. The influence of temperament and mothering on attachment and exploration: An experimental manipulation of sensitive responsiveness among lower-class mothers with irritable infants. *Child Development 65*: 1457-1477.

Wendland-Carro, J. and C.A. Piccinini. 1999. The role of early intervention on enhancing the quality of mother-infant interaction. *Child Development 70*: 713-721.

Worobey, J. and J. Belsky. 1982. Employing the Brazelton scale to influence mothering: An experimental comparison of three strategies. *Developmental Phychology 18*: 736-743.

04. 탐색

Bell, M. A. and N.A. Fox. 1994. Brain development over the first year of life. Pp.314-345 in *Human Behavior and the Developing Brain*, G. Dawson and K. Fischer, eds. New York: Guilford Press.

Chabris, C.F. 1999. Prelude or requiem for the 'Mozart Effect'? *Nature 400*: 825-827.

Chugani, H.T. 1994. Development of regional brain glucose metabolism. Pp. 153-175 in *Human Behavior and the Developing Grain*, G. Dawson and K. Fischer, eds. New York: Guilford.

Collie, R. and H. Hayne. 1999. Deferred imitation by 6- and 9-month-old infants: More evidence for declarative memory. *Developmental Psychobiology 35*: 83-90.

Csibra, G., G. Davis, M.W. Spratling, and M.H. Johnson. 2000. Gamma oscillations and object processing in the infant brain. *Science 290*: 1582-1585.

Davidson, R.J. and N.A. Fox. 1989. Frontal brain asymmetry predicts infants' response to maternal separation. *Journal of Abnormal Psychology 98*: 127-131.

Dehaene-Lambertz, G. and S. Dehaene. 1994. Speed and cerebral correlates of syllable discrimination in infants. *Nature 370*: 292-295.

Diamond, A. 1990. The development and neural bases of memory functions as indexed by the AB and delyed response task in human infants and infant monkeys. *Annals of the New York Academy of Science 608*: 267-303.

Diamond, A. and P.S. Goldman-Rakic. 1989. Comparison of human infants and rhesus monkeys on Piaget's AB task: Evidence for dependence on dorsolateral prefrontal cortex. *Experimental Brain Research 74*: 24-40.

Downs, M.P. and C. Yoshinaga-Itano. 1999. The efficacy of early identification and intervention for children with hearing impairment. *Pediatric Clinics of North America 46*: 79-87.

Fox, N.A., M.A. Bell, and N.A. Jones. 1992. Individual differences in response to stress and cerebral asymmetry. *Developmental Neuropsychology 8*: 161-184.

Gunnar, M.R. 1998. Quality of early care and buffering of neuroendocrine stress reactions: Potential effects on the developing human brain. *Preventive Medicine 27*: 208-211.

Haith, M.M. 1986. Sensory and perceptual processes in early infancy. *Journal of Pediatrics 109*: 158-171

Hartshorn, K., C. Rovee-Collier, P. Gerhardstein, R.S. Bhatt, T.L Wondoloski, P. Klein, J. Gilch, N. Wurtzel, and M. Campos-de-Carvalho. 1998. The ontogeny of long-term memory over the first year-and-a-half of life. *Developmental Psychobiology 32*: 69-89.

Herschkowitz, N., J. Kagan, and K. Zilles. 1997. Neurobiological bases of behavioral development in the first year. *Neuropediatrics 28*: 296-306.

Johnson, M.H. 1994. Brain and cognitive evelopment in infancy. *Current Opinion in Neurobiology 4*: 218-225.

Kinney, H.C., B.A. Brody, A.S. Kloman, and F. Gilles. 1988. Sequence of central nervous system myelintion in human infancy. *Journal of Neuropathology and Experimental Neurology 47*: 217-234.

Kuhl, P.K. and A.N. Meltzoff. 1982. The bimodal perception of speech in infancy. *Science 218*: 1138-1140.

Mandler, J.M. and L. McDonough. 1993. Concept formation in infancy. *Cognitive Development 8*: 291-318.

Quinn, P.C. and P.D. Eimas. 1993. Evidence for representations of perceptually similar natural categories by 3-month-old infants. *Perception 22*: 463-475.

Sininger, Y.S., K.J. Doyle, and J.K. Moore. 1999. The case for early identification of hearing loss in children. *Pediatric Clinics of North America 46*: 1-14.

Walker-Andrews, A.S. 1997. Infants' perception of expressive behaviors: differentiation of multimodal information. *Psychological Bulletin 121*: 437-456.

Younger, B.A. and D.D. Fearing. 1999. Parsing items into separate categories:Developmental change in infant categorization. *Child Development 70*: 291-303.

Zentner, M.R. and J. Kagan. 1996. Perception of music by infants. *Nature 29*: 383.

05. 위안과 의사소통

Ahnert, L., M.E. Lamb, 2003. Shared care: establishing a balance between home and child care settings. *Child Development 74*: 1044-1049.

Child, L.M.F. 1992. *The Mother's Book*. Bedford, Mass.: Applewood Books, 1.

Crockenberg, S.C. 2003. Rescuing the baby from the bathwater: how gender and temperament (may) influence how child care affects child development. *Child Development 74*: 1034-1038.

Davidson, R. and K. Hugdahl, eds. 1998. *Bradin Asymmetry*. Cambridge: MIT Press.

Duncan, G.J., National Institute of Child Health and Heman Development Early Child Care Research Network. 2003. *Child Development 74*: 1454-1475.

Dunn, J. The beginnings of moral understandin Development in the second year. Chapter 2 in *The Emergence of Morality in Young Children*, J. Kagan and S. Lamb, eds. Chicago: University of Chicago Press.

Greenspan, S.I. 2003. Child care research: a clinical perspective. *Child Development 74*:

1064-1068.

Greenspan, S.I. 1991. Clinical assessment of emotional milestones in infancy and early childhood. *Pediatric Clinics of North America 38*: 1371-1386.

Gunnar, M.R., L. Brodersen, K. Krueger, and J. Rigatuso. 1996. Dampening of adrenocortical responses during infancy: Normative changes and individual differences. *Child Development 67*: 877-879.

Gewlett, B.S. and M.E. Lamb. 1998. Culture and early infancy among central African foragers and farmers. *Developmental Psychology 34*: 653-661.

Locke, J.L. 1990. Structure and stimulation in the ontogeny of spoken language. *Developmental Psychobiology 23*: 621-643.

MacWhinney, B. 1998. Models of the emergence of language. *Annual Review of Psychology 49*: 199-202.

NICHD Early Child Care Research Network. 2003. Families matter-even for kids in child care. *Journal of Developmental and Behavioral Pediatrics 24*: 58-62.

NICHD Early Child Care Research Network. 2003. Does amount of time spent in child care predict socioemotional adjustment during the transitionto kindergarten? *Child Development 74*: 976-1005.

NICHD, Early Child Care Research NEtwork. 1999. Child care and mother-child interaction in the first 3 years of life. *Developmental Psychology 35*: 1399-1413.

Sroufe, L.A. and E. Waters. 1976. The ontogenesis of smiling and laughter: A perspective on the organization of development in infancy. *Psychological Reviews 83*: 173-189.

Tronick, E.Z. and J.F. Cohn. 1989. Infant-mother face-to-face interaction: Age and gender differences in coordination and the occurrence of miscoordination. *Child Development 60*: 85-92.

van den Boom, D.C. 1997. Sensitivity and attachment: Next steps for developmentalist. *Child Development 64n.4*: 592-592.

06. 발견

Bloom, L., C. Margulis, E. Tinker, and N. Fujita. 1996. Early conversations and word learning: Contributions from child and adult. *Child Development 67*: 3154-3175.

Bornstein, M.G., C.S. Tamis-LeMonda, and O.M. Hayness. 1999. First words in the second year: Continuity, stability, and models of concurrent and predictive correspondence in vocabulary and verbal responsiveness across age and context. *Infant Behavior & Development 22n.1*: 65-85.

Herschkowitz, N., J. Kagan, and K. Zilles. 1999. Neurobiological bases of behavioral development in the second year. *Neuropediatrics 30*: 221-230.

Huttenlocher, J. 1998. Language input and language growth. *Preventive Medicine 27*: 195-

199.

Landry, S.H., K.E. Smith, P.R. Swank, and C.L. Miller-Loncar. 2000. Early matternal and child influences on children's later independent cognitive and social funtioning. *Child Development 71*: 358-375.

Lucariello, J. 1987. Concept formation and its relation to word learning and use in the second year. *Journal of Child Language 14*: 309-332.

McCarty, M.E., R.R. Collard, and R.K. Clifton. 1999. Problem solving in infancy: The emergence of an action plan. *Developmental Psychology 35*: 1091-1101.

Molfese, D.L. 1990. Auditory evoked reposes recorded from 16-month-old human infants to words they did and did not know. *Brain and Language 38*: 345-363.

Premack, D. Is Language the key to human intelligence? 2004. *Science 303*: 318-320.

07. 나와 너

Bates, E. 1990. Language about me and you: Pronominal reference and the emerging concept of self. Pp. 1-5 in *The Self in Transition: Infancy to Childhood*, D. Ciccetti and M. Beeghly, eds. Chicago: University of Chicago Press.

Bauer, P.J. and G.A. Dow. 1994. Episodic memory in 16- and 20-month-old children: Specifics are generalized but not forgotten. *Developmental Psychology 30*: 403-417.

Carpenter, M., N. Akhtar, and M. Tomasello. 1998. Fourteen through eighteen-month-old infants differentially imitate intentional and accidental actions. *Infant Behavior and Development 21*: 315-330.

Case, R. 1992. The role of the frontal lobes in the regulation of cognitive development. *Brain and Cognition 20*: 51-73.

Chandler, M., A.S. Fritz, and S. Hala. 1989. Small-scale deceit: Deception as a marker of two-, three-, and four-year-olds' early theories of mind. *Child Development 60*: 1263-1277.

Damon, W. 1988. Empathy, shame, guilt. Pp. 13-29 in *the Moral Child*. New York: Free Press.

Davidson, R.J. 1994. Temperament, affective style and frontal lobe asymmetry. Pp. 518-537 in *Human Behavior and the Developing Brain*, G. Dawson and K. Fischer, eds. New York: Guilford Press.

Harris, J.C. 2003. Social neuroscience, empathy, brain integration, and neurodevelopmental disorders. *Physiology and Behavior 79*(3): 525-531.

Howe, M.L. and M.L Courage. 1997. The emergence and early development of autobiographical memory. *Psychological Review 104*: 499-523.

Kochanska, G., R.J. Casey, and A. Fukumotto. 1995. Toddlers' sensitivity to standard violations. *Child Development 66*: 643-656.

Kochanska, G., D.R. Forman, and K.C. Coy. 1999. Implications of the mother-hild relationship in infancy for socialization in the second year of life. *Infant Behavior & Development 22*: 249-265.

Lewis, M. 1995. Self-consious emotions. *American Scientist 83*: 68-78.

Meltzoff, A. 1995. Understanding the intentions of others: Re-enactment of inteded acts by 18-month-old children. *Developmental Psychology 31*: 838-850.

Repacholi, B.M. and A. Gopnik. 1997. Early reasoning about desires: Evidence from 14-and 18-month-olds. *Developmental Psychology 33*: 12-21.

Rothbart, M.K. and S.A. Agadi. 1994. Temperament and the development of personality. *Journal of Abnormal Psychology 103*: 55-66.

Zahn Waxler, C., M. Radke-Yarrow, and E. Wagner. 1992. Development of concern for others. *Developmental Psychology 28*: 126-36.

08. 자신감

Anderson, D.R., A.C. Huston, K.L. Schmitt, D.L. Linebarger, J.C. Wright. 2001. Early Childhood television viewing and adolescent behavior: the recontact study. *Monographs of the Society for Research in Child Development 66*: I-VIII, 1-147.

Berk, L.E. 1994. Why children talk to themselves. *Scientific American November*: 60-65.

Certain, L.K., Kahn, R. 2002. Prevalence, correlates, and trajectory of television viewing among infants and toddlers. *Pediatrics 109*: 634-642.

Christakis, D.A., F.J. Zimmerman, D.L. DiGiuseppe, and C.A. McCarty. 2004. Early television exposure and subsequent attentional problems in children. *Pediatrics 113*: 708-713.

Csikszentmihalyi, M. 1996. *Creativity*. New York: Harper Perennial.

Damasio, A.R., D. Tranel, and H. Damasio. 1990. Individuals with sociopathic behavior caused b frontal damage fail to respond autonomically to social stimuli. B*ehavioral Brain Research 41*: 81-94.

Fischer, P.M., M.P. Schwarz, J.W. Richards, Jr., A.O. Goldstein, and T.H. Rojas. 1991. Brand logo recognition by children aged 3 to 6 years. *Journal of the American Medical Association 266*: 3145-3148.

Gardner, W. and B. Rogoff. 1990. Children's deliberateness of planning according to task circumstances. *Developmental Psychology 26*: 480-487.

Gathercole, S.E. 1998. The development of memory. *Journal of Child Psychology and Psychiatry 39*: 3-27.

Giedd, J.N., J.M. Rumsey, F.X. Castellanos, J.C. Rajapakse, D. Kaysen, A.C. Vaituzis, Y.C. Vauses, S.D. Hamburger, and J.L. Rapoport. 1996. A quantitative MRI study of the corpus callosum in children and adolescents. *Brain Research Developmental Brain*

Research 91: 274-280.

Goldman-Rakic, P.S. 1992. Working memory and the mind. *Scientific American 267n.3*: 111-117.

Grattan, L.M. and P.J. Eslinger. 1991. Frontal lobe damage in children nd adults. *Developmental Neuropsychology 7*: 283-286.

Grattan, L.M. and P.J. Eslinger. 1992. Long-term psychological consequesces of childhood frontal lobe lesion in patient DT. *Brain and Cognition 20*: 185-195.

Garris, J.C. 1995. Emergence of the self. Pp. 219-244 in Developmental Neuropsyficity of memory over the second year of life. *Infant behavior and development 20*: 233-245.

Howe, M.L. and M.L. Courage. 1997. The emergence and early development of autobiographical memory. *Psychological Review 104*: 499-523.

Moore, L.L., U.S. Nguyen, K.J. Rothman, L.A. Cupples, and R.C. Ellison. 1995. Preschool physical activity level and change in body fatness in young children. The Framingham Children's Study. *American Journal of Epidemiology 142*: 982-988.

Murphy, B.L., A.F.T. Arnsten, P.S. Goldman-Rakic, and R.H. Roth. 1996. Increased dopamine turnover in the prefrontal cortex impairs spatial working memory performance. Proceedings of the U.S. National Academy of Science 1325-1329.

Nelson, C.A. 1998. The nature of early memory. *Preventive Medicine 27*: 172-179.

Schwimmer, J.B., T.M. Burwinkle, and J.W. Varni. 2003. Health-related quality of life of severely obese children and adolescents. *JAMA 289*: 1813-1819.

Siegler, R.S. 2000. The rebirth of children's learning. *Child Development 71*: 26-35.

Singer, W. 1993. Synchronization of cortical activity and its putative role in information processing and learning. *Annual Review of Physiology 56*: 349-374.

Swain, R.A., A.B. Harris, E.C. Wiener, M.V. Dutka, H.D. Morris, B.E. Theine, S. Konda, K. Engbert, P.C. Lauterbur, W.T. Greenough. 2003. Prolonged exercise induces angiogenesis and increases cerebral blood volume in primary motor cortex of the rat. *Neuroscience 117*: 1037-1046.

Vurpillot, E. 1968. The development of scanning strategies and their relation to visual differentiation. *Journal of Experimental Child Psychology 6*: 632-650.

Wells, J.C., P. Ritz. 2001. Physical activity at 9-12 months and fatness at 2 years of age. 2001. *American Journal of Human Biology 13*: 384-389.

Winsler, A. R.M. Diaz, and I. Montero. 1997. The role of private speech in the transition from collaborative to independent task performance in young children. *Early Childhood Research Quarterly 12*: 59-79.

Wright, J.C., A.C. Jston, K.C. Murphy, M. St. Peters, M. Pinon, R. Scantlin, J. Kotler. 2001. The relations of early television viewing to school readiness and vacabulary of children from low-income families; the early window project. *Child Development 72*: 1347-1366.

Zelazo, P.D., D. Frye, and T. Rapus. 1996. An age-related dissociation between knowing Rules and using Them. *Cognitive Development 11*: 37-63.

09. 함께 살기

Caffo, E., C. Belaise. 2003. Psychological aspects of traumatic injury in children and adolescents. *Child and Adolescent Psychiatric Clinics of North America 12*: 493-535.

Cassidy, K.W., J.Y. Chu, and K.K. Dahlsgaard. 1997. Preschoolers' ability to adopt justice and care orientations to moral dilemmas. *Early Education & Development 8*: 419-434.

Coyle, J.T. 2000. Psychotropic drug use in very young children. *Journal of the American Medical Association 283*: 1059-1060.

Criss M.M., G.S. Pettit, J.E. Bates, K.A. Dodge, A.L. Lapp. 2002. Family adversity, positive peer relationships, and children's externalizing behavior: a longitudinal perspective on risk and resilience. *Child Dev. 73*: 1220-1237.

Hoffner, C. and J. Cantor. 1985. Developmental differences in response to a television character's appearance and behavior. *Developmental Psychology 21*: 1065-1074.

Joseph, R. 1998. Traumatic amnesia, repression, and hippocampus injury due to emotional stress, corticosteroids and enkephalins. *Child Psychiatry and Human Development 19*: 169-185.

Kagan, J. 1999. The role of parents in children's psychological development. *Pediatrics 104*: 164-167.

McGloin, J.M., C.S. Widom. 2001. Resilience among abused and neglected children grown up. *Development and Psychopathology 13*: 1021-1038.

Nelson, C.A., Carver, L.J. 1998. The effects of stress and trauma on brain and memory: a view from developmental cognitive neuroscience. *Development and Psychopathology 10*: 793-809.

Schuster, M.A., B.D. Stein, L. Jaycox, R.L. Collins, G.N. Marshall, M.N. Elliott, A.J. Zhou, D.E. Kanouse, J.L. Morrison, S.H. Berry. 2001. A national survey of stress reactions after the September 11, 2001, terrorist attacks. *New England Journal of Medicine 345*: 1507-1512.

Shoda, Y., W. Mischel, and P.K. Peake. 1990. Predicting adolescent cognitive and self-regulatory competencies from preschool delay of gratification: Identifying diagnostic conditions. *Developmental Psychology 26*: 978-986.

Teicher, M. 2000. Wounds that Time won't heal: the Neurobiology of child abuse. *Cerebrum 2*: 50-67

Trmblay, R., R.O. Pihl, F. Vitaro, and P.Dobkin. 1994. Predicating early onset of male antisocial behavior from preschool behavior. *Archives of General Psychiatry 51*: 732-739.

Wallis, Claudia. 2003. Does kindergarten need cops? *Time Magazines*, December 15, 2003, 52-53.

Zito, J.M., D.J. Safer, S. dosReis, J.J. Gardner, M. Boles, and F.Lynch. 2000. Trends in the prescribing of psychotropic medications to preschoolers. *Journal of the American Medical Association 283*: 1025-1030.

10. 인성의 형성

Boyce, W.T., R.G. Barr, and L.K. Zeltzer. 1992. Temperament and the psychobiology of childhood stress. *Pediatrics 90*: 483-486.

Caspi, A., J. McClay, J., T.E. Moffitt, J. Mill, J. Martin, I.W. Craig, A. Taylor, R.Poulton. 2002. Role of genotype in the cycle of violence in maltreated children. *Science 297*: 851-853.

Cloninger, C.R. and R. Adolfsson. 1996. Mapping genes for human personality. *Nature Genetics 12*: 3-4.

Davidson, R.J. 1992, Anterior cerebral asymmetry and the nature of emotion. *Brain and Cognition 20*: 120-151.

DiLalla, L.F., J. Kagan, and J.S. Reznick. 1994. Genetic etiology of behavioral inhibition among 2-year-old children. *Infant Behavior and Development 17*: 401-408.

Fox, N.A., L.A. Schmidt, S.D. Calkins, K.H. Rubin, and R.J. Coplan. 1996. The role of frontal activation in the regulation and dysregulation of social behavior during preschool years. *Development and Psychopathology 8*: 89-102.

Gunnar, M.R., M. deHaan, S. Piere, K. Stansbury, and K. Tout. 1997. Temperament, social competence, and adrenocortical activity in preschoolers. *Developmental Psychobiology 31*: 65-85.

Kagan, J., M. Julia-Sellers, and M.O. Johnson. 1991. Temperament and allergic symptoms. *Psychosomatic Medicine 53n.3*: 332-340.

Kagan, J., N. Sindman, M. Zentner, and E. Peterson. 1999. Infant temperament and anxious symptoms in school age children. *Development and Psychopathology 11*: 209-224.

Kochanska, G. 1997. Multiple pathways to conscience for children with different temperaments: From toddlerhood to age 5. *Developmental Psychology 33*: 228-240.

Lamb, M.E. and M.H. Bornstein. 1987. *Development in Infancy: An Introduction*. New York: Random House, 236.

Lemonick, M.D. 1999. Smart genes. *Time September 13*: 52-59.

Lewis M. 1992. Individual differences in response to stress. *Pediatrics 90*: 487-490.

Plomin, R. and J.C. DeFries. 1998. The genetics of cognitive abilities and disabilities. *Scientific American May*: 40-47.

Strenberg, R.J. 2000. The Holey Grail of general intelligence. *Science 289*: 399-401.

Suomi, S.J. 2003. Gene-environment interactions and the neurobiology of social conflict. Annals of the New York Academy of Science. 1008: 132-139.

11. 부모를 위한 열 가지 지침

Miller, C. Childhood animal cruelty and interpersonal violence. 2001. Clinical Psychology Review 21: 735-749.

YMCA, Institute for American Values. 2003. Press release. "Hard-Wired to Connect: The New Scientific Case for Authoritative Communities."

찾아보기

ㄷ

ㄹ

ㅁ

ㅂ

ㅅ

ㅇ

ㅈ

ㅎ